国家科学技术学术著作出版基金资助出版

竹林生态系统碳汇计测与增汇技术

Technology for the Measurement and Enhancement of Carbon Sinks in Bamboo Forest Ecosystems

周国模　姜培坤　杜华强　施拥军 等　编著

科学出版社

北 京

内 容 简 介

竹子生长快速，更新特殊，一次成林，可长期利用，蕴藏着巨大的固碳潜力，竹林在应对全球气候变化中的作用也越来越受到国际社会的广泛关注。本书围绕竹林碳过程、碳监测、碳增汇三条主线，基于多角度、多维度、多尺度方式，采用多过程结合、多手段联合、多技术融合，用14章的篇幅全面系统地介绍了竹林碳生成、转化、分配、迁移等全过程特征，碳储量碳通量动态监测方法，以及竹林增汇减排技术等，旨在为竹林生态系统碳循环及其应对气候变化研究提供理论和技术指导。

本书关于竹林碳汇方面的研究，既包含了适合竹子生物学特征的独特方法，又包含了代表当今森林碳汇研究的主流方法和发展趋势，对其他森林类型的相关研究也具有很好的参考价值。本书可作为林学、森林碳汇、生态、环境、全球气候变化等相关专业领域的本科生、研究生教学用书，也可作为相关科研工作者和林业部门的参考用书。

图书在版编目（CIP）数据

竹林生态系统碳汇计测与增汇技术 / 周国模等编著 . — 北京：科学出版社，2017.6

ISBN 978-7-03-051135-5

Ⅰ . ①竹… Ⅱ . ①周… Ⅲ . ①竹林 – 森林生态系统 – 碳循环 – 研究 Ⅳ . ①S795

中国版本图书馆CIP数据核字（2016）第312606号

责任编辑：张会格　岳漫宇　高璐佳 / 责任校对：赵桂芬
责任印制：肖　兴 / 封面设计：铭轩堂

科 学 出 版 社 出版

北京东黄城根北街16号
邮政编码：100717
http://www.sciencep.com

中国科学院印刷厂 印刷

科学出版社发行　各地新华书店经销

*

2017年6月第 一 版　开本：787×1092　1/16
2017年6月第一次印刷　印张：23 1/2
字数：470 000

定价：198.00元

（如有印装质量问题，我社负责调换）

自　序

　　全球气候变化已受到国际社会的高度关注，国际社会先后发起了国际地圈生物圈计划（IGBP）、国际全球环境变化人文因素计划（IHDP）、国际生物多样性计划（DIVERSITAS）等以全球碳循环为主题的计划，重点研究全球碳循环及二氧化碳减排机制。世界气象组织（WMO）和联合国环境规划署（UNEP）也成立了联合国政府间气候变化专门委员会（IPCC），专门对气候变化科学知识的现状，气候变化对社会、经济的潜在影响，以及如何适应和减缓气候变化的可能对策进行评估。

　　众所周知，森林植被能够固定大气中的二氧化碳，它占全球植被碳库的86%和土壤碳库的73%，对全球碳平衡具有重要的作用。森林固碳是目前最安全、最经济的一种减排方式。1997年第三次联合国气候变化大会通过的《京都议定书》指出，造林及森林经营所产生的碳汇可用于抵减发达国家承诺的部分温室气体减排指标。2007年，印度尼西亚巴厘岛联合国气候变化大会（COP13）又开始启动REDD+相关行动，把减少毁林和森林退化导致的排放，促进森林培育、森林可持续经营以增加碳储量也纳入林业减排内容，林业成为气候变化谈判的重要议题。我国政府也先后提出"森林减排方案""森林两增目标"等森林减排增汇措施，并制定了《应对气候变化林业行动计划》。截至第八次森林资源清查，全国森林植被总碳储量已达84亿t，是第四次森林资源清查的2倍，我国森林巨大的碳汇功能，对减缓全球气候变化作出了应有的贡献。

　　竹子属于禾本科竹亚科的植物，全球约有150属1225种，竹林面积超过3100万 hm²，被称为"世界第二大森林"。我国地处世界竹子分布中心，竹子资源十分丰富，广泛分布于浙江、福建、江西、湖南、安徽、湖北、广西、广东等15个省（自治区、直辖市），现有竹类植物34属534种，约占世界竹种的44%，竹林面积已达601万 hm²，占世界竹林面积的20%左右，是名副其实的"竹子王国"。近年研究和技术推广表明，竹林具有高效的固碳能力和强大的碳汇潜力，从我国最近20多年森林资源4次连续清查的结果看，第八次全国森林资源清查的竹林面积相对于第五次清查增长了 42.7%，竹林面积扩张速度惊人，在我国林业应对气候变化和林业生态建设方面的作用不断凸显，并随着 *The Climate Change: Challenge and Bamboo*、*Bamboo and Climate Change Mitigation*、*Bamboo Afforestation Methodology for Carbon Project in China* 等竹林应对气候变化技术报告在联合国气候变化大会上的连续展示，竹林碳汇功能在全世界范围内得到认可。

　　然而，竹子为禾本科植物，生物学特性异于其他林木，高径生长完成快速，具有自我扩繁更新能力，快速成林后可隔年择伐、持续利用，人为经营干扰频繁。因此，竹林生长、经营过程中的固碳机制和影响机制、竹林碳源汇变动特征、竹林碳的定量计量和监测方法，以及竹林生态系统增碳控排等经营管理技术应该有别于其他森林类型，或者在某些方面具有它的特殊性。为回答这些问题，我们于 2001 年提出了"竹林生态系统碳循环研究计划"，组建创新研究团队，紧紧围绕竹林碳过程、碳监测、碳增汇三条主线，基于多角度、多维度、多尺度方式，采用多过程结合、多手段联合、多技术融合，系统而深入地开展竹林碳生成、转化、分配、迁移等全过程特征，碳储量、碳通量动态监测方法，以及竹林增汇减排技术等创新研究。研究过程中，得到国家自然科学基金委员会、国家林业局、浙江省科技厅及浙江省自然科学基金委员会等部门的大力支持，先后获得各类科研项目 26 项，其中国家自然科学基金项目 15 项、国家林业局项目 2 项、浙江省重大科技计划项目 2 项和浙江省自然科学基金资助 7 项。

　　通过近 15 年的研究，我们建立了 12 个竹林长期定位试验点、2 座竹林碳水通量观测塔，营建了全国首个毛竹碳汇林基地，调查了 600 多个竹林样地、测定分析了 200 多株竹子全株样本数据，处理了近 30 年 Landsat 等陆地卫星遥感数据。在 40 多位研究人员的攻关和近 100 名研究生的参与下，我们在国内外期刊共发表或被录用学术论文 215 篇（其中 SCI 96 篇），获得国家发明专利 4 项，登记软件著作权 7 项。归纳起来，研究计划在以下 4 个方面取得了重要成果。

　　第一，系统阐明竹子生长全过程的碳生成、积累、分配和迁移规律，深入揭示竹林光合固碳、碳水耦合、碳微观形态结构、空间分配格局与碳源汇动态变化等的特征与影响机制，回答了竹林生态系统"如何固碳"这一科学问题，为合理调控竹林碳汇能力奠定了理论基础。

　　第二，突破了竹林碳储量测算中尺度与精度共融难题，研发构建立体、高精、普适的竹林碳储量、碳通量定量估测模型和动态监测方法，实现了任意尺度竹林碳储量的精准测算和区域尺度竹林碳储量及其空间分布的高精度遥感估算。解决了竹林生态系统"怎样测碳"的技术难题，为快速高效评测竹林固碳功能提供了科学方法。

　　第三，创新应用土壤呼吸测定系统、核磁共振波谱等先进技术，揭示了竹林土壤呼吸特征、土壤碳库动态和碳形态结构演变规律，阐明了人为经营干扰对竹林土壤碳稳定性和温室气体排放的影响机制。集成土壤稳碳、养分调控、结构优化等竹林增汇减排经营技术体系，解决了竹林生态系统"如何增碳"的经营实践问题，为大幅提升竹林固碳能力，推进森林碳汇交易提供了坚实的技术支撑。

第四，首次开发出用于行业自愿减排和企业碳中和的《竹林项目碳汇计量监测方法学》，通过国家林业局审核批准，并在多哈（COP18）联合国气候变化大会上发布，自主开发出中国核证减排的《竹子造林碳汇项目方法学》《竹林经营碳汇项目方法学》，获得国家发展和改革委员会（以下简称国家发改委）审核备案；同时开发并提交了世界竹资源领域唯一的两项"国际核证碳减排标准"（VCS）竹林碳汇项目方法学，为竹林碳汇项目开发和进入国际、国内碳减排交易市场提供了重要的评价、计量与监测标准，解决了如何使竹林碳汇满足国家、企业履约减排需求，从而实现价值化、市场化的"如何售碳"这个关键技术问题。

相关研究成果从2007年起在浙江、安徽、福建、江西等竹子重点分布区推广应用，培训了大量的林技人员和林农人员，项目营建的毛竹碳汇林，其产生的碳信用额也通过华东林业产权交易所被阿里巴巴集团公司认购，给竹农带来了额外的碳汇收益，社会反响强烈；我们从2008年开始与国际竹藤组织合作，将竹林低碳经营与竹林碳汇技术进一步推向了国际舞台，"竹子碳汇造林方法学国外试点项目"也于2012年在非洲肯尼亚、埃塞俄比亚等国启动实施，产生了广泛的国际影响。

在长期的研究过程中，基于以上部分研究成果，我们先后出版《竹林生态系统中碳的固定与转化》《雷竹林土壤质量及其演变趋势》《竹林生物量碳储量遥感定量估算》《森林空间结构分析》等学术著作。为了更加全面、系统地介绍竹林碳汇研究的理论、方法、技术，以全新的视角向读者展示竹林生态系统碳循环及其在林业应对气候变化中的作用，我们通过三年多的努力，重新将上述成果整理并增加最新研究内容，编著成《竹林生态系统碳汇计测与增汇技术》一书，意在为我国及至世界竹林碳汇研究和竹林资源可持续经营管理提供参考。同时我们也进行了竹材产品碳转移与碳储量研究，开发了竹子造林与竹林经营碳汇项目方法学，以推动竹林碳汇产业发展，这些内容将另著成书。

全书包括14章，其中第一章至第六章主要论述竹林固碳基本特征，第七章至第十章主要介绍竹林碳汇的估算与预测方法，第十一章至第十三章主要介绍竹林增汇减排技术，第十四章主要介绍竹林碳汇项目计量与监测方法技术。全书由周国模、姜培坤、杜华强、施拥军等共同编著完成，各章节的主要作者如下。

第一章：周国模、杜华强、姜培坤、施拥军、葛宏立、徐小军、毛方杰

第二章：周国模、徐涌、刘恩斌、施拥军、姜培坤、周宇峰

第三章：温国胜、张汝民、俞飞

第四章：江洪、余树全、陈健、宋新章、马元丹、王彬、姜小丽

第五章：周国模、吴家森、姜培坤

第六章：姜培坤、宋照亮、吴家森

第七章：刘恩斌、周国模、刘安兴、杜华强、施拥军、葛宏立

第八章：杜华强、周国模、徐小军、韩凝、施拥军、范渭亮、吕玉龙、周宇峰

第九章：江洪、陈健、周国模、宋新章、余树全

第十章：江洪、周国模、金佳鑫、陈健、余树全、宋新章

第十一章：刘娟、李永夫、吴家森、徐秋芳、姜培坤

第十二章：李永夫、姜培坤、郑蓉

第十三章：刘恩斌、周国模、汤孟平、施拥军

第十四章：施拥军、周国模、吕玉龙、沈振明、李金良、赖广辉

书稿是研究团队集体智慧的结晶，在此对项目全体成员表示衷心的感谢！我们的研究生（按姓氏笔画排序：牛晓栋、毛方杰、仇建习、方成圆、计露萍、邓英英、叶耿平、田海涛、朱弘、刘玉莉、孙成、孙恒、孙晓艳、李洪吉、李雪建、李蓓蕾、李翠琴、李翀、杨杰、杨爽、余朝林、谷成燕、沈利芬、沈楚楚、张利阳、张金梦、张艳、张敏霞、陆国富、陈云飞、陈晓峰、陈婷、陈嘉琦、范叶青、林琼影、林曦桥、郑泽睿、赵送来、赵赛赛、胡露云、俞淑红、娄明华、袁佳丽、徐林、黄浩、曹全、崔瑞蕊、商珍珍、董德进、曾莹莹、蔡先锋、蔺恩杰、裴晶晶等）也为本书的最终成稿付出了艰辛的劳动，在此表示感谢！项目在研究和技术推广上还得到了中国绿色碳汇基金会，中国林业科学研究院亚热带林业研究所，福建省林业科学研究院，以及浙江、安徽、福建、江西、四川、云南等省的林业相关部门的大力支持，在此一并表示感谢！

本书得到国家科学技术学术著作出版基金资助，在研究过程中还得到国家自然科学基金重大专项课题（61190114）、973重大项目课题（2011CB302705）、国家林业局948项目（2008-4-49）、国家自然科学基金（30700638、31070564、41471197、31500520、31570602、31270497、30972397、31570686、31470626、31170595、31270667、41271274）、浙江省自然科学基金（LR14C160001、LY14C160007、LY15C160004）和浙江省重点科技创新团队（2010R50030）等项目的资助，在此表示衷心的感谢！

本书是浙江省森林生态系统碳循环与固碳减排重点实验室平台获得的研究成果。

希望本书中的研究方法、技术手段和研究成果，能为林业和气候变化相关领域的科研工作者、决策管理人员提供有益的借鉴和参考，当然，限于编著者的学识水平，书中难免有疏漏与不足之处，敬请广大读者批评指正！

周国模　姜培坤　杜华强　施拥军

2016年秋于杭州

目　　录

第一章

竹林资源与生长利用

1.1　竹子及竹林资源分布

竹子是多年生禾本科竹亚科（Bambusoideae）植物，全球约有竹类植物 150 属 1225 种，广泛分布于南纬 55° 至北纬 37° 热带和亚热带地区的亚洲、非洲、中南美洲和大洋洲的相关国家（FAO, 2010）。据 FAO（2010）统计，全球竹林总面积为 3185 万 hm^2，被称为"世界第二大森林"。中国地处世界竹子分布中心，是世界上最主要的产竹国，竹子自然分布于东起台湾、西到西藏、南至海南、北到辽宁的广阔区域，集中分布于长江以南的 15 个省（自治区、直辖市）。截至第八次森林资源清查（2009～2013 年），中国竹林面积已达 601 万 hm^2，占世界竹林总面积的 20% 左右。浙江是中国竹子分布最多的省份之一，且浙江竹林经营技术及竹产业发展均处于全国前列，故有"世界竹子看中国，中国竹子看浙江"之说。

毛竹（*Phyllostachys heterocycla* cv. 'Pubescens'）是所有竹林中面积最大的一类竹子，为竹亚科刚竹属植物，分布于北纬 25°～30° 亚热带湿润气候区。中国毛竹主要分布于长江流域及南方各地，如福建、台湾、江西、浙江、湖南、安徽、湖北、广西、广东等省（自治区、直辖市），占全国竹林总面积的 74% 左右，是我国人工竹林面积最大、用途最广、开发和研究最深入的优良经济竹种。图 1-1 为中国各省（自治区、直辖市）竹林分布面积及毛竹林所占比例示意图。

1.2　竹子的生物学特征

竹子分为散生型、丛生型和混生型三类。散生型竹子是通过鞭根上的芽繁殖新竹的，如毛竹等；丛生型竹子则通过母竹基部的芽繁殖，如麻竹等；而混生型新竹的繁殖既可以通过母竹基部芽繁殖，又可以通过鞭根上的芽繁殖，如苦竹等。因此，对于散生竹而言，其地下鞭根系统既是营养物质存储、传输的场所，又承担着新竹繁殖的功能，一些高大散生竹强大的地下鞭根系统，能促使新竹快速生长，尤其主干能在几十天内完成高生长，有"爆发式生长"之称。

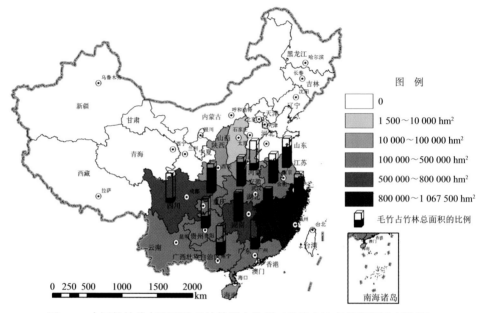

图 1-1　中国竹林分布面积及毛竹林所占比例（按第八次森林资源清查结果）

毛竹为大径散生型，其"爆发式生长"特性尤为明显（黄浩和温国胜，2009），55 d 左右就完成了从竹笋到成竹的生长过程。毛竹有大小年之分，繁殖更新主要在大年进行。成林后的毛竹具有天然的异龄特性，在正常的择伐作业下具有长期的稳定结构，成材周期短，生产力高；另外，毛竹通直，纵向强度高，木质素、纤维素组成特殊，易分离液化，生物相容性好。

雷竹（*Phyllostachys praecox* cv. 'Prevernalis'）是小径散生型，也是竹亚科刚竹属植物，是浙江等地的丘陵、平原地带广为种植、最具代表性的高效优良笋用竹种，在浙江省有 200 多年种植历史，因春雷响时出笋而得名。笋用雷竹集约经营度高、长期实施冬季覆盖、大量占用农田和坡地资源，因此，改变了土地利用方式和生态系统碳素平衡（姜培坤等，2009）。

1.3　竹子利用及碳汇功能

竹子由于其独特的生长特性、生态功能和经济价值，被公认是巨大的、绿色的、可再生的资源库和能源库，也是培育战略性新兴产业和发展循环经济的重要资源，因此被广泛地应用于环境、能源、纺织和化工等各个领域。近年来，竹产业总产值也连年快速增长，2010 年达到 820 亿元，其中，浙江省占 1/3 以上，成为农民增收、农村致富的重要来源。可见，竹林在扩大森林资源、保障木材安全、促进区域经济发展中发挥了重要作用。

竹林经济效益突出，竹林尤其是毛竹林的固碳能力也十分强大。首先，毛竹林固碳能力极强，全年都是碳汇，如孙成等（2013）研究得出，净生态系统交换量（net ecosystem exchange，NEE）在 7 月最高，达到 99.33 g C·m^{-2}，在 11 月也有 23.49 g C·m^{-2}，即便在冬季也具有较大光合固碳速率。其次，毛竹林生物量积累和固碳量大。毛竹林生长迅速、林分更新快、采伐周期短且竹材产量大，因而毛竹林平均生物量积累和固碳量巨大，如周国模（2006）研究表明，毛竹林乔木层年固碳量为 5 t·hm^{-2}，是速生阶段杉木的 1.46 倍，是热带山地雨林的 1.33 倍（李意德等，1998；方晰等，2003），肖复明等（2007）的研究也表明，相同立地条件下毛竹林年固定有机碳是杉木林的 1.39 倍；郭日生和彭斯震（2013）计算表明，我国毛竹林平均生物量为 127 t·hm^{-2}，高于全国森林平均碳密度（李海奎等，2011；汪业勖等，1999；Fang et al.，2001），另外，除成熟的天然常绿阔叶林外，毛竹林平均生物量均高于人工常绿阔叶林、杉木和马尾松等同处亚热带的几种森林类型（陈礼光等，2000；陈先刚等，2008）。新中国成立以来，竹林碳储量从 2.86 亿 t 提高到 6.05 亿 t（截至 2008 年），竹林碳汇总量占全国森林植被总碳量的 11%，并在未来几十年还将稳步增长（陈先刚等，2008）。最后，最新研究表明，竹子含有丰富的植硅体碳。植硅体碳是植硅体包裹部分有机碳形成的稳定性碳，能长期封存于自然界中，约 60% 竹林植硅体碳储存于竹叶中，而且毛竹林、雷竹林土壤植硅体碳积累速率（分别为 0.06 t C·hm^{-2}·a^{-1}，和 0.079 t C·hm^{-2}·a^{-1}）远大于森林土壤长期碳平均积累速率（0.024 t C·hm^{-2}·a^{-1}）（Song et al.，2011）。

竹林强大的固碳能力已在林业应对气候变化相关研究中产生举足轻重的影响（周国模，2006；陈先刚等，2008；Zhou et al.，2009；Du et al.，2010；Song et al.，2011；孙成等，2013；Xu et al.，2013；Han et al.，2013；Mao et al.，2016）。并且随着国际竹藤组织和浙江农林大学在哥本哈根（COP15）、坎昆（COP16）、德班（COP17）、多哈（COP18）联合国气候变化大会上连续发布 *The Climate Change*: *Challenge and Bamboo*、*Bamboo and Climate Change Mitigation*、*Bamboo Afforestation Methodology for Carbon Project in China*、*Carbon Off-setting with Bamboo* 等竹林应对气候变化的技术和研究报告，以及 2012 年浙江农林大学开发的《竹林项目碳汇计量与监测方法学》获得国家林业局正式颁布实施和 2014 年《竹子造林碳汇项目方法学》通过国家发改委审核备案，竹林的碳汇功能在国内外得到认可，竹林在林业应对气候变化中的作用也越来越受到重视。

主要参考文献

陈礼光，连进能，洪伟，郑郁善，陈开伍，杨汉章．2000．杉木毛竹混交林造林效果评价．福建林学院学报，4: 309-312.

陈先刚，张一平，张小全，郭颖．2008．过去 50 年中国竹林碳储量变化．生态学报，28(11): 5218-5227.

方晰，田大伦，项文化，闫文德，康文星．2003．第 2 代杉木人工林微量元素的积累、分配及其生物循环特征．生态学报，23(7): 1313-1320.

郭日生，彭斯震．2013．中国竹林碳汇项目开发指南．北京：科学出版社．

黄浩，温国胜．2009．毛竹爆发式生长机理的探究．科技资讯，31: 218-219.

姜培坤，徐秋芳，周国模．2009．雷竹林土壤质量及其演变趋势．北京：中国农业出版社．

李海奎，雷渊才，曾伟生．2011．基于森林清查资料的中国森林植被碳储量．林业科学，47(7): 7-12.

李意德，吴仲民，曾庆波，周光益，陈步峰，方精云．1998．尖峰岭热带山地雨林生态系统碳平衡的初步研究．生态学报，18(4): 37-44.

孙成，江洪，周国模，杨爽，陈云飞．2013．我国亚热带毛竹林 CO_2 通量的变异特征．应用生态学报，24(10): 2717-2724.

汪业勖，赵士洞，牛栋．1999．陆地土壤碳循环的研究动态．生态学杂志，18(5): 29-35.

肖复明，范少辉，汪思龙，熊彩云，张池，刘素萍，张剑．2007．毛竹、杉木人工林生态系统碳贮量及其分配特征．生态学报，27(7): 2794-2801.

周国模．2006．毛竹林生态系统中碳储量固定及分配与分布的研究．杭州：浙江大学博士学位论文．

Du H Q, Zhou G M, Fan W Y, Ge H L, Xu X J, Shi Y J, Fan W L. 2010. Spatial heterogeneity and carbon contribution of aboveground biomass of moso bamboo by using geostatistical theory. Plant Ecology, 207: 131-139.

Fang J Y, Chen A P, Peng C H. 2001. Changes in forest biomass carbon storage in China between 1949 and 1998 . Science, 292: 2320-2322.

FAO. 2010. Global forest resources assessment 2010: main report. Rome: Food and Agriculture Organization of the United Nations.

Han N, Du H Q, Zhou G M, Xu X J, Cui R R, Gu C Y. 2013. Spatiotemporal heterogeneity of moso bamboo aboveground carbon storage with Landsat Thematic Mapper images: a case study from Anji County, China. International Journal of Remote Sensing, 34: 4917-4932.

Mao F J, Li P H, Zhou G M, Du H Q, Xu X J, Shi Y J, Mo L F, Zhou Y F, Tu G Q. 2016. Development of the BIOME-BGC model for the simulation of managed moso bamboo forest ecosystems. Journal of Environmental management, 172: 29-39.

Song X Z, Zhou G M, Jiang H, Yu S Q, Fu J H, Li W Z, Wang W F, Ma Z H, Peng C H. 2011. Carbon sequestration by Chinese bamboo forests and their ecological benefits: assessment of potential, problems, and future challenges. Environmental Reviews, 19: 418-428.

Xu X J, Zhou G M, Liu S G, Du H Q, Mo L F, Shi Y J, Jiang H, Zhou Y F, Liu E B. 2013. Implications of ice storm damages on the water and carbon cycle of bamboo forests in southeastern China. Agricultural and Forest Meteorology, 177: 35-45.

Zhou G M, Jiang P K, Mo L F. 2009. Bamboo: a possible approach to the control of global warming. International Journal of Nonlinear Sciences and Numerical Simulation, 10: 547-550.

第二章

毛竹林笋期生长与碳积累特征

毛竹一般从 3、4 月初开始出笋，5 月中下旬新竹长成，高生长、体积增长近于停止，历时仅短短一个多月。在此期间，由于新竹的旺盛生长，整个竹林生态系统生物量和碳积累量发生很大变化，因此，毛竹笋期生长对毛竹碳素空间分布、碳储量及动态变化具有影响。本章将对毛竹林新竹生长规律及碳积累动态进行研究，并建立碳储量预估模型，探索毛竹笋期生长和碳累积机制，为揭示毛竹林固碳过程及碳动态变化提供理论基础。

2.1 毛竹快速生长与碳储量动态

2.1.1 研究区概况

研究区设在浙江省临安市青山镇，该区域属亚热带季风气候，年平均气温为 15.9℃，年降水量 1424 mm，无霜期 236 d。研究区所在地理坐标为 30° 14′ N、119° 42′ E，地形地貌为低山丘陵，样地海拔 100 ～ 250 m，土壤为发育于凝灰岩和粉砂岩的红壤土类。研究区内竹林隔年留养新竹，隔年采伐老竹。一般 6 年生以上老竹就采伐，因而现存竹林常是 1、3、5 年生类型或 2、4、6 年生类型。

该区域毛竹林有不同的经营类型，主要有集约经营类型（Ⅰ 类，竹林立竹密度为 3000 ～ 4500 株·hm^{-2}）、一般经营类型（Ⅱ 类，竹林立竹密度为 2500 ～ 3500 株·hm^{-2}）和粗放经营类型（Ⅲ 类，竹林立竹密度为 2000 ～ 3500 株·hm^{-2}）三种。集约经营类型去除林下灌木、杂草，每年 5 月深翻一次，并结合翻耕施用化肥（肥料以尿素、复合肥等化肥为主），因而集约经营竹林的竹材、竹笋产量常较高。本区集约经营历史 10 年左右。粗放经营类型保留林下灌木、杂草，无人为施肥和翻耕，只有挖笋习惯，粗放经营竹林中灌木种类主要有檵木（*Loropetalum chinense*）、青冈栎（*Cyclobalanopsis glauca*）、南烛（*Vaccinium bracteatum*）和木荷（*Schima superba*）等，粗放经营竹林竹材产量常较 Ⅰ 类低。

一般经营类型介于Ⅰ类和Ⅲ类之间，林下灌木少有，但杂草仍较多，有些年份还有施肥、翻耕等人为经营措施，竹子生长量也常介于Ⅰ、Ⅲ类之间。

本研究采用典型选样方法，在研究区设立有代表性样点14个，其中Ⅰ类、Ⅲ类的各为5个，Ⅱ类的样点4个，并采用生态控制原则，使一组包含Ⅰ、Ⅱ、Ⅲ三类竹林的样点控制在一个立地条件较为一致的区域中。

2.1.2　研究方法

2005年4月，毛竹笋高度为30 cm左右时，在地形条件基本一致的毛竹林中，选择地径为7～14 cm的毛竹笋10株作为标准株，以后每隔3 d测定标准株的地径及高度，并在其周围立地条件基本相同的地方选择相同地径及高度的毛竹（笋），作为样竹。将样竹在地面处连株伐倒，测定笋（竹）秆的质量，从竹（笋）底部到竹（笋）梢部均匀取样带回实验室，测定其样品鲜重后，将其在105℃杀青30 min，然后在70℃下烘干，测定干物质量后，用高速粉碎机粉碎，供碳元素含量分析。样竹（品）采集过程一直持续到所选的标准株枝叶完全展开、高生长近于停止。调查过程一直持续到2005年5月10日，共伐倒样竹100株。

植株碳含量测定采用重铬酸钾外加热氧化法（中国土壤学会，1999），而毛竹（笋）生物量与其碳密度的乘积为其碳储量。

2.1.3　结果与分析

2.1.3.1　不同地径毛竹（笋）高生长的动态变化

图2-1是不同地径毛竹（笋）高生长曲线。从图2-1可知，竹笋至幼竹期间，不同地径毛竹（笋）高生长速度表现"慢-快-慢"变化趋势，基本呈现"S"形曲线。到5月10日，毛竹地径和高生长近于结束，毛竹高度达13 m左右，在近一个月的时间里毛竹高度是原来的28倍，说明了毛竹生长速度非常快。由于竹类植物无次生形成层组织，高生长结束后，竹秆的高度和体积不再有明显的变化，因此，在以后的生命活动中，主要是木质化，干物质的积累，能量的存储、转移和运输等。

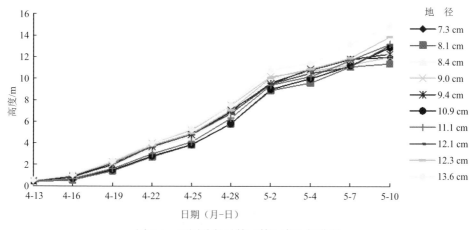

图 2-1 不同地径毛竹（笋）高生长曲线

2.1.3.2 不同地径毛竹（笋）生物量的动态变化

图 2-2 和图 2-3 分别是不同地径毛竹（笋）鲜重、干重动态变化曲线，由图可知，在生长初期，不同地径毛竹（笋），不论是其鲜生物量还是干生物量积累速度都较慢，但随着时间的推移，大致从 4 月下旬起，竹笋生长开始加速，毛竹（笋）鲜重和干重均快速增大。地径为 12.3 cm 和 13.6 cm 的毛竹（笋）后期生长量增长速度非常快，而地径为 7.3 cm、8.1 cm、8.4 cm 的毛竹（笋）生物量增长速度比较平缓，其余地径毛竹（笋）生物量的增长速度则介于二者之间。因此，毛竹生长过程中的生物量积累在很大程度上取决于毛竹（笋）的地径，地径越大，其生物量积累越大。

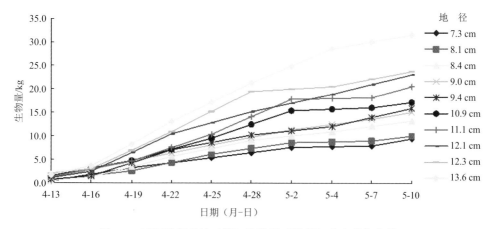

图 2-2 不同地径毛竹（笋）生物量（鲜重）动态变化曲线

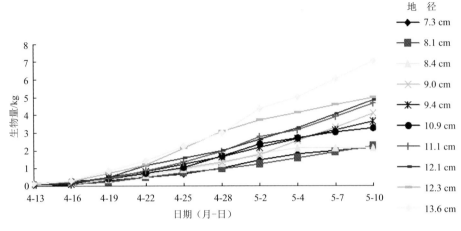

图 2-3　不同地径毛竹（笋）生物量（干重）动态变化曲线

2.1.3.3　不同地径毛竹（笋）碳密度的动态变化

表 2-1 所示为不同地径毛竹（笋）碳密度动态变化。从表 2-1 中可以看出，不同地径毛竹（笋）同一时间碳密度大小差异较小，在一个月左右的生长期内，毛竹（笋）碳密度的变化也不大，碳密度主要为 44%～46%。但从平均值来看，随着生长时间推移，其碳密度有所增加，从 2005 年 4 月 13 日到 5 月 10 日，碳密度增加了 1.55 个百分点。

表 2-1　不同地径毛竹（笋）碳密度动态变化（%）

地径/cm	日期（月-日）									
	4-13	4-16	4-19	4-22	4-25	4-28	5-2	5-4	5-7	5-10
7.3	45.02	45.54	46.05	44.39	42.72	44.11	45.51	45.14	44.76	46.37
8.1	45.31	44.79	44.26	44.87	43.48	43.83	44.19	44.26	44.32	45.42
8.4	44.33	45.16	45.34	45.53	45.05	44.57	44.70	44.83	46.25	47.67
9.0	44.72	45.49	46.26	45.88	45.50	45.00	44.50	45.40	46.30	47.00
9.4	44.29	43.00	43.87	44.75	45.29	45.82	45.28	44.73	45.70	46.68
10.9	44.15	43.79	43.42	43.47	43.51	44.20	44.88	45.24	45.59	47.24
11.1	46.13	45.29	44.45	44.39	44.33	44.70	45.08	46.03	46.99	45.90
12.1	45.14	43.33	43.58	43.84	44.30	44.75	44.73	44.71	46.41	48.11
12.3	45.11	46.73	45.21	43.70	44.74	45.78	45.21	44.65	45.59	46.53
13.6	45.45	42.55	43.93	45.31	44.56	43.80	44.07	44.33	45.77	47.22
平均	45.26	44.56	44.64	44.61	44.35	44.66	44.81	44.93	45.77	46.81

2.1.3.4　不同地径毛竹（笋）碳储量的动态变化

将不同时期不同地径毛竹（笋）生物量乘以其碳密度即得各个时期毛竹（笋）的碳储量，如图 2-4 所示。由于不同地径毛竹同一时间碳密度大小差异较小，因此，竹笋—幼竹生长过程中碳储量的变化规律与生物量变化规律相似。但分析图 2-4 可发现，从 4 月 13 日到 5 月 10 日的 27 d 时间里，毛竹（笋）的平均碳储量从 0.0400 kg 增加到 1.8230 kg，是观测初期的 45 倍，可见毛竹的固碳量在短期内增长迅速。

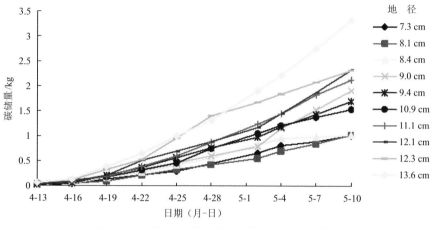

图 2-4　不同地径毛竹（笋）碳储量动态变化曲线

2.1.3.5　不同地径毛竹（笋）碳储量模型

为了估算不同地径毛竹从笋至幼竹形成过程中碳储量的动态变化，建立了毛竹碳储量与毛竹地径、高度及出笋时间的估测模型。生物量模型的一般表达式为

$$M = c_0^{c_1} H^{c_2} \qquad (2\text{-}1)$$

式中，M 为毛竹秆的碳储量；c_0、c_1、c_2 为参数；H 为毛竹高。从动态模型的观点分析，c_1、c_2 是 D（地径）、H 的函数，又从原始数据散点图发现，D、H 是时间（t）的指数函数，所以将模型改进为

$$M = c_0 D^{c_1 e^{ft}} H^{c_2 e^{gt}} \qquad (2\text{-}2)$$

式中，t 为与起始测定时间的时间差；f、g 为参数。

对模型式（2-2）求解后的表达式见式（2-3）：

$$M=0.002D^{1.538e^{-0.021t}}H^{1.19e^{0.019t}} \tag{2-3}$$

经检验，模型相关指数 R^2=0.967，经检验在 0.05 水平上显著相关。

由式（2-3）求得各地径毛竹（笋）在不同时间的碳储量实测与估测值，见表 2-2。

表 2-2　不同地径毛竹（笋）碳储量实测与估测值（kg）

地径 / cm	4-13		4-16		4-19		4-22		4-25	
	实测	估测	实测	估测	实测	估测	实测	估测	实测	估测
7.3	0.0160	0.0189	0.039	0.042	0.138	0.121	0.220	0.239	0.297	0.320
8.1	0.0208	0.0181	0.049	0.027	0.097	0.082	0.214	0.182	0.330	0.274
8.4	0.0220	0.0186	0.054	0.041	0.166	0.128	0.280	0.261	0.424	0.363
9.0	0.0387	0.0293	0.095	0.064	0.218	0.177	0.341	0.347	0.462	0.472
9.4	0.0267	0.0270	0.054	0.059	0.209	0.163	0.370	0.340	0.564	0.464
10.9	0.0509	0.0317	0.119	0.054	0.178	0.140	0.317	0.294	0.457	0.430
11.1	0.0476	0.0306	0.110	0.056	0.184	0.162	0.392	0.336	0.599	0.488
12.1	0.0410	0.0481	0.089	0.105	0.209	0.273	0.511	0.499	0.697	0.692
12.3	0.0744	0.0503	0.115	0.102	0.328	0.270	0.527	0.513	0.957	0.694
13.6	0.0621	0.0588	0.137	0.132	0.386	0.346	0.651	0.651	0.993	0.914

地径 / cm	4-28		5-2		5-4		5-7		5-10	
	实测	估测	实测	估测	实测	估测	实测	估测	实测	估测
7.3	0.450	0.487	0.661	0.722	0.813	0.830	0.893	0.922	1.015	0.941
8.1	0.426	0.448	0.554	0.747	0.702	0.817	0.851	0.971	1.023	1.003
8.4	0.565	0.567	0.825	0.913	0.957	0.967	0.989	1.078	1.021	1.202
9.0	0.603	0.733	0.790	1.058	1.154	1.120	1.531	1.195	1.915	1.284
9.4	0.763	0.733	0.979	1.045	1.188	1.231	1.441	1.353	1.702	1.422
10.9	0.750	0.700	1.052	1.181	1.217	1.339	1.384	1.532	1.541	1.813
11.1	0.873	0.813	1.243	1.310	1.450	1.443	1.829	1.700	2.128	1.962
12.1	0.886	1.039	1.171	1.560	1.456	1.757	1.878	1.878	2.327	2.287
12.3	1.406	1.070	1.678	1.641	1.848	1.797	2.082	1.995	2.323	2.400
13.6	1.320	1.376	1.913	2.124	2.219	2.266	2.757	2.698	3.324	3.116

2.2　毛竹快速生长期碳积累特征

竹笋快速生长期间，生物量碳储量增长幅度很大，但是这段时间，竹子还未展枝抽叶，叶片光合作用无法进行，毛竹笋（秆）生物量的增加是否主要依赖碳的累积、碳累积动态和营养变化状况都值得深入研究，这对于理解竹笋快速生长机制具有重要意义。

2.2.1　研究方法

研究区位于浙江省临安市青山镇（见 2.1.1）。

2.2.1.1　样地设置与样品采集

研究区内设置 15 m×15 m 的采样小区 5 个，对小区内新出土的毛竹笋进行标记，记录生长天数，出土当天记为第 0 天。生长至第 14 天、第 20 天、第 29 天、第 38 天、第 56 天、第 88 天时，分别在每个小区内选择一株健康毛竹进行样品采集（表 2-3）。采样时，沿毛竹茎秆底部齐地切断，测量毛竹高度、剥去笋壳后，按毛竹茎秆长度等分为上、中、下三段，立即带回实验室做下一步分析。另外，为了研究毛竹笋在爆发式生长过程中的土壤碳化学结构的变化，于当年 4 月 13 日、4 月 22 日、5 月 2 日和 5 月 10 日进行 4 次取样，测定植株碳的化学结构特征。

表 2-3　采样时间、采样阶段划分与各阶段特征

阶段	经历天数	采样时间	阶段特征
Ⅰ	0～28	第 14 天 第 20 天	新笋出土至笋壳开始脱落
Ⅱ	29～55	第 29 天 第 38 天	笋壳开始脱落至枝叶开始抽出
Ⅲ	56～88	第 56 天 第 88 天	枝叶开始抽出至笋壳全部脱落

2.2.1.2　分析方法

将植物样品初步剪碎后分成两部分，一部分低温冷藏，用于细胞壁组分分析。另一部分置于 80℃烘箱内烘至恒重，磨细，过 0.5 mm 筛，重铬酸钾容量法测定样品中碳浓度。另取过筛样品用 H_2SO_4-H_2O_2 消煮，半微量凯氏定氮法测定

氮浓度，电感耦合等离子体（ICP）法测定样品中磷、钾、钙、镁浓度。以上测试均依照鲁如坤（2000）编写的《土壤农业化学分析方法》进行。毛竹细胞壁组分分析依照 Zhong 和 Lauchli（1993）的方法加以修改，即将冷冻样品在 75% 乙醇中研磨成匀浆，再用 75% 的冰乙醇（7 mL·g⁻¹）冲洗两次，研磨，移入离心管，并在冰浴中放 20 min。此匀浆在 1000 g 下离心 10 min。沉淀物分别用冰丙酮、冰甲醇 - 三氯甲烷（体积比为 1：1）和甲醇各冲洗一次，并在 1000 g 下离心 10 min。弃去上清液，沉淀物即为细胞壁，冷冻干燥，备用。称取 1 g 细胞壁，加 4 mL 0.5% 草酸铵缓冲液（内含 0.1% NaBH₄）在沸水中洗两次，上清液即为果胶。沉淀用去离子水冲洗两次，冷冻干燥，用 4 mL 4% NaOH（内含 0.1% NaBH₄）于室温下分三次抽提共 24 h，上清液即为半纤维素 1 类。沉淀用去离子水冲洗两次，冷冻干燥，用 4 mL 24% NaOH（内含 0.1% NaBH₄）于室温下分三次抽提共 24 h，上清液即为半纤维素 2 类。剩余残基用 0.1 mol·L⁻¹ 乙酸和水冲洗，此部分即为纤维素。

2.2.2　结果与分析

2.2.2.1　碳固定与毛竹生物量积累

植株生物量增加与体内碳素积累密不可分（Zheng et al., 2008；Peri and Lasagno, 2010）。图 2-5（a）显示，毛竹茎秆碳积累量从第 14 天的 6.7 g 增加至第 88 天时的 3953.4 g，增长了近 590 倍。同生物量的情况一样，下部碳积累量占比超过 50%，干重与碳积累量之间有明显的正相关关系 [图 2-5（b）]，说明毛竹快速生长与其高固碳能力有关。

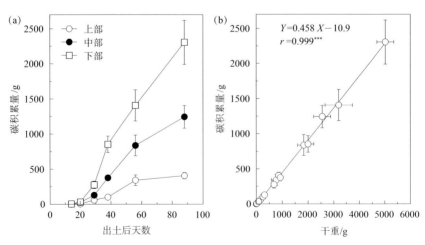

图 2-5　毛竹茎秆不同部位碳积累量（a）与干物质量积累的关系（b）

*** 为相关性极显著

2.2.2.2 矿质养分与毛竹生物量积累

为了解养分水平与研究期内毛竹生物量快速积累间的关系，测定了毛竹体内氮、磷、钾、钙、镁浓度。图 2-6 表明，除了毛竹茎秆上部在 38 d 前各元素浓度有所上升外，总体上毛竹出土后体内矿质养分浓度呈下降趋势，容易解释为生物量的迅速增加稀释了各元素浓度，Wu 等（2009）及 Shanmughavel 和 Francis（1996）在之前的研究中也得到了与本研究相似的结果。因此，对氮、磷、钾、钙、镁的吸收并不是毛竹快速生长和具有高固碳能力的原因。

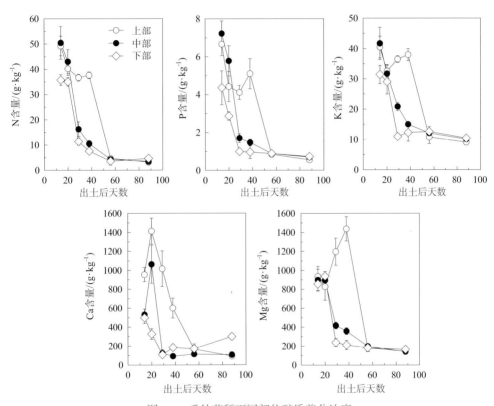

图 2-6 毛竹茎秆不同部位矿质养分浓度

2.2.2.3 碳素在细胞壁各组分的分配

碳素在植物细胞壁中主要以纤维多糖的形式存在，并随着细胞壁的扩展、伸长和加厚进程而不断积累。毛竹茎秆干重的 90% 以上为细胞壁，通过提取并分析毛竹茎秆细胞壁中的纤维素、半纤维素、果胶发现，各部位细胞壁中纤维素含量都较稳定 [图 2-7（c）]，但半纤维素含量增加了近 1 倍 [图 2-7（b）]，而果胶含量随毛竹出土后天数的增加而迅速降低，38 d 后稳定在较低水平 [图 2-7（a）]。因此，在竹笋快速生长期，碳素不断积累于毛竹细胞壁的纤维素和半纤维素组分中，并使得生物量不断增加。

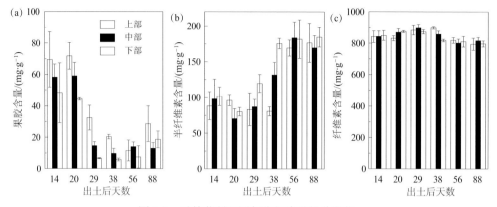

图 2-7   毛竹茎秆不同部位细胞壁组分变化

2.2.2.4   毛竹笋组织碳形态的动态变化

在毛竹不同生长期的植被碳的 4 个核磁共振波谱表明（图 2-8）：植株有机碳均呈现出 4 个明显的共振区，即烷基碳区（0 ～ 50 ppm[①]）、烷氧碳区（50 ～ 110 ppm）、芳香碳区（110 ～ 160 ppm）和羧基碳区（160 ～ 220 ppm）。其中烷氧碳是毛竹植株碳中的主要形态，约占植株总碳的 70%（图 2-9），然而，随着竹笋的生长，烷氧碳所占的比例没有明显变化，而剩下的三种碳形态的变化模式存在较大差异。其中羧基碳显著增加，芳香碳没有显著变化而烷基碳先增加后减少。总体而言，竹笋在生长过程中 4 种碳形态的相对比例情况并没有发生显著的变化，因此，可以认为在竹笋的生长过程中，尽管碳积累量急剧增加，但植被中碳素形态比较稳定。

2.3   小   结

综上分析，毛竹笋出土后，茎秆上、中、下三部分碳积累量均持续增加，碳素主要固定于毛竹细胞壁纤维素与半纤维素组分中，即碳储量的积累得益于体内碳素的高效同化作用，而与其他矿质元素的吸收关系不密切。另外，烷氧碳是毛竹植株碳中的主要形态，约占植株总碳的 70%，且 4 种植株碳形态在毛竹笋生长过程中较稳定。

①   1 ppm=10⁻⁶

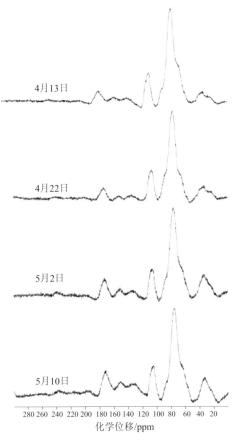

图 2-8　毛竹不同生长时期植株碳的核磁共振波谱

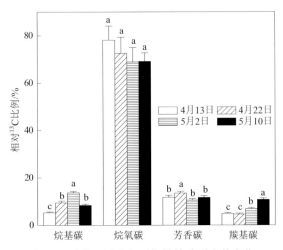

图 2-9　毛竹不同生长时期植株碳形态的变化

主要参考文献

鲁如坤. 2000. 土壤农业化学分析方法. 北京 : 中国农业科技出版社.

中国土壤学会. 1999. 土壤农业化学分析方法. 北京 : 中国农业科技出版社.

Peri P L, Lasagno R G. 2010. Biomass, carbon and nutrient storage for dominant grasses of cold temperate steppe grasslands in southern Patagonia, Argentina. Journal of Arid Environments, 74: 23-34.

Shanmughavel P, Francis K. 1996. Above ground biomass production and nutrient distribution in growing bamboo (*Bambusa bambos* (L.) Voss). Biomass and Bioenergy, 10: 383-391.

Wu J S, Xu Q F, Jiang P K, Cao Z H. 2009. Dynamics and distribution of nutrition elements in bamboos. Journal of Plant Nutrition, 32: 489-501.

Zheng H, Ouyang Z Y, Xu W H, Wang X K, Miao H, Li X Q, Tian Y X. 2008. Variation of carbon storage by different reforestation types in the hilly red soil region of southern China. Forest Ecology and Management, 255: 1113-1121.

Zhong H L, Lauchli A. 1993. Changes of cell wall composition and polymer size in primary roots of cotton seedlings under high salinity. Journal of Experimental Botany, 44: 773-778.

第三章
毛竹固碳的光合生理特征

光合作用是植被固碳的第一步，即植被通过与大气进行 CO_2 交换，将大气中的 CO_2 固定在植物体内。然而，光合作用是一个非常复杂的过程，影响因素颇多，如光合有效辐射（PAR）是太阳辐射光谱中可被绿色植物的质体色素吸收、转化并用于合成有机物质的 $400 \sim 700$ nm 波段的辐射能，在林木营养生长阶段发挥重要作用，而且冠层内的辐射状况又表现出空间上的异质性和时间上的动态特性，同时还受叶面积指数，叶片的形状和大小，叶片散射、吸收和反射的影响（陆国富等，2012）。因此，冠层光合作用、辐射传输、林冠结构三者之间的关系也一直是树木生理生态学过程和光合固碳研究的热点和难点。本章将以临安天目山和岳山两个毛竹林分布区作为研究基地，利用 LI-6400 便携式光合作用测定系统测量毛竹林光合作用相关参数，从光合作用时空特征、光响应曲线及模型模拟、光合生理对气候变化的短期响应等方面阐述毛竹固碳的光合生理生态机制。

3.1　毛竹光合作用时空特征

通过测定毛竹林冠中层叶片的光合日变化规律，以及毛竹在不同空间（林冠上、下两层）的光响应差异，以此解释毛竹叶片的碳同化特征在时空格局上的差异。

3.1.1　研究区概况

研究区有两个，其中一个设在浙江省临安市天目山国家级自然保护区。受海洋暖湿气流影响，保护区气候属中亚热带向北亚热带过渡型，季风强盛、四季分明、气候温和。保护区山麓和山顶海拔分别为 300 m、1506 m，年平均气温分别为 14.8℃、8.8℃，最冷月平均气温分别为 3.4℃、2.6℃，极端最低气温分别为 −13.1℃、−20.2℃，最热月平均气温分别为 28.1℃、19.9℃，极端最高气温分别为 38.2℃、29.1℃，无霜期分别为 235 d、209 d，年雨日分别为 159.2 d、183.1d，年降水量分别为 1390 mm、1870 mm，年太阳辐射量分别为 4460 MJ·m^{-2}、3270 MJ·m^{-2}。

另一个研究区为岳山研究基地，其位于浙江省临安市青山镇，相关情况参见第二章 2.1.1。

3.1.2 研究方法

在研究区内毛竹林中选择有代表性的毛竹，建立实验观测塔。观测塔从毛竹最下面的第 1 档枝条开始到第 7 档枝条为下层，第 8 ~ 14 档枝条为中层，第 15 档枝条以上为上层。在自然条件下，选择向南伸展的枝条上部第 2 或第 3 片成熟叶片进行测定。

3.1.2.1 光合作用日变化的测定

在 2006 年 11 月初，选择晴朗的天气，选取毛竹林冠中层（第 8 ~ 14 档枝条）向南伸展的健康叶片作为测定对象。利用美国 LI-COR 公司制造的 LI-6400 便携式光合作用测定系统，在自然条件下测定毛竹净光合速率、蒸腾速率等主要生理指标。测定时间区段为 7:00 ~ 17:00，每间隔 2 h 测定一次，每个指标测定 4 个重复，每个重复记录三个数值。

3.1.2.2 光响应曲线的测定

选择晴天早上（9:00 ~ 11:00），控制叶室中的 CO_2 浓度为 400 μmol·mol^{-1}，利用 LI-6400 内部温度调节器控制叶室温度为 25℃。在控制条件下，测定毛竹林冠上、下两个层次叶片的净光合速率对光合有效辐射强度的响应。通过 LI-6400-02B 红蓝光源控制叶室中的光合有效辐射强度，其梯度设置为 1500 μmol·m^{-2}·s^{-1}、1000 μmol·m^{-2}·s^{-1}、800 μmol·m^{-2}·s^{-1}、600 μmol·m^{-2}·s^{-1}、400 μmol·m^{-2}·s^{-1}、200 μmol·m^{-2}·s^{-1}、100 μmol·m^{-2}·s^{-1}、50 μmol·m^{-2}·s^{-1}、0 μmol·m^{-2}·s^{-1}。测定叶片在每一光强下的净光合速率。

3.1.2.3 毛竹林内环境因子的测定

在测定毛竹叶片各光合生理生态指标的同时，用 LI-6400 便携式光合作用测定系统测定环境因子，包括光合有效辐射、大气温度、空气相对湿度、大气 CO_2 浓度等。

3.1.3　光合作用环境因子的日变化特征

3.1.3.1　光合有效辐射和气温的日变化

图 3-1 所示为光合有效辐射（PAR）及气温（T）的日变化。从图 3-1 可以看出，光合有效辐射强度 7:00 时为 40 $\mu mol \cdot m^{-2} \cdot s^{-1}$，由此开始缓慢增加，9:00 开始迅速上升，在 11:00 左右达到最高值（1133 $\mu mol \cdot m^{-2} \cdot s^{-1}$），随后光照强度迅速下降，在 13:00 以后下降幅度减慢，到 17:00 接近 0。同样，气温也随着光照强度的增强逐渐升高，在 11:00 左右达到了最大值（30.97℃）。

3.1.3.2　空气相对湿度和大气 CO_2 浓度的日变化

图 3-2 所示为空气相对湿度（RH）及大气 CO_2 浓度（Ca）的日变化。从图 3-2 可以看到，空气相对湿度在 7:00 左右最高（41.24%），在 7:00 ～ 13:00 呈不断下降的趋势，于 13:00 左右下降至最低点（19.17%），13:00 ～ 17:00 空气相对湿度有所回升，属于干热晴好的天气。在测定当天的早、晚，大气 CO_2 浓度较高，其值主要在 375 ～ 379 $\mu mol \cdot mol^{-1}$ 波动，从 7:00 开始，大气 CO_2 浓度迅速下降，到 9:00 左右达到最低值（375 $\mu mol \cdot mol^{-1}$），之后大气 CO_2 浓度逐渐升高，17:00 左右 CO_2 浓度值达到 379.48 $\mu mol \cdot mol^{-1}$。

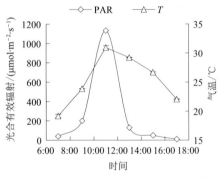

图 3-1　光合有效辐射及气温日变化

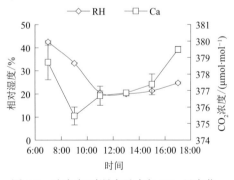

图 3-2　空气相对湿度及大气 CO_2 日变化

3.1.4　叶片气体交换的日变化

3.1.4.1　净光合速率日变化

毛竹净光合速率的日变化规律如图 3-3 所示。由图 3-3 可以看出，净光合速率日变化呈"双峰型"曲线，具有光合"午休"现象，但不是特别明显。这一结果与施建敏等（2005）的研究结果（相比夏季，秋季净光合速率的日变化双峰曲线不甚明显）一致。上午毛竹叶片净光合速率随光照强度的增强而逐渐上升，9:00 左右光照强度为 201 $\mu mol \cdot m^{-2} \cdot s^{-1}$ 时，净光合速率达到全天的最高值 1.93 $\mu mol \cdot m^{-2} \cdot s^{-1}$，此为第一个高峰，而后随着光照强度的增强净光合速率下降，13:00 净光合速率又开始回升，于 15:00 左右出现第二个高峰，上午的峰值明显高于下午的峰值，两峰之间，即 13:00 净光合速率下降到最大时的 24%，形成低谷。15:00 左右之后，净光合速率随着光强的减弱而降低，17:00 时光照强度低于光补偿点，因此这时所测得的净光合速率出现负值。

3.1.4.2　气孔导度及胞间 CO_2 浓度的日变化

毛竹叶片气孔导度（Gs）及胞间 CO_2 浓度（Ci）的日变化规律如图 3-4 所示。由图 3-4 可见，7:00 ~ 9:00，由于毛竹林内光照强度增加，温度上升，气孔也随之张开，气孔导度缓慢增大，净光合速率在这段时间内迅速升高，消耗掉大量的 CO_2，使得细胞间的 CO_2 浓度迅速下降；9:00 ~ 17:00，由于 9:00 之前叶片光合作用较强，细胞的水分降低，气孔导度逐渐变小，随着气孔的关闭，净光合速率下降，消耗较少的 CO_2，使得细胞内的 CO_2 浓度慢慢升高；气孔导度的日变化规律同净光合速率的变化规律存在一定的相似性，这种变化规律与许大全等（2006）提出的净光合速率对气孔导度具有反馈调节作用的看法相一致，这种反馈调节作用是指在有利于叶肉细胞光合时气孔导度就会增大，而不利于叶肉细胞光合时，气孔导度就会减小。

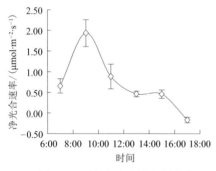

图 3-3　毛竹净光合速率日变化

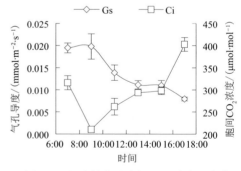

图 3-4　气孔导度及胞间 CO_2 浓度日变化

3.1.4.3　蒸腾速率与水分利用效率的日变化

从图 3-5 可以看出，蒸腾速率（Tr）的日变化规律呈单峰曲线，蒸腾强度随着时间的推进不断上升，于 11:00 左右达到最高值，之后呈下降趋势。气孔是 CO_2 和 H_2O 进出植物体的唯一通道，气孔的开放程度影响着植物叶片的蒸腾速率，并调节植物的蒸腾作用。从净光合速率和蒸腾速率的相关性分析，虽然两者不存在明显的正相关关系，但变化趋势具有一定的相似性，因为叶片气孔的开放程度影响着水分向大气的扩散，并且影响植物对 CO_2 的吸收。从蒸腾速率与净光合速率的关系看，气孔导度是影响蒸腾速率与净光合速率的重要生理生态指标之一。

水分利用效率（WUE）表示植物对水资源的利用水平，通常表示为植物叶片光合速率与蒸腾速率的比值（王得祥等，2002）。从图 3-5 可以看出，水分利用效率的日变化规律呈"双峰型"曲线，与净光合速率的日变化趋势一致，可见净光合速率在很大程度上影响着植物叶片的水分利用效率。从图 3-5 还可以发现，毛竹叶片上午的水分利用效率明显地高于下午的水分利用效率，其中，7:00～9:00净光合速率的增加速度较蒸腾速率的快，因而此时间段里水分利用效率呈上升趋势，9:00～11:00，蒸腾速率仍保持上升趋势，而净光合速率由于各种因子的抑制作用而逐渐降低，故水分利用效率也逐渐降低，在 15:00 出现了一个不是特别明显的次峰。

3.1.5　林冠不同层次叶片的光响应

毛竹林冠上、下两个层次叶片光合作用的光响应曲线如图 3-6 所示。光响应曲线反映了植物光合速率随光照强度增减的变化规律（刘建军等，2002），从图中可以看出毛竹上、下两个层次叶片的光响应变化趋势相似，随着光照强度的增加，净光合速率明显增大，当光照强度达到一定值后，净光合速率基本稳定在一定水平上，即达到了光饱和。由测定结果可知，毛竹林冠上层叶片的光饱和点为 $400 \sim 600\ \mu mol \cdot m^{-2} \cdot s^{-1}$，而下层叶片的光饱和点为 $200 \sim 400\ \mu mol \cdot m^{-2} \cdot s^{-1}$。两个层次的光补偿点都为 $15 \sim 30\ \mu mol \cdot m^{-2} \cdot s^{-1}$。另外，从两条光响应曲线可以看出，在相同的光照强度下，净光合速率不同，上层的净光合速率值明显比下层高。

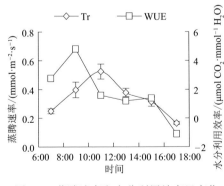

图 3-5　蒸腾速率和水分利用效率日变化

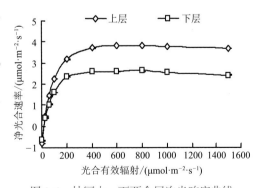

图 3-6　林冠上、下两个层次光响应曲线

3.1.6　毛竹光合作用时空特征小结

（1）秋季毛竹净光合速率日变化规律为不是特别明显的"双峰型"曲线，但

具有光合"午休"现象。

（2）毛竹净光合速率变化受到气孔限制和非气孔限制的双重影响，在 9:00 以前主要表现为气孔限制，而 9:00 以后表现为非气孔限制。

（3）水分利用效率上午高于下午，日变化规律呈"双峰型"曲线，与净光合速率的日变化规律趋势相似，这是由于上午光合速率的增幅大于蒸腾速率，峰值提前出现。

（4）毛竹林冠上、下两个层次叶片的净光合速率的光响应曲线变化规律一致，即都随着光照强度的增大而增加，当到达光饱和点时，二者的净光合速率都趋于稳定。但在相同的光照强度下，上层的净光合速率明显比下层的高。毛竹林冠上层的叶片较下层的叶片具有更强的光合适应能力。这可能是由于林冠上、下层的叶片长期适应不同的光照条件，产生趋异适应的结果，即毛竹林冠上层的叶片较下层的叶片具有更强的适应强光的能力。

（5）毛竹碳同化在时间（日变化）和空间（叶层间）上均存在差异，这就增加了碳固定估算的不确定性，在碳估算的尺度转换和取样分析时须加以考虑。

3.2　毛竹光响应模型构建

对测定的光响应数据进行拟合处理可以得到最大净光合速率（P_{max}）、光补偿点（LCP）、光饱和点（LSP）等光合参数（Larocque，2002），这是人们深入研究植物光合特性，判断环境对植物影响的重要基础。目前，光响应拟合模型主要有非直角双曲线模型、直角双曲线模型、二次函数、指数方程等（卜令铎等，2010；王凯等，2010；郑有飞等，2010；段爱国等，2010；刘玉梅等，2007；许皓等，2010），尤其是非直角双曲线模型的使用率最高。当然，这些模型各有优缺点，具有不同的适用范围，研究各物种在不同条件下的最适模型是准确估算其气体交换参数的基础，对毛竹林光合固碳机制具有重要的理论意义和实用价值。

本节将介绍于浙江省临安市青山湖畔岳山试验地（相关介绍参见第二章 2.1.1）进行的毛竹林光响应模型构建等相关研究。

3.2.1　光响应曲线测定

2009 年 1 月～2010 年 1 月，在岳山山腰西南坡向，人工集约经营的毛竹纯林中设置 20 m×20 m 的试验标准样地，毛竹株高 10 m 左右，林下无灌木层，草本层稀疏。在标准样地内选取 3 年生（属壮龄）、生长状况良好的毛竹样株三株，搭建试验观测塔进行测定。每月中旬选择晴朗无风的天气，于

9:00 ～ 11:00 在中层（第 8 ～ 14 档枝条）南向枝条选取第 3 ～ 5 片成熟健康叶片作为测定叶，进行光响应曲线测定。保证所选叶片均长势相同、叶龄相对一致，每个叶片重复测定 5 组数据。设定光照强度梯度为：2000 μmol·m^{-2}·s^{-1}、1500 μmol·m^{-2}·s^{-1}、1000 μmol·m^{-2}·s^{-1}、600 μmol·m^{-2}·s^{-1}、300 μmol·m^{-2}·s^{-1}、100 μmol·m^{-2}·s^{-1}、50 μmol·m^{-2}·s^{-1}、30 μmol·m^{-2}·s^{-1}、10 μmol·m^{-2}·s^{-1}、0 μmol·m^{-2}·s^{-1}。

3.2.2　光响应曲线拟合结果与分析

将 3 年生毛竹 12 个月的光响应曲线，用非直角双曲线、直角双曲线、二次函数和指数方程 4 个模型进行拟合，拟合效果如图 3-7 所示，拟合参数结果如表 3-1 所示。

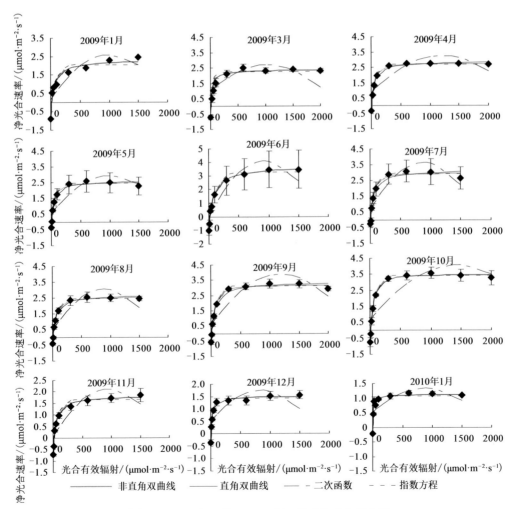

图 3-7　2009 年 1 月～ 2010 年 1 月毛竹光响应曲线

表3-1 不同日期毛竹应用各模型拟合结果比较

日期	非直角双曲线模型				直角双曲线模型				二次函数				指数方程				
	P_{max}	α	Rd	LCP	P_{max}	α	Rd	LCP	P_{max}	Rd	LSP	LCP	P_{max}	α	Rd	LCP	LSP
2009-1-9	3.11	0.06	0.81	18.76	3.11	0.06	0.81	18.76	2.58	-0.16	1015.15	-31.96	2.05	0.03	0.68	21.91	373.29
	0.29	0.02	0.26		0.26	0.02	0.23		0.41		168.27		0.19	0.01			
2009-3-9	2.80	0.11	0.41	4.46	2.80	0.11	0.41	4.46	2.70	-0.98	1041.52	-261.89	2.27	0.05	0.31	5.43	199.71
	0.10	0.01	0.09		0.09	0.01	0.08		0.50		130.40		0.05	0.01			
2009-4-9	3.14	0.04	0.35	8.75	3.30	0.07	0.40	6.40	3.25	-0.86	1219.00	-201.42	2.71	0.04	0.34	8.05	324.70
	0.06	0.00	0.05		0.13	0.01	0.12		0.45		165.63		0.02	0.00			
2009-5-9	2.87	0.04	0.35	8.78	3.06	0.07	0.44	7.15	2.94	-0.54	1023.72	-110.40	2.43	0.04	0.34	8.35	300.87
	0.16	0.01	0.12		0.16	0.02	0.14		0.43		188.01		0.06	0.00			
2009-6-9	4.70	0.06	0.98	21.07	4.70	0.06	0.98	21.07	4.10	0.03	937.08	2.90	3.28	0.03	0.82	24.11	521.40
	0.13	0.01	0.08		0.08	0.01	0.07		0.52		88.15		0.13	0.00			
2009-7-9	3.34	0.04	0.33	8.92	3.63	0.07	0.45	7.42	3.66	-0.55	890.89	-75.69	2.92	0.04	0.35	8.40	353.46
	0.26	0.01	0.18		0.25	0.02	0.22		0.47		84.45		0.09	0.01			
2009-8-9	3.01	0.04	0.42	10.56	3.18	0.06	0.49	9.00	3.07	-0.42	897.50	-68.45	2.47	0.04	0.39	10.43	338.06
	0.08	0.01	0.06		0.10	0.01	0.09		0.44		94.76		0.04	0.00			
2009-9-9	3.75	0.04	0.51	13.29	4.02	0.07	0.64	11.08	3.88	-0.53	1202.52	-90.69	3.12	0.04	0.51	12.84	404.61
	0.16	0.01	0.12		0.16	0.01	0.15		0.48		118.60		0.05	0.00			
2009-10-9	4.24	0.05	0.72	15.62	4.24	0.05	0.75	18.60	4.07	-0.59	1421.45	-115.81	3.40	0.04	0.72	15.07	374.64
	0.14	0.01	0.11		0.14	0.01	0.12		0.57		294.93		0.05	0.00			
2009-11-9	2.58	0.05	0.75	19.69	2.58	0.05	0.75	19.69	2.11	-0.03	958.78	-6.23	1.64	0.02	0.66	22.96	333.94
	0.09	0.01	0.07		0.07	0.01	0.07		0.35		129.11		0.08	0.00			
2009-12-9	1.84	0.08	0.32	5.04	1.85	0.08	0.32	5.03	1.74	-0.48	849.46	-149.30	1.43	0.04	0.25	6.27	185.81
	0.12	0.04	0.10		0.09	0.02	0.09		0.35		124.66		0.06	0.01			
2010-1-10	1.33	0.13	0.21	1.99	1.33	0.13	0.21	1.96	1.33	-0.50	876.97	-233.80	1.06	0.06	0.17	2.64	81.83
	0.04	0.03	0.03		0.03	0.00	0.03		0.23		91.82		0.05	0.00			

注:表中 P_{max} 为最大净光合速率（$\mu mol \cdot m^{-2} \cdot s^{-1}$），$\alpha$ 为初始量子效率，Rd 为暗呼吸速率（$\mu mol \cdot m^{-2} \cdot s^{-1}$），$LCP$ 为光补偿点（$\mu mol \cdot m^{-2} \cdot s^{-1}$），$LSP$ 光饱和点（$\mu mol \cdot m^{-2} \cdot s^{-1}$）。
第1行数据为参数平均值，第2行为参数标准误差，以此类推

3.2.2.1 P_{max} 值拟合结果分析

在各个月中，非直角双曲线模型拟合结果与直角双曲线模型拟合结果没有显著差异，值为 $1.33 \sim 4.70\ \mu mol \cdot m^{-2} \cdot s^{-1}$。二次函数拟合的结果也较大，4 月、5 月、7 月、8 月、9 月（属较热月份）的值甚至大于直角双曲线模型与非直角双曲线模型拟合结果，二次函数拟合的方差最大。指数方程对于光响应拟合的结果最小，比前三个模型的拟合结果小 $0.5 \sim 1\ \mu mol \cdot m^{-2} \cdot s^{-1}$，最接近实测值，其方差也最小。对于 P_{max} 值的拟合结果，4 个模型的差异不大，指数方程的拟合结果最佳。

3.2.2.2 α 值拟合结果分析

二次函数不可以算出有实际意义的初始量子效率（α）值。非直角双曲线模型拟合结果值为 $0.04 \sim 0.13$。直角双曲线模型的拟合结果在 4 月、5 月、7 月、8 月、9 月大于非直角双曲线模型。由于计算方法的差异，指数方程的 α 值均偏小，为 $0.02 \sim 0.06$，各月之间的差异很小。值得注意的是，各模型中的 α 值并不是表观光量子效率（AQY），而只是各模型所表现出的特定的曲线初始斜率。

3.2.2.3 Rd 值结果分析

各模型中的暗呼吸速率（Rd）值均为 PAR 为 0 时的净光合速率（Pn）值的相反数。二次函数所计算的 Rd 值最为不准确，除 6 月外，均为负值。非直角双曲线模型与直角双曲线模型的拟合结果比实测值大 $0.2 \sim 0.3\ \mu mol \cdot m^{-2} \cdot s^{-1}$，其中直角双曲线更大。指数方程的拟合结果则比实测值小 $0.1 \sim 0.3\ \mu mol \cdot m^{-2} \cdot s^{-1}$。非直角双曲线模型、直角双曲线模型、指数方程的拟合结果均在可接受误差范围内，另外，计算 Rd 值也可用来对计算 AQY 的直线方程拟合结果进行推算。

3.2.2.4 LCP 与 LSP 值拟合结果分析

据前人研究，用光响应观测资料利用非直角双曲线模型和直角双曲线模型计算的光饱和点（LSP）不可靠（陈根云等，2006），本研究没有利用这两个模型计算光饱和点。二次函数所拟合出的 LSP 值相对较大，均大于 $800\ \mu mol \cdot m^{-2} \cdot s^{-1}$，指数方程所拟合出的 LSP 相对较为合理，为 $81 \sim 521\ \mu mol \cdot m^{-2} \cdot s^{-1}$，由于测定叶片位于中层，值相对较小。二次函数所拟合出的 LCP 值为负，为错误结果。指数方程拟合的 LCP 值较高，指数方程和非直角双曲线模型均与实测值较接近。计算 LCP 与 LSP 值时，最好使用指数方程。但根据 LCP 与 Rd 的实质意义，计算这两个参数最好使用同一个模型进行拟合，有利于进行比较，即均使用指数方程或均使用直线拟合。

3.2.2.5 曲线曲度与拟合度分析

从图 3-8 可以直观地看出，12 个月中二次函数的曲度＞指数方程的曲度＞非直角双曲线模型的曲度＞直角双曲线模型的曲度。曲度较小的三个模型的拟合度（R^2）均较高，12 个月中的 R^2 值均在 0.9 以上。二次函数的拟合度较低，且月变化范围较大，1 月、3 月、12 月的拟合度最低，约为 0.5，6 月的拟合度达到峰值，值为 0.848。

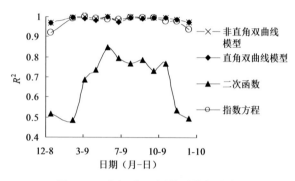

图 3-8　不同日期不同模型的拟合度

对于非直角双曲线模型、直角双曲线模型和指数方程自身而言，在春、秋季的拟合度高于其在夏、冬季的拟合度，指数方程对季节的敏感度更高。虽然二次函数更适合在较热季节里表示光抑制现象，但由于毛竹的光抑制现象并不十分明显，因此拟合度并没有超过其他三个模型。

3.2.3 光响应曲线模拟小结

（1）非直角双曲线模型与直角双曲线模型拟合度最高，均大于 0.95，指数方程次之，为 0.921～0.977，二次函数最差。

（2）非直角双曲线模型与直角双曲线模型所求出的最大净光合速率（P_{max}）、暗呼吸速率（Rd）较实测值略高，而指数方程对暗呼吸速率（Rd）的拟合结果比实测值略低。

（3）从拟合度的角度分析，指数方程、非直角双曲线模型、直角双曲线模型拟合毛竹光响应曲线的拟合度均大于 0.9，都可选用，其中非直角双曲线模型最佳。但非直角双曲线模型所拟合出的 P_{max} 值偏大，而且具有不能算出有实际意义的 LSP 值等缺陷，相比之下，指数方程对于 LSP、P_{max} 拟合结果更加接近于实测值，LCP、Rd 的拟合偏差也较小，建议对毛竹光响应曲线进行拟合时使用指数方程，再使用 100 μmol·m⁻²·s⁻¹ 以下数值进行直线拟合计算 AQY，作为数据补充。

或使用指数方程计算 LSP、P_{max}，使用 100 μmol·m^{-2}·s^{-1} 以下数值进行直线拟合计算 AQY、LCP、Rd。对于夏季的高温干旱时期，若毛竹的光抑制现象明显，可采用二次函数进行拟合。

3.3　毛竹光合生理对气候变化的短期响应

以 CO_2 为主的温室气体排放增加导致全球变暖已成为一个不争的事实，大气中 CO_2 浓度的不断增加，不仅直接影响植物光合作用过程和生长发育，而且通过温室效应引起全球气候变化，对植物产生间接影响。因此，研究在全球气候变化条件下的植物的响应，尤其是对 CO_2 的响应已成为当前植物生理生态学的研究热点。据报道，短期 CO_2 浓度升高在一定程度上能够促进植物的光合作用，减少水分蒸腾，提高水分利用效率（**Morse and Bazzaz, 1994; Cure and Acock, 1986**），而植物适应长期高 CO_2 浓度之后，光合作用恢复到原来的水平，甚至更低（**Gunderson et al., 1993**）。本节将在上一节研究所建立的试验区内，研究毛竹光合生理对气候变化的短期响应。

3.3.1　研究方法

3.3.1.1　净光合速率对大气 CO_2 浓度的响应测定

通过 LI-6400 光合测定仪的 CO_2 控制系统，设定光合有效辐射为 800 μmol·m^{-2}·s^{-1}，根据当天的外界环境温度，将样本室温度控制在 22℃，CO_2 浓度的梯度设置为：50 μmol CO_2·mol^{-1}、100 μmol CO_2·mol^{-1}、300 μmol CO_2·mol^{-1}、600 μmol CO_2·mol^{-1}、1000 μmol CO_2·mol^{-1}、1500 μmol CO_2·mol^{-1}、2000 μmol CO_2·mol^{-1}，每一个浓度适应一段时间后进行连续测定。

3.3.1.2　不同条件下毛竹的光响应测定

通过 LI-6400 光合测定仪的内置光源控制系统，设定光照强度梯度为：1500 μmol·m^{-2}·s^{-1}、1000 μmol·m^{-2}·s^{-1}、600 μmol·m^{-2}·s^{-1}、300 μmol·m^{-2}·s^{-1}、100 μmol·m^{-2}·s^{-1}、50 μmol·m^{-2}·s^{-1}、30 μmol·m^{-2}·s^{-1}、10 μmol·m^{-2}·s^{-1}、0 μmol·m^{-2}·s^{-1}，进行光响应曲线测定。

分别在样本室温度控制在 22℃，CO_2 浓度为 400 μmol·mol^{-1}、800 μmol·mol^{-1} 的条件下，和 CO_2 浓度为 400 μmol·mol^{-1}，样本室温度控制在 17℃、20℃、23℃ 的条件下，及 CO_2 浓度为 400 μmol·mol^{-1}，1月、7月、10月，其温度分别

约为 10℃、33℃、23℃ 的条件下，以及样本室温度控制在 22℃，CO_2 浓度为 400 $\mu mol \cdot mol^{-1}$，水分吸收管在 Scrub 和 By pass 的条件下，测定毛竹的光响应曲线。

3.3.1.3 数据分析

利用 SPSS 13.0 软件，绘制出 Pn-Ci 曲线并用指数方程（Watling et al., 2000）进行拟合：

$$Pn = Pn_{max} \times (1 - e^{CE \times Ci}) + Rp \tag{3-1}$$

绘制出 Pn-PAR 曲线并用非直角双曲线模型（Calnelm et al., 1998）进行拟合：

$$kP^2 \times PAR - (\alpha \times PAR + P_{max}) \times Pn \times PAR + \alpha \times PAR \times P_{max} = 0 \tag{3-2}$$

解式（3-2），并注意净光合速率等于总光合速率减去暗呼吸速率，即 Pn = P − Rd 得

$$Pn = \frac{\alpha \times PAR + Pn_{max} - \sqrt{(\alpha \times PAR + Pn_{max})^2 - 4\alpha \times k \times PAR \times Pn_{max}}}{2k} - Rd \tag{3-3}$$

式中，P 为总光合速率（$\mu mol \cdot m^{-2} \cdot s^{-1}$）；Pn 为净光合速率（$\mu mol \cdot m^{-2} \cdot s^{-1}$）；$Pn_{max}$ 为光饱和时的最大净光合速率（$\mu mol \cdot m^{-2} \cdot s^{-1}$）；CE 为羧化效率；Ci 为胞间 CO_2 浓度（$\mu mol \cdot mol^{-1}$）；PAR 为光合有效辐射（$\mu mol \cdot m^{-2} \cdot s^{-1}$）；Rd 为暗呼吸（$\mu mol \cdot m^{-2} \cdot s^{-1}$）；$\alpha$ 为初始量子效率；k 为曲线凸度。

羧化效率等参数的计算均取自光照强度为 600 $\mu mol \cdot m^{-2} \cdot s^{-1}$ 时的值计算所得，计算公式如下。

羧化效率：

$$CE = Pn/Ci \tag{3-4}$$

光能利用率：

$$LUE = Pn/PAR \tag{3-5}$$

水分利用效率：

$$WUE = Pn/Tr \tag{3-6}$$

光呼吸作用 Rp 利用经验公式（蔡时青等，2000）：

$$Rp = CE \times LCP \tag{3-7}$$

3.3.2 毛竹光合作用对 CO_2 浓度短期升高的响应模拟

3.3.2.1 毛竹净光合速率对 CO_2 浓度的响应

由图 3-9 可以看出，毛竹叶片 Pn 对 CO_2 浓度的响应基本呈指数变化，近似符合米氏方程，拟合方程如图所示。同其他 C3 植物一样，随着大气中 CO_2 浓度的增加，叶片胞间 CO_2 浓度升高，Pn 升高。且随 CO_2 浓度逐渐增大，Pn 升高幅度逐渐减小，最大净光合速率为 12.95 $\mu mol \cdot m^{-2} \cdot s^{-1}$，但几乎看不出 CO_2 饱和点。可见，由于大气与植物 CO_2 的源 - 汇关系，CO_2 浓度的短期增高对毛竹的 Pn 有促进作用，且在短期内随着浓度的增加，没有受到明显的抑制效应。

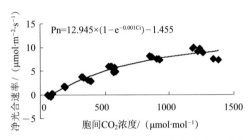

图 3-9 叶片净光合速率对 CO_2 浓度升高的响应

3.3.2.2 毛竹光合水分生理指标对 CO_2 浓度倍增的响应

在 CO_2 浓度倍增的情况下（图 3-10，表 3-2），毛竹的最大净光合速率（P_{max}）有较大幅度的增高，为原来的 2.3 倍。而暗呼吸作用（Rd）和光呼吸作用（Rp）的绝对值均有很大幅度的降低，且两者降低的幅度几乎相同。同其他研究结果相同（Morse and Bazzaz, 1994），毛竹的光饱和点（LSP）随着 CO_2 浓度的升高而增大，但光补偿点（LCP）有所减小。CO_2 浓度倍增情况下的毛竹表观光量子效率（AQY）和最大净光合速率的增幅变化趋势相同，但相比最大净光合速率的增幅要小得多。光能利用率（LUE）增加的幅度却远远大于最大净光合速率。毛竹的气孔导度也有所增加，但相对增加并不明显。毛竹的蒸腾速率（Tr）在 CO_2 浓度倍增后有一定程度的减弱。净光合速率和蒸腾速率的比值即水分利用效率（WUE），所以在 CO_2 浓度倍增后，由于毛竹的净光合速率提高、蒸腾速率下降，毛竹的水分利用效率较大气 CO_2 浓度下有较大幅度的增加。不同 CO_2 浓度下光响应拟合曲线如下。

CO_2 浓度为 400 μmol CO_2 · mol^{-1} 时，光响应拟合曲线为

$$Pn = \frac{0.0417\,PAR + 2.46 - \sqrt{(0.0417\,PAR + 2.46)^2 - 0.3400\,PAR}}{1.656} - 0.4577 \quad (3\text{-}8)$$

CO_2 浓度为 800 μmol CO_2 · mol^{-1} 时，光响应拟合曲线为

$$Pn = \frac{0.0749\,PAR + 5.74 - \sqrt{(0.0749\,PAR + 5.74)^2 - 1.1505\,PAR}}{1.338} - 0.1150 \quad (3\text{-}9)$$

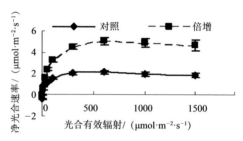

图 3-10　CO_2 浓度倍增情况下毛竹的光响应曲线图

表 3-2　CO_2 浓度倍增下的光合水分生理指标比较

CO_2 浓度 /ppm	400		800		增幅 /%
	数值	方差	数值	方差	
P_{max}/（μmol·m^{-2}·s^{-1}）	2.4600	0.2546	5.7400	0.3205	133.33
Rd/（μmol·m^{-2}·s^{-1}）	−0.4577	0.0184	−0.1150	0.1312	−74.87
Rp/（μmol·m^{-2}·s^{-1}）	−0.0968	0.0098	−0.0243	0.0125	−74.90
LCP/（μmol·m^{-2}·s^{-1}）	10.9000	0.9263	2.1000	0.9350	−80.73
LSP/（μmol·m^{-2}·s^{-1}）	60.0000	16.0625	105.5000	5.7588	50.71
AQY	0.0417	0.0061	0.0749	0.0009	79.62
Cs/（mol·m^{-2}·s^{-1}）	0.0204	0.0035	0.0274	0.0041	34.31
LUE	0.0035	0.0003	0.0090	0.0007	157.14
Tr/（mmol·m^{-2}·s^{-1}）	0.2132	0.0257	0.1918	0.0200	−10.04
WUE/（μmol CO_2·mmol H_2O	11.1000	1.6233	21.7200	1.0240	95.68
CE	0.0009	0.0005	0.00117	0.0020	30.00

3.3.3　毛竹光合作用对温度短期变化的响应模拟

3.3.3.1　毛竹净光合速率的温度响应

毛竹净光合速率（Pn）对温度的响应为二次函数，在直角坐标系中呈单

峰曲线（图 3-11），即存在一个光合最适温度。拟合曲线为 Pn $= -0.0107T^2 +$ $0.5613T - 1.4343$，其中顶点坐标为（26.25，5.93），即毛竹的最适温度约为 26.25℃。26.25℃ 时，毛竹的净光合速率最大，为 5.93 $\mu mol \cdot m^{-2} \cdot s^{-1}$，低于或高于这个值，净光合速率下降。

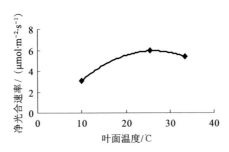

图 3-11　毛竹净光合速率对温度升高的响应

3.3.3.2　不同月份的毛竹光合水分生理指标比较

随着不同月份温度的不同（图 3-12，表 3-3），毛竹的光合生理、水分生理均有较大的变幅。温度从 10℃ 到 23℃，毛竹的最大净光合速率（P_{max}）增加了 2.71 $\mu mol \cdot m^{-2} \cdot s^{-1}$，而温度从 23℃ 到 33℃，光合速率仅减少了 0.45 $\mu mol \cdot m^{-2} \cdot s^{-1}$。暗呼吸作用（Rd）和光呼吸作用（Rp）的规律类似，均为 23℃ 时绝对值最大，且绝对值最小值均在 7 月，其中暗呼吸作用要比光呼吸作用剧烈。毛竹的光饱和点（LSP）和光补偿点（LCP）呈现出与呼吸作用类似的趋势，这与最大净光合速率（P_{max}）的变化略有不同。可见，随温度升高超过最适温度，最大光合速率的减小幅度远远小于呼吸作用和光饱和点、光补偿点的减少幅度。温度升高情况下的毛竹表观光量子效率（AQY）和最大净光合速率的增幅变化趋势不同，差异不显著。光能利用率（LUE）和气孔导度（Gs）的变化规律与最大净光合速率相同，变化幅度也类似。而净光合速率和蒸腾速率的比值，即水分利用效率（WUE），由于毛竹的净光合速率提高的幅度比蒸腾速率小，因此毛竹的水分利用效率的变化趋势与光合作用相反，较冷月（1 月）的水分利用效率反而最大。不同月份的光响应拟合曲线如下。

1 月光响应拟合曲线为

$$Pn = \frac{0.0583\,PAR + 3.11 - \sqrt{(0.0583\,PAR + 3.11)^2 - 0.0011\,PAR}}{0.0030} - 0.809 \quad （3\text{-}10）$$

10 月光响应拟合曲线为

$$Pn = \frac{0.0572\,PAR + 5.82 - \sqrt{(0.0572\,PAR + 5.82)^2 - 0.7990\,PAR}}{1.2} - 1.37 \quad (3\text{-}11)$$

7 月光响应拟合曲线为

$$Pn = \frac{0.0674\,PAR + 5.37 - \sqrt{(0.0674\,PAR + 5.37)^2 - 0.2722\,PAR}}{0.376} - 0.122 \quad (3\text{-}12)$$

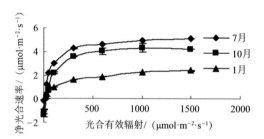

图 3-12　不同月份下毛竹的光响应曲线

表 3-3　不同月份的光合水分生理指标比较

月份	1 月		10 月		7 月	
	数值	方差	数值	方差	数值	方差
T/℃	10	1	23	0.5	33	0.2
P_{max}/（$\mu mol \cdot m^{-2} \cdot s^{-1}$）	3.11	0.38	5.82	0.18	5.37	0.17
Rd/（$\mu mol \cdot m^{-2} \cdot s^{-1}$）	−0.81	0.01	−1.37	0	−0.12	0.01
Rp/（$\mu mol \cdot m^{-2} \cdot s^{-1}$）	−0.06	0.01	−0.43	0.02	−0.03	0.01
LCP/（$\mu mol \cdot m^{-2} \cdot s^{-1}$）	13.9	3.06	24	0.6	1.81	0.93
LSP/（$\mu mol \cdot m^{-2} \cdot s^{-1}$）	67.3	2.55	126	18.31	81.4	8.38
AQY/（$mol \cdot m^{-2} \cdot s^{-1}$）	0.06	0	0.06	0	0.07	0.01
Gs/（$mol \cdot m^{-2} \cdot s^{-1}$）	0.03	0.01	0.08	0.06	0.06	0
LUE	0	0	0.01	0	0.01	0
Tr/（$mmol \cdot m^{-2} \cdot s^{-1}$）	0.23	0.08	1.68	0.78	0.78	0.01
WUE/（$\mu mol\ CO_2 \cdot mmol^{-1}\ H_2O$）	6.39	1.15	2.76	0.03	5.18	0.33
CE	0	0	0.02	0	0.01	0

3.3.3.3　不同温度下毛竹光合水分生理指标比较

随着温度的突然增加或降低，毛竹的净光合速率（Pn）均显示出下降的趋势（图 3-13）。温度降低时气孔导度（Gs）减小，蒸腾速率（Tr）减小；温度突然升高，气孔导度上升不显著，蒸腾速率增大。叶片胞间 CO_2 浓度（Ci）的变化极不稳定。光响应曲线拟合结果差异不显著。

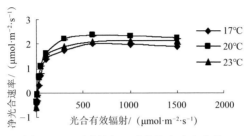

图 3-13　不同温度下毛竹的光响应曲线

3.3.3.4　毛竹光合水分生理指标对大气湿度短期变化的响应模拟

在大气湿度突然降低的情况（图 3-14，表 3-4）下，毛竹的最大净光合速率（P_{max}）增加了 0.40 倍。毛竹的羧化效率（CE）与最大净光合速率同步增加，但表观光量子效率（AQY）的变化差异不明显。而暗呼吸作用（Rd）和光呼吸作用（Rp）却有不同幅度的降低，其中暗呼吸速率降低的幅度较小。毛竹的光饱和点（LSP）增加了，光补偿点（LCP）有所降低。光能利用率（LUE）增加的幅度大于最大净光合速率。这些变化主要是由毛竹的气孔导度的突然增加造成的，增加幅度约为 2.4 倍。随着气孔导度的增加，毛竹的蒸腾速率（Tr）呈现更大幅度的增加。不同湿度条件光响应拟合曲线如下。

对照的光响应拟合曲线为

$$Pn = \frac{0.0422\,PAR + 2.45 - \sqrt{(0.0422\,PAR + 2.45)^2 - 0.3300\,PAR}}{1.596} - 0.506 \quad (3-13)$$

干燥情况下的光响应拟合曲线为

$$Pn = \frac{0.0391\,PAR + 3.44 - \sqrt{(0.0391\,PAR + 3.44)^2 - 0.4433\,PAR}}{1.648} - 0.181 \quad (3-14)$$

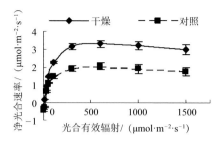

图 3-14 不同大气湿度下毛竹的光响应曲线

表 3-4 湿度变化下的光合水分生理指标比较

处理	对照		干燥		增幅 /%
	数值	方差	数值	方差	
RH/%	64.04	0.32	0.4	0.02	−99
P_{max}/（$\mu mol \cdot m^{-2} \cdot s^{-1}$）	2.45	0.45	3.44	0.5	40
Rd/（$\mu mol \cdot m^{-2} \cdot s^{-1}$）	−0.51	0.14	−0.18	0.09	−64
Rp/（$\mu mol \cdot m^{-2} \cdot s^{-1}$）	−0.10	0	−0.06	0.01	−46
LCP/（$\mu mol \cdot m^{-2} \cdot s^{-1}$）	11.99	3.27	4.5	1.27	−62
LSP/（$\mu mol \cdot m^{-2} \cdot s^{-1}$）	70.15	8.13	96.1	30.97	37
AQY/（$mol \cdot m^{-2} \cdot s^{-1}$）	0.042	0	0.039	0.01	−7
Gs/（$mol \cdot m^{-2} \cdot s^{-1}$）	0.02	0	0.05	0.01	145
LUE	0.003	0	0.05	0	66
Tr/（$mmol \cdot m^{-2} \cdot s^{-1}$）	0.17	0.04	1.37	0.25	706
WUE/（$\mu mol\ CO_2 \cdot mmol^{-1}\ H_2O$）	11.69	0.17	2.42	0.11	−79
CE	0.009	0	0.013	0	40

3.3.4 讨论

大气 CO_2 浓度升高直接影响植物的光合作用过程和生长发育，并且通过温室效应导致全球气候变化对植物的间接影响，如温度升高、气候干燥（蒋跃林等，2006），本部分模拟这些气候因子的突然改变来研究毛竹的短期响应。

毛竹叶片净光合速率对 CO_2 浓度的响应符合米氏方程，随着 CO_2 浓度的升高，净光合速率不断增加，这一方面是由于反应物增加导致净光合速率增加，CO_2 浓度的倍增刺激气孔导度增加 34%，使 CO_2 进入气孔中的量更大；另一方面是由于 CO_2 浓度的升高，还对 H_2O 溢出、O_2 进入产生抑制，因此蒸腾速率降低，呼吸速率降低，水分利用效率、光能利用率增加。CO_2 浓度不再是限制因子，使光补偿点也增大。然而，当 CO_2 浓度超出一定范围时，光合作用不再上升甚至下降，其产生机制一般认为是由于两个因素，一是长期高 CO_2 浓度下，叶片 Rubisco 含量及活性比降低（Peet et al., 1986）；二是随着 CO_2 浓度的增加，光合速率的提高使光合产物合成超过运输和利用能力时，源 - 汇关系发生变化，造成光合产物的反馈抑制（Peet and Kramer, 1980）。毛竹净光合速率随着大气 CO_2 浓度逐渐增大，在 CO_2 浓度约为 1200 $\mu mol \cdot mol^{-1}$ 时，增加幅度减小，可能受植物转移与储藏碳水化合物能力的抑制效应。

但是随着 CO_2 浓度的升高，其带来的"温室效应"使温度升高，大气湿度降低。毛竹的气孔导度显著增加，蒸腾速率与气孔导度呈显著正相关，毛竹叶片没有出现抗旱植物（杨金艳和王传宽，2003）所表现出的气孔调节。呼吸作用增加，其中暗呼吸作用的增加幅度要大于光呼吸作用。羧化效率和表观光量子效率的变化幅度都不是很大，甚至没有差异。光饱和点和光补偿点的变化规律性也不是特别明显，可能与模型的拟合偏差有关。

利用不同月份数据分析的温度梯度，实质上已属于毛竹长期适应的结果。温度突然下降，由于气孔导度降低的幅度很小，推测主要是由酶活性降低，酶促反应速率（主要是与暗反应有关的反应）受到影响，使得净光合速率下降；温度突然上升，气孔导度几乎没有变化，推测由于 CO_2 的溶解度小于 O_2，Rubisco 的加氧反应大于羧化反应，使净光合速率也下降。处于亚热带的毛竹对温度的敏感性较差，几乎没有相应的适应机制。温度的突然变化都会引起毛竹的不适反应。

总之，随着大气 CO_2 浓度的升高，毛竹的净光合作用可能会在一定时期内上升，但如果随着大气 CO_2 浓度的升高，形成高温、干燥的气候，毛竹的气孔灵敏度和 Rubisco 的活性范围将成为限制因子。

主要参考文献

卜令铎 , 张仁和 , 常宇 , 薛吉全 , 韩苗苗 . 2010. 苗期玉米叶片光合特征对水分胁迫的响应 . 生态学报 , 30(5): 1184-1191.

陈根云 , 俞冠路 , 陈悦 , 许大全 . 2006. 光合作用对光和二氧化碳响应的观测方法探讨 . 植物生理与分子生物学学报 , 32(6): 691-696.

段爱国 , 张建国 , 何彩云 , 曾艳飞 . 2010. 干热河谷主要植被恢复树种干季光合相应生理参数 . 林业科学 , 46(3): 68-73.

蒋跃林 , 张庆国 , 杨书运 , 张仕定 , 吴健 . 2006. 28 种园林植物对大气 CO_2 浓度增加的生理生态反应 . 植物资源与环境学报 , 15(2): 1-6.

刘建军 , 王得祥 , 雷瑞德 , 崔宏安 , 王翼龙 . 2002. 美国黄松、奥地利黑松和油松光合、蒸腾及生长特性分析 . 西北林学院学报 , 17(3): 1-4.

刘玉梅，王云诚，于贤昌，李衍素．2007．黄瓜单叶净光合速率对二氧化碳浓度、温度和光照强度响应模型．应用生态学报，18(4): 883-887.

陆国富，杜华强，周国模，吕玉龙，谷成燕，商珍珍．2012．毛竹笋快速生长过程中冠层参数动态及其与光合有效辐射的关系．浙江农林大学学报，29(6): 844-850.

施建敏，郭起荣，杨光耀．2005．毛竹光合动态研究．林业科学研究，18(5): 551-555.

王得祥，刘建军，王翼龙，杨正礼．2002．四种城区绿化树种生理特性比较研究．西北林学院学报，17(3): 5-7.

王凯，朱教军，于立忠．2010．光环境对胡楸幼苗生长与光合作用的影响．应用生态学报，21(4): 821-826.

许大全．2006．光合作用测定及研究中一些值得注意的问题．植物生理学通讯，42(6): 1163-1167.

许皓，李彦，谢静，程磊，赵彦，刘冉．2010．光合有效辐射与地下水位变化对柽柳属荒漠灌木群落碳平衡的影响．植物生态学报，34(4): 375-386.

杨金艳，王传宽．2006．东北东部森林生态系统土壤呼吸组分的分离量化．植物生态学报，30(2): 286-294.

郑有飞，胡成达，吴荣军，赵泽，刘宏举，石春红．2010．地表臭氧浓度增加对冬小麦光合作用的影响．生态学报，30(4): 847-855.

Cure J D, Acock B. 1986. Crop responses to carbon dioxide doubling: a literature survey. Agricultural and Forest Meteorology, 38: 127-145.

Gunderson C A, Norby R J, Wullschleger S D. 1993. Foliar gas exchange responses of two deciduous hardwoods during 3 years of growth in elevated CO_2: no loss of photosynthetic enhancement. Plant, Cell and Environment, 16: 797-807.

Larocque G R. 2002. Coupling a detailed photosynthetic model with foliage distribution and light attenuation functions to compute daily gross photosynthesis in sugar maple (*Acer saccharum* Marsh.) stands. Ecological Modelling, 148: 213-232.

Morse S R, Bazzaz F A. 1994. Elevated CO_2 and temperature alter recruitment and size hierarchies in C_3 and C_4 annuals. Ecology, 75: 966-975.

Peet M M, Huber S C, Patterson D T. 1986. Acclimation to high CO_2 in monoecious cucumbers II. Carbon exchange rates, enzyme activities, and starch and nutrient concentrations. Plant Physiology, 80: 63-67.

Peet M M, Kramer P J. 1980. Effects of decreasing source/sink ratio in soybeans on photosynthesis, photorespiration, transpiration and yield. Plant, Cell and Environment, 3: 201-206.

Watling J R, Press M C, Quick W P. 2000. Elevated CO_2 induces biochemical and ultrastructural changes in leaves of the C_4 cereal sorghum. Plant Physiology, 123: 1143-1152.

第四章

毛竹固碳过程液流变化特征

水是原生质的主要成分，是许多代谢过程的反应物，是各种生理生化反应和植物对物质吸收运输的介质（溶剂），水对植物生理过程十分重要，植物体的含水量一般为 60% ~ 80%，有的甚至可达 90% 以上，其中水占非木质化组织，如叶片和根系生物量的 80% ~ 95%。生态系统中水分的容量和利用效率决定了碳的固定和转换。

植物的水分利用就是土壤 - 植物 - 大气连续体（SPAC）中水分的传输过程，这一过程需要经过：①水分从土壤溶液进入根部，通过皮层薄壁细胞，进入木质部的导管和管胞中；②水分沿着根、茎的木质部向上运输到叶的木质部；③水分从叶片木质部末端进入气孔下腔附近的叶肉细胞壁的蒸发部位；④水气通过气孔蒸腾出去等多个阶段。

毛竹为大径散生型，依靠地下鞭的生长，由鞭芽分化萌发成竹笋，再生长成竹株，并通过无性繁殖不断产生新个体而成竹林（李海涛和陈灵芝，1998；高岩等，2001）。按照植物学观点，一个毛竹林就是若干“竹树”（周本智和傅懋毅，2004）。因此，研究“竹树”和地下鞭根系统水分和养分平衡关系，对理解毛竹爆发式生长及竹笋生长过程碳高效固定具有非常重要的意义。

4.1 毛竹液流变化“竹—鞭—笋”系统设计

毛竹同其他竹类相同，是由“竹—鞭—笋”特殊系统所组成。竹鞭是毛竹的地下部分，既是水分与养料吸收的重要器官，又是竹与竹、竹与笋之间信息传递的通道，也是萌发出新竹（笋）的重要部位，其寿命在 14 年左右。竹笋是毛竹通过无性繁殖产生的新个体，成芽于 8 ~ 9 月，至翌年春季气温回升以后破土长成新竹。

在自然条件下，一个完整的“竹—鞭—笋”系统是由多个竹秆、多根竹鞭、

多个竹笋共同组成，因此系统内水分、养分和激素的运动情况非常复杂。为阐明
"竹—鞭—笋"系统内水分流动的情况，我们提出"竹—鞭—笋"系统的水分运
动模式，即一株竹秆连接一根竹鞭，同时竹鞭上再连接一个竹笋，将其他竹鞭和
竹笋截断去除。系统设计的示意图见图 4-1。

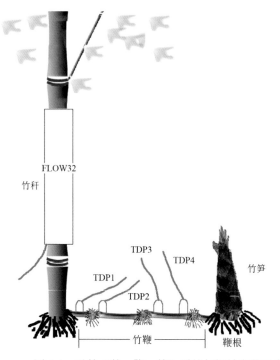

图 4-1　毛竹"竹—鞭—笋"系统与探针安装示意图

TDP1 与 TDP2 测量从竹鞭到竹秆的液流；TDP3 与 TDP4 测量从竹鞭到竹笋的液流；FLOW32 测量竹秆内液流量。
竹鞭为竹子细长的地下茎，横走于地下，竹鞭上有节，节上生根，称鞭根

4.2　系统的构建

　　根据系统设计思路，连续三年（2008 ～ 2010 年）在天目山国家级自然保护
区毛竹林内选择一块标准样地，并在样地内构建"竹—鞭—笋"系统。

　　以 2008 年为例，在对标准地进行调查的基础上，于样地内相对平坦处选择
竹通直圆满、生长健壮、无疤结或损伤的样竹一株。然后，挖开四周地表土，确
定与样竹相连的竹鞭数和竹笋数，选择生长健壮，且通过竹鞭与竹秆相连的竹笋
为候选笋，将其他相连的竹鞭截断，构成"竹—鞭—笋"系统。系统参数如表 4-1
和表 4-2 所示。

表 4-1　"竹—鞭—笋"系统的基本参数

项目	参数	项目	参数
竹高	20m	鞭长	75cm
基径	17.5cm	笋长	23cm
胸径	14.6cm	笋围	20.5cm
鞭径	2.87cm		

表 4-2　"竹—鞭—笋"系统连续三年测定的毛竹主要特征

年份	竹高 /m	基径 /cm	胸径 /cm	鞭径 /cm	鞭长 /cm	笋长 /cm	笋围 /cm
2008	14.5	16.5	13.6	2.67	67	17	18.5
2009	13.8	15.8	13.2	2.37	59	15	16.7
2010	12.9	15.5	12.9	2.38	32	8	9.9

　　为了对比，以 80 个相同的系统作为破坏性试验，并在不同时间阶段测量鞭、笋的含水率。

4.3　液流测量仪器安装与数据采集

4.3.1　仪器介绍

　　"竹—鞭—笋"毛竹液流特征主要包括竹秆液流特征和竹鞭 - 竹秆交接处、竹鞭 - 竹笋交接处的液流特征两部分。毛竹的竹秆液流特征用包裹式茎流计（Dynagage, Dynamax Inc., USA）测定；而竹鞭 - 竹秆交接处、竹鞭 - 竹笋交接处的液流特征采用热扩散边材液流探针（Dynagage, Dynamax Inc., USA）测定。包裹式茎流计与热扩散式茎流计的介绍如表 4-3 所示。

表 4-3　包裹式茎流计与热扩散式茎流计的比较

类型	包裹式茎流计	热扩散式茎流计
原理	热平衡原理	热扩散原理
结构	茎秆包裹，下探针输入一定功率的热量，上下探针感应相应温度	茎秆插入，下探针持续恒定加热，上下探针感应彼此温差
模型	$F = (Pin-Qv-Qr) / Cp \cdot dT$（g/s） Cp，水的比热；$dT$，树液的温度增加；Qr，径向散热；Qv，竖向（轴向）茎秆导热；F，液流通量	$Fd = 118.99 \times 10^{-6} [(\Delta T_{max}-\Delta T) / \Delta T]^{1.231}$ ΔT_{max}，昼夜最大温差；ΔT，瞬时温差；Fd，瞬时液流密度（g $H_2O \cdot m^{-2} \cdot s^{-1}$）

注：Pin 表示恒定的功率，Pin=V^2/R（欧姆定律）；g/s 为茎秆中液流通量的单位

4.3.2 仪器安装与数据采集

（1）毛竹茎秆的预处理：用游标卡尺精确测量竹秆直径，然后用小号砂纸将测量处竹节突起的部分打磨光滑，用双氧水消毒以后，为防止破损处湿气侵蚀加热条，需在包裹处涂上一薄层 G4 硅胶。

（2）包裹式茎流探针的安装与数据采集：使用 SGA150 探针，将其打开到足够的宽度，紧紧包住处理好的茎秆，保证探头电缆在下部。包裹并稳住探针后安装防辐射护罩，用铝箔纸包裹探头，在铝箔纸的上方和下方用胶带纸把缝隙裹实，以免雨水或昆虫进入。将探头电缆与 Dynamax 公司生产的数据采集器（Flow32 Sap Flow Monitoring System）相连接，通过笔记本电脑设定相应工作参数，数据采集时间间隔设为 30 min。

（3）毛竹竹鞭的预处理：在竹鞭与竹秆、竹鞭与竹笋的交接处去除多余的毛根，露出光滑的竹鞭。选鞭节厚处侧向钻孔，但不得钻通（由于竹鞭内部空洞，应使探针充分接触鞭内的木质部）。

（4）热扩散边材液流探针的安装与数据采集：在竹鞭与竹秆的交汇处安装 3 cm 探针 TDP1 与探针 TDP2，按竹鞭流向竹秆的液流方向为正方向安装；在竹鞭与竹笋的交汇处安装 3 cm 探针 TDP3 与探针 TDP4，按竹鞭流向竹笋的液流方向为正方向安装。各探针之间错开一定的距离，以保证彼此不相互干扰。将TDP1、TDP2、TDP3、TDP4 依次标记并按顺序连接到数据采集器（CR10X）上，调节工作电压为 3.0 V，数据采集时间间隔为 30 min。

各探头的安装如图 4-1 所示，探针规格和工作参数见表 4-4。

表 4-4　探针规格和工作参数

探头型号	通道型号	热传导率/$[W \cdot (m \cdot K)]^{-1}$	工作电压 /V
SGA150	7	0.28	9.0
TDP30	1，2，3，4		3.0

4.4　其他相关数据的采集

4.4.1　对照系统含水率和笋高测量

以 80 个"竹—鞭—笋"作为破坏性试验对照系统，每间隔一星期采集标记好的三组对照系统，测量竹鞭、竹笋含水率和竹笋的高度变化。笋在 0.50 m 以内取整个植株，高于 0.50 m 后分别取笋尖、中部和竹蔸来代表整株笋的重量。

4.4.2　光合生理和环境参数的测量

植物的光合作用受到光合有效辐射、大气温度、大气相对湿度、水分供应、大气中 CO_2 含量、叶片内光合作用相关酶活性、气孔开闭程度、叶片发育阶段和代谢状况等多种生理、生态和生化因素的影响和制约，随着这些因素的变化，光合速率也呈现不同的日变化和季节变化特征。气孔是植物与大气气体交换的通道，它不但是吸入与排出 CO_2 和 O_2 的通道，也是植物水汽与外界交换的通道。蒸腾速率的变化直接受气孔导度变化的影响，气孔导度降低则蒸腾速率降低。水分利用效率作为一个综合指标，它反映了 CO_2 同化作用和水分消耗的关系。本研究利用 LI-6400 便携式光合系统仪器测定毛竹在不同年份和不同生长时期的净光合速率、气孔导度、蒸腾速率和水分利用效率。

为了研究的需要，设置 iButton 监测空气温度和湿度，时间步长与 TDP 同步。同时，在样地内设置雨量筒收集雨量数据。

4.4.3　数据处理与分析

毛竹器官含水率计算公式为

$$W = (Gw-Gd)/Gw \times 100\%　　　　　（4-1）$$

式中，W 表示含水率；Gw 表示湿重量；Gd 表示干重量。

Granier 建立了液流的标准方程：

$$Js = 119 \times 10^{-6} \left(\frac{T_m - \Delta T}{\Delta T} \right)^{1.231}　　　　（4-2）$$

式中，Js 为瞬时液流密度（g $H_2O \cdot m^{-2} \cdot s^{-1}$）；$T_m$ 为昼夜最大温差；ΔT 是瞬时温差。此公式适合任何树种。

4.5　结果与分析

4.5.1　毛竹"竹—鞭—笋"系统内液流的动态变化

4.5.1.1　竹笋生长过程液流总体变化趋势

如图 4-2 所示，毛竹 1～3 月竹秆与竹鞭的液流较小，且较为稳定。3～4

月竹秆与竹鞭的液流量开始微小且有节律地增加，在此期间有突然增加点，这可能是和毛竹的液流启动有关。

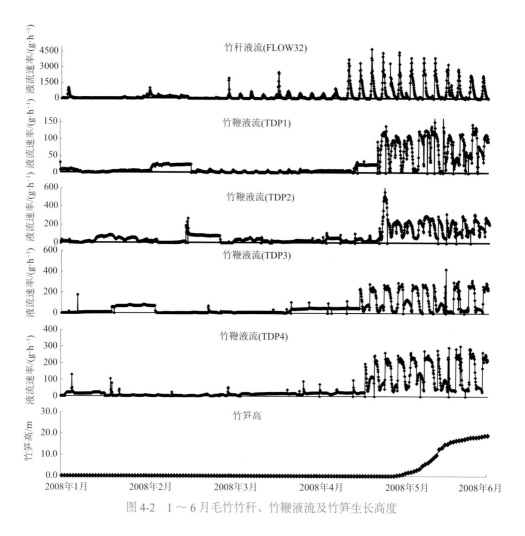

图4-2　1～6月毛竹竹秆、竹鞭液流及竹笋生长高度

　　4月中下旬至6月初毛竹的竹秆液流、竹鞭流向竹秆的液流（TDP1、TDP2）及竹鞭流向竹笋的液流（TDP3、TDP4）都有明显的昼夜变化规律。结合毛竹竹笋的高度变化可知，4月中下旬在毛竹的竹笋爆发式生长之前毛竹体内的液流较小，水分运动缓慢。而在4月中下旬至6月毛竹竹笋的快速增长阶段，竹秆与竹鞭内水分运动较为激烈，而且有昼夜变化规律。可见系统内液流的动态与新竹（笋）爆发式生长密切相关，水是光合固碳的重要部分，因此，这也在一定程度上揭示了毛竹（笋）快速生长过程中高效固碳对液流变化和碳水耦合机制的响应。

4.5.1.2　出笋前、中、后不同阶段系统内液流动态变化

1）出笋前

如图 4-3 所示，在毛竹出笋前竹秆与竹鞭内的液流速率都较小，除 TDP1 以外竹秆与竹鞭的液流速率日变化并不明显。竹秆内的液流在竹笋出笋之前的液流峰值低于 400 g·h^{-1}，从竹鞭流向竹秆的液流速率分别低于 12 g·h^{-1}（TDP1）及 40 g·h^{-1}（TDP2），从竹鞭流向竹笋的液流速率分别低于 12 g·h^{-1}（TDP3）及 40 g·h^{-1}（TDP4）。所以毛竹竹笋在出笋前竹秆内、竹鞭流向竹秆与竹鞭流向竹笋的液流均较小。

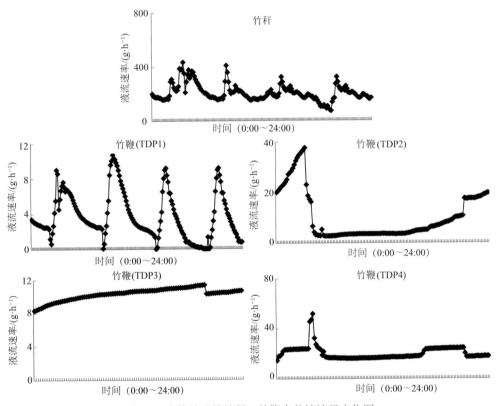

图 4-3　出笋前毛竹竹秆、竹鞭内的液流日变化图

2）出笋中

如图 4-4 所示，毛竹在出笋中相对于出笋前竹秆及竹鞭的液流速率都有所增加，同时其液流变化都呈现规律性的日变化特征。竹秆内的液流速率峰值范围是 600～900 g·h^{-1}。从竹鞭流向竹秆的液流速率峰值增加到 80～120 g·h^{-1}（TDP1），

以及 50 ～ 100 g·h^{-1}（TDP2）。从竹鞭流向竹笋的液流速率明显要大于从竹鞭流
向竹秆的液流速率，其峰值为 200 ～ 300 g·h^{-1}（TDP3、TDP4）。由此可知，在
毛竹出笋期间，竹鞭既要提供给竹秆水分，又要满足竹笋的水分需求，但主要是
向竹笋供水。

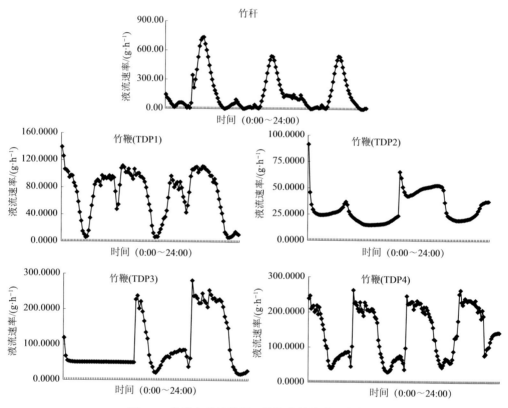

图 4-4　出笋中毛竹竹秆、竹鞭内的液流日变化图

3）出笋后

　　如图 4-5 所示，在毛竹竹笋成竹以后竹秆与竹鞭都有较大且有规律的液流
变化特征。竹秆的液流速率的日变化既有单峰，又有多峰，其日间峰值分布于
3000 ～ 4500 g·h^{-1}。竹鞭不但向竹秆提供大量的水分（TDP1、TDP2），而且
同时向竹笋成竹提供大量的水分（TDP3、TDP4）。除 TDP1 外，TDP2、TDP3、
TDP4 的液流峰值多在 200 ～ 300 g·h^{-1}，可知在毛竹竹笋成竹以后，竹鞭向旧竹
和新竹同时提供的水分相差不大。

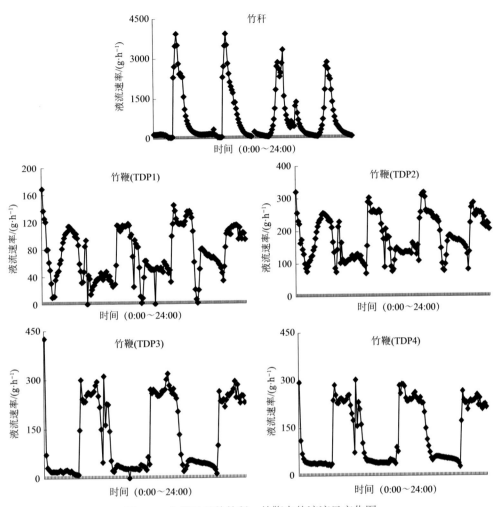

图 4-5　出笋后毛竹竹秆、竹鞭内的液流日变化图

4.5.1.3　竹鞭出笋前、中、后系统内液流流向及与温度关系

假设以竹鞭到竹笋的液流方向为正，竹鞭到竹秆的液流方向为负。如图 4-6 可知，在 1 ～ 4 月下旬竹鞭的液流主要流向竹秆，而流向竹笋的液流较小，即负向流动；而 5 ～ 6 月竹鞭的大部分液流主要流向竹笋，在此期间也有一小部分流向竹秆。由此可知，在竹笋快速生长时，竹鞭要为竹笋提供大量的水分以促进其生长。结合 2008 年 1 ～ 6 月临安的最低温与最高温数据分析发现，在 4 月中下旬毛竹竹笋开始破土生长时（竹鞭内液流从负向流动开始转为正向流动），温度为 10 ～ 20℃，竹鞭内液流方向与最高温和最低温日变化存在极显著的正相关关系（$P=0.000<0.01$），即竹鞭内液流的供给对象随着温度的升高逐渐从竹秆转向竹笋。

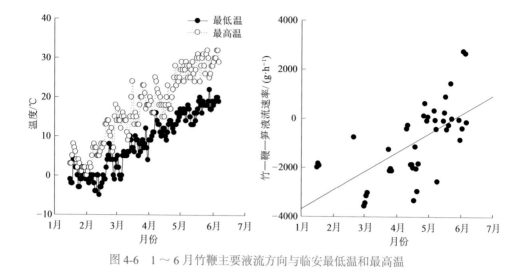

图4-6 1～6月竹鞭主要液流方向与临安最低温和最高温

4.5.2 竹鞭和竹笋含水率变化

如图4-7所示，竹鞭和竹笋含水率2～5月缓慢增加，其变化范围是1.4407%～4.2562%，而5月初至6月其含水率先下降再急速升高。说明在竹笋爆发式生长之前竹笋对水分的需求较小，而在5～6月毛竹的快速爆发式生长阶段，刚开始由于水分供应滞后，造成短期的生理缺水，含水率下降，但通过竹鞭及笋根的快速吸水补给，其含水率有所增加。

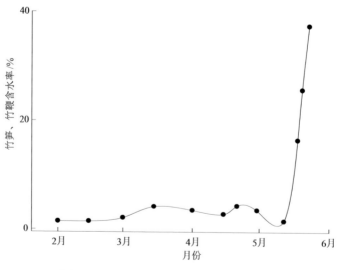

图4-7 1～6月竹笋、竹鞭含水率变化图

4.5.3 "竹—鞭—笋"系统的边材液流与含水率动态

4.5.3.1 竹笋—幼竹生长期间边材液流的变化特点

2010 年液流从一开始就较大，在 4 月 26 日达到 5495.31 cm³·d⁻¹，之后突然下降至 4 月 27 日的 1402.34 cm³·d⁻¹，然后降至 4 月 28 日的 783.54 cm³·d⁻¹。这是由于试验开始阶段正是竹笋出土时期，当地人挖竹笋活动导致"竹—鞭—笋"系统被破坏。在毛竹的竹笋爆发式生长之前为竹笋生长缓慢时期，日液流总量维持在 200 ～ 2000 cm³·d⁻¹，液流较小，水分运动缓慢。2008 年和 2010 年为毛竹生长大年，在进入快速生长时，也就是竹笋爆发式生长开始时，有一个小的波峰，继而是一个波谷，2008 年的波谷维持 8 d 左右，爆发式生长启动时间与 2010 年相近，但 2009 年为毛竹生长小年，不同于 2008 年和 2010 年两个大年，爆发式生长液流呈 Logistic 曲线，只经过 5 d 左右时间就达到高峰期，是一个异常迅速的过程。在 4 月中下旬至 6 月毛竹竹笋的快速增长阶段，竹秆与竹鞭内水分运动较为激烈。由此可知，在毛竹的出笋中期，竹鞭既要提供给竹秆水分，又要满足竹笋的水分需求，但主要是向竹笋供水。

"竹—鞭—笋"系统的每日水分液流总量在后期并未随着竹笋高生长进入稳定状态而维持平缓的水平曲线，波动较大。总体而言，竹鞭的边材液流基本是随着竹笋—幼竹的高生长而变大，2008 年和 2010 年分别出现高生长提前与日液流总量快速增长和滞后现象。

4.5.3.2 竹笋—幼竹生长期间不同器官含水率变化

如图 4-8 所示，竹笋含水率最高，明显大于鞭和茎。竹笋含水率最小值（46%）出现在 3 月 25 日，最大值（90%）出现在 4 月 30 日。初出土的竹笋笋体组织幼嫩、含水量高，随出土后时间的延长及高生长的增加，笋体组织老化，竹笋水分含量显著减少，而发笋盛期，生理活动较为旺盛，需要的水分较多，故含水率呈现盛期高、两边低的变化趋势。

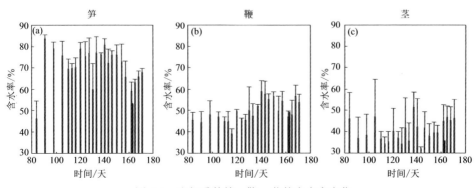

图 4-8　生长季的笋、鞭、茎的含水率变化

地下鞭是孕笋和林分扩展的重要器官，输导和存储水分、养分是其最重要功能之一，代谢较强，每节居间分生组织以同等速度进行分裂增殖，拉长竹鞭的节间长度，并适当加粗竹鞭的直径，推进向前横向生长。在鞭芽生长的初期，居间分生组织的细胞分裂、分化和伸长活动小。80% 左右的地下鞭都集中分布在 0 ~ 0.30 m 的土层内（吴炳生，1984；周建夷等，1985；李睿等，1997）。大小年分明的毛竹林地下鞭梢的生长同出笋大小年节律相似，大年鞭梢生长期为 7.12 ~ 8.16 个月，而小年较大年少 1 ~ 2 个月（萧江华和刘尧荣，1986）。随地下鞭生长量的增加和鞭体的增粗，鞭竹苑系生长量也相应大幅增加（廖光庐，1984）。其含水率在出土到快速生长期间有上升趋势，最大值（61%）出现在 4 月 23 日，最小值（36%）在 3 月 25 日。后期含水率较稳定，在 45% ~ 58% 变动。

竹茎是竹子的主体部分，秆茎是竹秆的地上部分。秆茎含水率除 4 月 23 日的 56% 和 4 月 30 日的最大值 58% 外，其余时间变化较小，后期也有上升趋势，其含水率最小值（32%）出现在 5 月 7 日。

4.5.3.3　液流日变化及其与温湿度因子的关系

如图 4-9 和表 4-5 所示，3 月 19 日的液流日变化显著，且 4 个探针的值差异也很明显。从 4:00 开始，液流值开始上升，于 6:00 达到极大值（17.17±2.78）cm³·h⁻¹，随后缓慢下降至 17:50，之后下降速度加快。液流总体值较小，全天平均（11.18±0.50）cm³·h⁻¹，白天液流平均（13.39±0.20）cm³·h⁻¹，夜间液流平均（8.97±0.74）cm³·h⁻¹，夜间液流速率为全天平均速率的 80%，为白天液流速率的 67%，夜间液流显著。

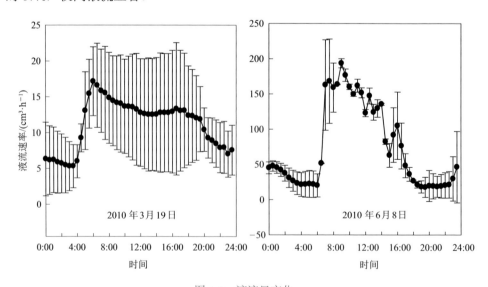

图 4-9　液流日变化

表 4-5　不同生长期毛竹边材液流特征

日期 (月-日)	启动时间	液流速率峰值时间	液流速率峰值 / (cm³·h⁻¹)	液流速率日均值 / (cm³·h⁻¹)	液流速率白天均值/(cm³·h⁻¹)	液流速率夜间均值 / (cm³·h⁻¹)
3-19	4:00	6:00	17.17±2.78	11.18±0.50	13.39±0.20	8.97±0.74
6-8	6:00	9:00	193.69±4.57	73.58±6.17	119.05±10.48	28.66±2.34

6月8日的6:00液流值迅速上升，于9:00达到极大值（193.69±4.57）cm³·h⁻¹，随后缓慢下降，于16:00有一个小小的回升，值为（104.98±33.77）cm³·h⁻¹。总的曲线不如3月19日平缓，但4个探针的值差异较前者小。全天液流平均（73.58±6.17）cm³·h⁻¹，白天平均（119.05±10.48）cm³·h⁻¹，夜间平均（28.66±2.34）cm³·h⁻¹，夜间液流速率为全天平均速率的39%，为白天液流速率的24.1%，夜间液流不显著。3月19日的峰值、日均值、白天均值、夜间均值分别为6月8日的8.9%、15.2%、11.2%、31.3%，呈极显著相关（$P<0.01$）。

如图4-10所示，白天温度在6:00左右开始上升，10:00～12:00达到最高温，之后下降。空气相对湿度与温度变化趋势正好相反，在6:00～8:00值较高，之后下降迅速，在11:00～15:00到达谷底。夜间的空气湿度上升，而温度下降，气孔导度下降，叶片的蒸腾几乎停止，液流值很小，但不为0。可知，液流与温度呈正相关，与相对湿度呈负相关。

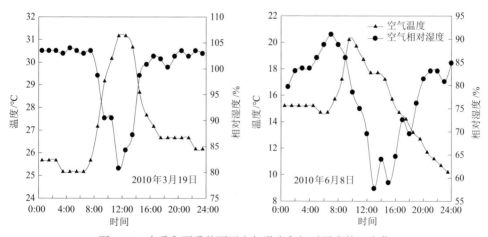

图 4-10　春季和夏季的两天空气温度和相对湿度的日变化

本试验连续三年的试验对象，从3月初开始，经过60 d左右成竹。2010年

竹笋—幼竹生长季的温度范围为 3 月的最低温 0.9℃ 至 6 月的最高温 25.5℃ [图
4-11（a）]。水分是决定竹笋生长的关键因子，特别是在第三阶段。相对湿度变化
范围为出现在 5 月的最小值 68.5% 至 3 月的最大值 120.9%，在三个月的试验阶段，
总计降雨量为 453.36 mm [图 4-11（b）]。最大的两天（56.32 mm 和 44.48 mm）
占总降雨量的 22.2%。总体而言，2010 年土壤的含水量较高。

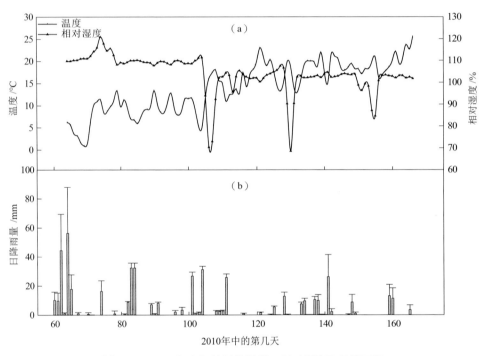

图 4-11　2010 年空气的日均温度、相对湿度和日降雨量

　　竹笋生长初期、中期低温多变，温度是主导因子，笋期末期气温上升，湿度
又成为主要因子。高度的日增长量与日均温度呈正相关，结果与马志贵和王金锡
（1993）对缺苞箭竹的研究、Ueda（1960）对刚竹属三种竹子的研究相符，但其
与降雨量及相对湿度没有明显的相关性（黄启民和沈允钢，1989）。

4.5.4　毛竹叶片生理参数及其对光响应的比较分析

　　图 4-12 和图 4-13 分别是 3 月 19 日和 6 月 8 日毛竹叶片净光合速率、气孔导
度、蒸腾速率及水分利用效率的光响应变化。

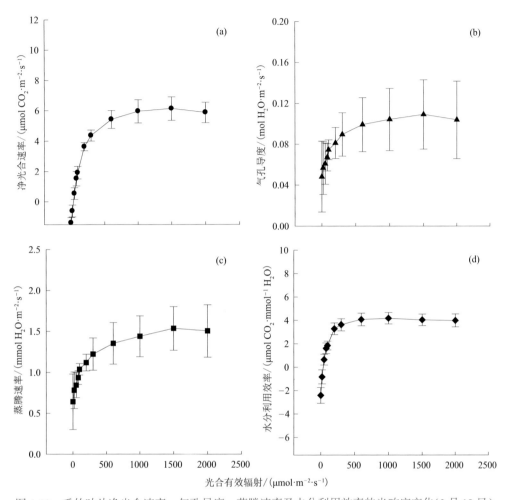

图 4-12　毛竹叶片净光合速率、气孔导度、蒸腾速率及水分利用效率的光响应变化（3 月 19 日）

图 4-12 和图 4-13 表明，随着光强增大，净光合速率提高，PAR 在 1000 $\mu mol \cdot m^{-2} \cdot s^{-1}$ 范围内，净光合速率与叶片接受的光强呈正相关，当光强超过一定范围时，净光合速率不再随光强的上升而增大，反而有下降的趋势。

毛竹叶片在春季也不例外，Pn 均随着光强增加而上升，在 PAR 从 1500 $\mu mol \cdot m^{-2} \cdot s^{-1}$ 增加到 2000 $\mu mol \cdot m^{-2} \cdot s^{-1}$ 时，略有下降的趋势，其余 Tr、Gs、WUE 三个参数也有相似的变化。在夏季，毛竹叶片 Pn、Tr、Gs 三个参数均随着光强增加而上升，并未出现光抑制现象，而 WUE 在 PAR 达到 600 $\mu mol \cdot m^{-2} \cdot s^{-1}$ 时出现下降。

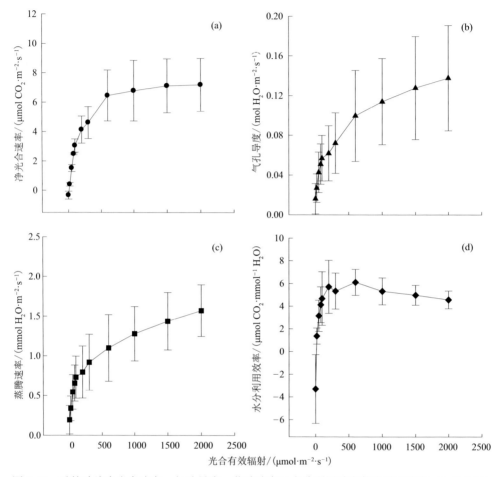

图 4-13　毛竹叶片净光合速率、气孔导度、蒸腾速率及水分利用效率的光响应变化（6 月 8 日）

　　由于春季温度低，光照强度相比夏季弱，叶片衰老，毛竹叶片的生理活性较低，光合速率低，但依然具有一定的光合能力。夏季气温高，光照充足，新叶逐渐成熟，生理活性强，此时光合速率高。

　　图 4-14 是 3 月 19 日毛竹叶片光合速率、气孔导度、蒸腾速率及水分利用效率的日变化特征。光合速率的日变化呈单峰型，与冬季毛竹研究结果一致（Snyder et al., 2003）。上午光照强度逐渐增强、气温上升、空气相对湿度减小，光合速率在 10:00 达到峰值（7.89±0.28）μmol $CO_2 \cdot m^{-2} \cdot s^{-1}$，在 18:00 出现最小值（1.33±0.22）μmol $CO_2 \cdot m^{-2} \cdot s^{-1}$，全天均值（4.80±0.30）μmol $CO_2 \cdot m^{-2} \cdot s^{-1}$；气孔导度的日变化在早上开始测量时值就较大，10:00 达到峰值（0.18±0.13）mol $H_2O \cdot m^{-2} \cdot s^{-1}$，随后一直下降，在 18:00 出现最小值（0.03±0.01）mol $H_2O \cdot m^{-2} \cdot s^{-1}$，全天均值（0.10±0.01）mol $H_2O \cdot m^{-2} \cdot s^{-1}$；

蒸腾速率的日变化呈单峰型，在 10:00 达到峰值（2.30±0.11）mmol H₂O·m⁻²·s⁻¹，之后随气孔部分关闭，蒸腾速率下降，在 18:00 达到最小值（0.22±0.44）mmol H₂O·m⁻²·s⁻¹，全天均值（1.09±0.08）mmol H₂O·m⁻²·s⁻¹；水分利用效率的日变化异于前三者，全天有两个波谷，分别出现在 10:00［（3.50±0.08）μmol CO₂·mmol⁻¹ H₂O］ 和 16:00［（2.88±0.12）μmol CO₂·mmol⁻¹ H₂O］，在 18:00 出现峰值（7.69±0.99）μmol CO₂·mmol⁻¹ H₂O，全天均值（5.34±0.27）μmol CO₂·mmol⁻¹ H₂O，主要原因可能是中午蒸腾速率较大而净光合速率较低，而导致水分利用效率相比其他时候低一些。下午的时候光强迅速下降而净光合速率下降的幅度较光强小，因此下午的平均光能利用率较高。

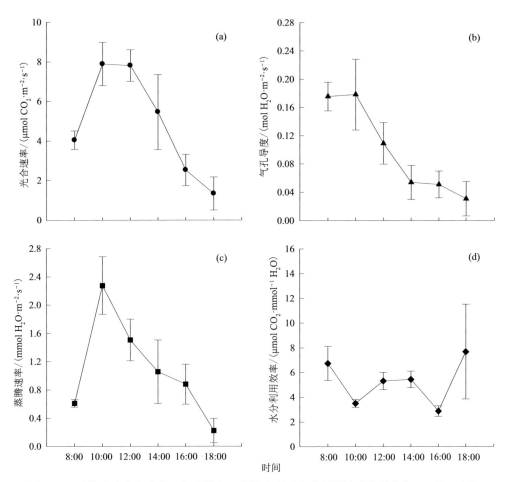

图 4-14 毛竹叶片光合速率、气孔导度、蒸腾速率及水分利用效率的日变化（3 月 19 日）

图 4-15 是 6 月 8 日毛竹叶片光合速率、气孔导度、蒸腾速率及水

分利用效率的日变化特征。与 3 月相比，毛竹（笋）爆发式生长结束后，光合速率的日变化呈双峰特征，在 10:00 达到峰值（3.92±0.10）μmol $CO_2 \cdot m^{-2} \cdot s^{-1}$，12:00 为（1.14±0.06）μmol $CO_2 \cdot m^{-2} \cdot s^{-1}$，在 18:00 出现最小值（0.39±0.05）μmol $CO_2 \cdot m^{-2} \cdot s^{-1}$，全天均值（2.02±0.15）μmol $CO_2 \cdot m^{-2} \cdot s^{-1}$。气孔导度的日变化呈双峰型，早上 10:00 达到峰值（0.11±0.01）mol $H_2O \cdot m^{-2} \cdot s^{-1}$，12:00 为（0.02±0.00）mol $H_2O \cdot m^{-2} \cdot s^{-1}$，在 18:00 出现最小值（0.02±0.00）mol $H_2O \cdot m^{-2} \cdot s^{-1}$，全天均值（0.04±0.00）mol $H_2O \cdot m^{-2} \cdot s^{-1}$。蒸腾速率的日变化呈双峰型，在早上 10:00 达到峰值（1.00±0.02）mmol $H_2O \cdot m^{-2} \cdot s^{-1}$，14:00 达到第二峰值（0.87±0.07）mmol $H_2O \cdot m^{-2} \cdot s^{-1}$，在 18:00 出现最小值（0.32±0.00）mmol $H_2O \cdot m^{-2} \cdot s^{-1}$，全天均值（0.61±0.03）mmol $H_2O \cdot m^{-2} \cdot s^{-1}$。早晨日出后，随光合有效辐射增加，净光合速率增加，但此时水分充足，相对湿度较大，蒸腾速率较小，叶片光合速率的增幅大于蒸腾速率的增幅。水分利用效率的日变化在早上 8:00 达到峰值（4.66±0.11）μmol $CO_2 \cdot mmol^{-1} H_2O$，当净光合速率超过一定强度后，光合速率的增幅小于蒸腾速率的增幅，于是 WUE 逐渐下降，在 12:00 出现第一个波谷（2.59±0.09）μmol $CO_2 \cdot mmol^{-1} H_2O$，以后又逐渐上升，在 18:00 出现第二个波谷（1.18±0.13）μmol $CO_2 \cdot mmol^{-1} H_2O$，这是因为此时光合有效辐射很小且蒸腾很弱，全天均值（3.17±0.16）μmol $CO_2 \cdot mmol^{-1} H_2O$。

　　与夏季相比，春季毛竹蒸腾速率较低的主要原因可能是光照较弱、气温较低及叶片生理活性较低。在春季，气温回升，蒸腾速率稍有增高，气孔导度大，蒸腾作用增大但仍较低，这很可能是竹叶衰老即将凋落，生理活性下降之故。

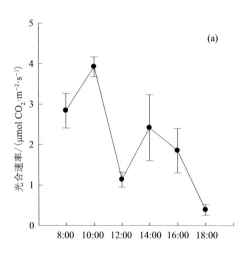
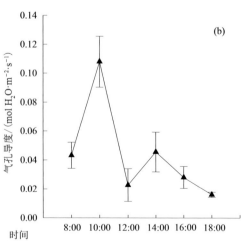

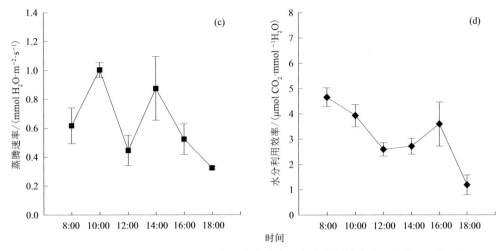

图4-15　毛竹叶片光合速率、气孔导度、蒸腾速率及水分利用效率的日变化（6月8日）

4.6　小　　结

液流动态变化方面：3～4月是竹笋地下生长时期，发育缓慢，气温较低，植物的叶片蒸腾较小，对营养的需求较小，"竹—鞭—笋"系统内液流较小且日变化规律不明显；而5～6月进入生长期，对水分和养分的需求增大，液流强烈而且有明显的昼夜变化规律。

含水率方面：在竹笋幼竹生长期，竹笋含水率最高，随竹笋出土时间的延长及高生长的增加，笋体组织老化，竹笋水分含量显著减少。竹鞭含水率在竹笋出土到快速生长期间有上升趋势，最大值（61%）出现在4月23日，最小值（36%）在3月25日。后期含水率较稳定，在45%～58%范围内变动。竹茎（秆）是竹子的主体部分。竹秆含水率除4月23日的56%和4月30日的最大值58%外，其余时间变化较小，含水率最小值（32%）出现在5月7日。

光合生理与水分利用效率方面：不同季节，随着光合有效辐射、大气温度、大气相对湿度、水分供应等多种生理、生态和环境因素的影响，光合生理与水分利用效率也呈现不同的日变化和季节变化特征。

主要参考文献

高岩，张汝民，刘静 . 2001. 应用热脉冲技术对小美旱杨树干液流的研究 . 西北植物学报，21：

　　　644-649.

黄启民, 沈允钢. 1989. 不同条件下毛竹光合作用的研究. 竹类研究, 2(8): 8-18.

李海涛, 陈灵芝. 1998. 应用热脉冲技术对棘皮桦和五角枫树干液流的研究. 北京林业大学学报, 20: 1-6.

李睿, 钟章成, 维尔格 M J A. 1997. 毛竹竹笋群动态的研究. 植物生态学报, 21(1): 53-59.

廖光庐. 1984. 毛竹地下鞭梢年生长节律的研究. 竹子研究汇刊, 3(1): 59-63.

马志贵, 王金锡. 1993. 亚高山暗针叶林下缺苞箭竹物质循环研究. 四川林业科技, 14(4): 16-23.

吴炳生. 1984. 毛竹林地下结构与产量分析. 竹子研究汇刊, 3(1): 49-58.

萧江华, 刘尧荣. 1986. 新造毛竹林地下茎生长与更新的研究. 竹类研究, 5(2): 9-21.

周本智, 傅懋毅. 2004. 竹林地下鞭根系统研究进展. 林业科学研究, 17(4): 533-540.

周建夷, 胡超宗, 杨廉颇. 1985. 笋用毛竹丰产林地下地下鞭调查. 竹子研究汇刊, 4(1): 57-65.

Köstner B, Granier A, Cermák J. 1998. Sapflow measurements in forest stands: methods and uncertainties, Annales des sciences forestières. EDP Sciences, 55(1-2):13-27.

Snyder K A, Richards J H, Donovan L A. 2003. Night‐time conductance in C_3 and C_4 species: do plants lose water at night? Journal of Experimental Botany, 54: 861-865.

Ueda K. 1960. Studies on the physiology of bamboo with reference to practical application. Bull Kyoto Univ Forests, 30: 1-167.

第五章

毛竹林生态系统碳储量的分配特征

20 世纪 90 年代以来，许多科学家为研究森林对全球碳平衡的影响，从全球、区域或国家尺度上研究了森林生态系统的碳分布及碳储量（Kauppi et al., 1992；Dixon et al., 1994；Kurz and Apps, 1993；刘国华等，2000）。为全面评价森林对大气 CO_2 的平衡能力，在较小尺度上研究某个地区甚至某个森林类型的碳固定及其各器官碳的分布也十分重要，如相关学者研究了我国热带雨林、亚热带阔叶林、杉木人工林等森林类型的碳密度、碳储量（李意德等，1998；李铭红等，1996；方晰等，2003），这些研究为摸清我国热带、亚热带主要森林植被类型碳的分布奠定了重要的基础。在摸清毛竹林光合固碳、碳水耦合，以及它们与毛竹爆发式生长过程生物量快速增长的关系之后，研究毛竹碳在各个器官中的分配及毛竹林生态系统碳储量的分配，可以更加全面地理解毛竹林固碳过程及相关机制。

5.1　研究区概况

研究区设在浙江省临安市青山镇（参见第二章 2.1.1）。

5.2　研　究　方　法

5.2.1　野外调查与采样

2002 年 7 月，在研究区设定 14 个 20 m×20 m 标准样方。样方设置好后，先在样方中三处典型地段采集 0～20 cm、20～40 cm、40～60 cm 容重样品和农化分析样，把三处农化分析样混合作为该样地分析样，测定样品容重后平均，作为该样地容重值。然后，在样方中进行每木检尺，求出不同年龄毛竹的平均胸径，并分别伐倒不同年龄平均竹一株。把平均竹分成竹叶、竹枝、竹秆、竹蔸及竹根（竹根指竹蔸四周散射状的根系及竹鞭上的根系），野外称出鲜重，并各取500～1000 g鲜样。同时，在每个标准样方对角线离4个角各1 m处和样方中心设2 m×2 m小样方5个，收集每个小样方中全部灌木、杂草或枯落物，称量并平均后作为该标准样方的灌木、杂草或枯落物量，然后混合5个小样方中的灌木、杂草或枯落物，选典型样品500～1000 g。最后，在标准样方对角线离4个角各5 m处设1 m×1 m小样方4个，挖开土壤，取出全部竹鞭（竹鞭上根系并入上述竹根样品，所以竹鞭样品中不包含根系）称量，并同样取500～1000 g鲜样。

5.2.2　室内分析

野外采集的植株鲜样准确称量后，先在105℃下杀青30 min，再70℃烘干称量，高速粉碎机粉碎待用。土壤农化分析样风干、过筛后待用。分析方法如下：植株碳含量和土壤有机碳含量测定采用重铬酸钾氧化外加热法（中国土壤学会，1999）；土壤容重采用乙醇燃烧法，即从容重圈中取出土壤鲜样10 g，置于已知质量铝盒中，加入乙醇至土表面，点燃，待乙醇燃尽后，再重复一次，冷却，称出土壤干质量，然后把容重圈中土壤换算成干质量。

5.2.3　计算方法

毛竹不同器官生物量与其碳密度的乘积为毛竹不同器官的碳储量；毛竹各器官碳储量之和为乔木层碳储量；乔木层、灌木层、草本层、枯落物层和土壤层碳储量之和为毛竹生态系统中的碳储量。

5.3　结果与分析

5.3.1　毛竹不同器官碳密度分析

本次研究的毛竹林现存竹子竹龄结构为1、3、5年生和2、4、6年生两类，因而14个标准地中包含有1～6年生不同年龄竹子。

毛竹不同器官碳密度见表5-1。分析表5-1可知，毛竹不同器官碳密度为0.4683～0.5210 g·g^{-1}，与我国速生阶段杉木的0.4558～0.5003 g·g^{-1}（方晰等，2002）、18年生国外松的0.5180～0.5590 g·g^{-1}（阮宏华等，1997）、热带雨林的0.4562～0.5790 g·g^{-1}（李意德等，1998）具有相似性。从毛竹不同器官比较来看，按碳密度高低排列依次为竹根＞竹秆＞竹蔸＞竹枝＞竹鞭＞竹叶，其中变异最大的是竹蔸（变异系数为 5.38%），变异最小是竹枝（变异系数为 2.74%）。杉木不同器官碳密度研究中，树叶碳密度大于树干，树干又大于树根（方晰等，2002），苏南栎林、国外松的碳密度也是树叶大于树枝、树干和树根（阮宏华等，1997），说明毛竹不同器官碳密度含量状况与这些林木不同。再从不同年龄碳密度比较来看（表 5-1），除了竹根、竹蔸 1 年生竹明显低以外，竹叶、竹枝和竹秆不同年龄竹之间均没有明显变化规律，这也与方晰等（2002）研究的杉木多年生枝叶碳密度高于嫩枝、叶，以及阮宏华等（1997）研究的栓皮栎老枝碳密度高于幼枝的结果不同。说明毛竹碳密度变化规律与一般林木有较大不同，这可能与毛竹特殊的生长规律有关。

表 5-1　毛竹不同器官碳密度（$g \cdot g^{-1}$）

年龄	竹叶	竹枝	竹秆	竹根	竹蔸	竹鞭
1	0.4662±0.0154 (3.30%)	0.4982±0.0144 (2.88%)	0.5065±0.0153 (3.02%)	0.4841±0.0150 (2.685%)	0.4894±0.0296 (6.04%)	
2	0.4718±0.0282 (5.98%)	0.5006±0.0169 (3.38%)	0.5022±0.0144 (2.81%)	0.5216±0.0090 (1.73%)	0.4980±0.0197 (3.96%)	
3	0.4626±0.0096 (2.08%)	0.4886±0.0119 (2.44%)	0.5002±0.0109 (2.18%)	0.5276±0.0180 (3.75%)	0.5055±0.0226 (4.47%)	
4	0.4772±0.0257 (5.38%)	0.4914±0.0118 (2.41%)	0.4986±0.0188 (3.77%)	0.5349±0.0158 (2.965%)	0.5082±0.0138 (2.72%)	
5	0.4517±0.0194 (4.30%)	0.5010±0.0100 (2.00%)	0.5132±0.0096 (1.87%)	0.5252±0.0135 (4.135%)	0.5115±0.0351 (6.86%)	
6	0.4802±0.0503 (10.48%)	0.4968±0.0197 (3.96%)	0.5415±0.0222 (4.10%)	0.5324±0.0163 (3.15%)	0.4940±0.0508 (10.28%)	
平均	0.4683±0.0232 (4.94%)	0.4961±0.0135 (2.74%)	0.5104±0.0168 (3.31%)	0.5210±0.0170 (3.24%)	0.5011±0.0270 (5.38%)	0.4756±0.0228 (4.80%)

注：样本数为 7 个，括号内数据为变异系数

5.3.2　毛竹各器官碳储量

表 5-2 所示为毛竹不同器官碳储量分配。由表 5-2 可见，碳在毛竹各器官中的分配以竹秆占的比例最大，达 50.97%，其次为竹根（占 19.79%），占比例最小的是竹叶，仅占 4.87%，竹子在采伐时，带走的竹秆、竹枝、竹叶总计为62.38%，其中竹叶大部分归还土壤，在林地中分解，而竹秆可以做成地板、家具等众多竹制品，竹枝常用来制作扫把；而竹根可做根雕。因而毛竹利用中固定的碳被长时间保留的比例高于杉木（方晰等，2002），当然，不同林木产品利用率不同，在自然界保存时间不一，因而要准确判断固定碳的保留状态，需做更多产后利用方面的研究。从表 5-2 还可以看出，综合毛竹各器官生物量与碳储量的总

转换系数为 0.5042（30.580/60.647=0.5042），因而有的专家提出的森林植被碳储量可用生物量乘 0.50 来求算的观点对毛竹林碳储量估算也较适合。

表 5-2　毛竹不同器官碳储量分配

器官	生物量 / (t·hm⁻²)	碳储量 / (t·hm⁻²)
竹叶	3.182±0.358（5.25%）	1.490±0.127（4.87%）
竹枝	4.034±0.468（6.65%）	2.001±0.160（6.54%）
竹秆	30.539±3.290（50.35%）	15.587±1.357（50.97%）
竹蔸	3.426±0.297（5.65%）	1.717±0.153（5.62%）
竹鞭	7.847±0.699（12.94%）	3.732±0.339（12.21%）
竹根	11.619±1.034（19.16%）	6.053±0.520（19.79%）
合计	60.647（100%）	30.580（100%）

注：表中竹鞭样本数为 7 个，其余器官样本数为 42 个。括号中数据为所占比例，下同

5.3.3　毛竹林生态系统中碳储量的空间分布

表 5-3 列出了林下植被及土壤碳密度，从计算可以发现（表 5-4），本次研究的毛竹林生态系统碳储量为 106.362 t·hm⁻²，乔木层为 30.580 t·hm⁻²，占 28.75%，灌木层为 3.170 t·hm⁻²，占 2.98%，草本层为 0.481 t·hm⁻²，占 0.45%，枯落物层为 0.656 t·hm⁻²，占 0.62%。土壤层 0 ~ 60 cm 总计为 71.475 t·hm⁻²，占 67.20%。如果土壤层再加上枯落物层则占了生态系统碳储量的 67.82%，这个比例小于湖南会同速生杉木林的研究结果（占 71.27%），但大于苏南地区 27 年生杉木林的研究结果（占 51.52%）和热带雨林的研究结果（占 30.61%），与 Houghton（1996）报道的全世界森林系统中枯落物层与土壤层中碳储量是森林地上部分的 2.0 倍的结果较为吻合。

表 5-3　林下植被及土壤碳密度

组分	碳密度 / (g·g⁻¹)
灌木层	0.4920±0.0250
草本层	0.4348±0.0243
枯落物层	0.3696±0.0244
0 ~ 20 cm	0.0140±0.0056
20 ~ 40 cm	0.0079±0.0022
40 ~ 60 cm	0.0043±0.0009

注：表中灌木层、草本层样本数为 7 个，枯落物层、土壤层样本数为 14 个

表 5-4　毛竹林生态系统中碳储量的空间分布

组分	生物量 / ($t \cdot hm^{-2}$)	碳储量 / ($t \cdot hm^{-2}$)
乔木层	60.647±6.671	30.580±2.350（28.75%）
灌木层	6.443±0.902	3.170±0.269（2.98%）
草本层	1.106±0.108	0.481±0.034（0.45%）
枯落物层	1.775±0.267	0.656±0.070（0.62%）
小计	69.971	34.887（32.80%）
0～20 cm	2640±243	36.960±7.761
20～40 cm	2822±192	22.294±4.459
40～60 cm	2842±188	12.221±2.320
土壤层小计	8304	71.475（67.20%）
合计	8373.971	106.362（100%）

注：表中灌木层、草本层样本数为 7 个，乔木层、枯落物层和土壤层样本数为 14 个

5.3.4　毛竹林碳素年固定量的推算

由表 5-4 可见，毛竹林生态系统中碳储量总计为 106.362 $t \cdot hm^{-2}$，明显小于湖南会同速生阶段杉木林的 127.88 $t \cdot hm^{-2}$（方晰等，2002）和苏南地区 27 年生杉木林的 117.68 $t \cdot hm^{-2}$、栎林的 174.62 $t \cdot hm^{-2}$ 和国外松的 163.96 $t \cdot hm^{-2}$（阮宏华等，1997）。毛竹乔木层的碳储量只有 30.580 $t \cdot hm^{-2}$，也远小于上述各树种的研究结果。但毛竹林分的经营不同于其他的用材林，如杉木、松类等经营是在生长到适宜的采伐年龄，然后实行皆伐作业，一次伐去全部地上林木。而毛竹林是一种异龄林分，经营上是采取择伐作业法，通常隔年伐去 3 度以上竹。因此从空间分布上看，竹林林分永远处于生长动态平衡之中，并可以近似认为每次采去毛竹的生物量相当于现存生物的 1/3。因而，推算毛竹林碳年固定量时，乔木层的年生长量（或碳固定量）可被认为是现存乔木层生物量（或碳储量）的 1/6。可见本次研究的毛竹林乔木层碳年固定量为 5.097 $t \cdot hm^{-2} \cdot a^{-1}$（不含年枯落物生产量），是速生阶段杉木的 1.46 倍（方晰等，2003）、热带山地雨林的 1.33 倍（李意德等，1998）、苏南 27 年生杉木林的 2.16 倍（阮宏华等，1997），说明毛竹是一个固碳能力较强的树种，并且，毛竹不存在老林全伐后水土流失严重及连栽后地力退化的问题。再者，毛竹林除了采伐竹林外还可以收获竹笋，经济效益好，近年来，毛竹的产后利用也得到重视，如竹胶板、竹家具等不仅已被证明是美观、质优和价格合理的产品，而且其使用寿命也较一般的木质材料制品长。因而，适度发展毛竹林对生态环境保护和农民的经济收益都有积极意义。

5.3.5　不同经营类型毛竹林生态系统中碳储量比较

选择集约经营（Ⅰ类）和粗放经营（Ⅲ类）各 5 个样点的数据进行比较（表

5-5)。结果显示，集约经营毛竹林生态系统中碳储量总数为 101.007 t·hm^{-2}，比粗放经营竹林减少 8.131 t·hm^{-2}，其中乔木层、灌木层、草本层和枯落物层之和比粗放经营竹林减少 1.364 t·hm^{-2}，土壤层比粗放经营减少 6.767 t·hm^{-2}，说明毛竹集约经营后生态系统中碳储量下降，其中主要是土壤碳的减少。这一方面是由于集约经营后，去除林下灌木、杂草，减少了生物归还量；而另一方面，更重要的是集约经营毛竹林连年翻耕、施用化肥导致土壤有机质矿化加剧，从而使土壤有机碳储量减少。虽然集约经营后毛竹生态系统中碳储量有下降趋势，但施肥造成了竹林生长量增加，从而使乔木层碳储量增加。

由表 5-5 可见，集约经营后毛竹乔木层碳储量为 32.991 t·hm^{-2}，比粗放经营毛竹林高出了 3.535 t·hm^{-2}，即集约经营毛竹林乔木层年净固碳量比粗放经营竹林增加 0.589 t·hm^{-2}·a^{-1}。按集约经营历史 10 年计，集约经营后毛竹生态系统中的碳储量每年减少 0.813 t·hm^{-2}，集约经营后，竹林收获中却每年多收获 0.589 t·hm^{-2}，相互抵消后，集约经营毛竹林生态系统每年仍减少碳固定量 0.224 t·hm^{-2}。然而，人为耕作造成土壤碳的下降到一定时期会出现平衡，而毛竹收获会每年增加，因而从长期看适度的施肥和精心管理对毛竹林碳固定量增加仍是有利的。当然，施用有机肥补充土壤碳，不过度耕作，保持水土，使土壤肥力持久不衰等都是毛竹集约经营中必须注意的问题。

表 5-5　不同经营类型毛竹林生态系统中碳储量的空间分布

组分	生物量 / (t·hm^{-2})		碳储量 / (t·hm^{-2})	
	I 类	III 类	I 类	III 类
乔木层	66.131±7.340	58.135±6.221	32.991±2.544 (32.66%)	29.456±2.209 (26.99%)
灌木层		8.468±1.168		4.166±0.374 (3.82%)
草本层		1.531±0.149		0.666±0.053 (0.61%)
枯落物层	1.630±0.251	1.812±0.263	0.602±0.059 (0.60%)	0.669±0.063 (0.61%)
小计	67.761	69.946	33.593 (33.26%)	34.957 (32.04%)
0～20 cm	2630±241	2666±247	34.017±6.803	39.734±8.740
20～40 cm	2822±190	2836±194	21.560±4.113	22.138±5.396
40～60 cm	2840±183	2846±188	11.837±2.483	12.309±2.409
土壤层小计	8292	8348	67.414 (66.74%)	74.181 (67.96%)
合计			101.007 (100%)	109.138 (100%)

5.4 小 结

（1）毛竹不同器官碳密度为 $0.4683 \sim 0.5210 \ g \cdot g^{-1}$，按碳密度高低排列依次为竹根 > 竹秆 > 竹蔸 > 竹枝 > 竹鞭 > 竹叶，碳密度竹蔸变异最大，竹枝变异最小。

（2）碳储量在毛竹不同器官中的分配以竹秆占的比例最大，为 50.97%，其次为竹根（占 19.79%）和竹鞭（占 12.21%），占比例最小的是竹叶，仅占 4.87%。

（3）毛竹林生态系统中碳总储量为 $106.362 \ t \cdot hm^{-2}$，其中植被层（乔木、灌木和草本层）储量为 $34.231 \ t \cdot hm^{-2}$，占 32.18%，枯落物层为 $0.656 \ t \cdot hm^{-2}$，占 0.62%，土壤层为 $71.475 \ t \cdot hm^{-2}$，占 67.20%。

（4）按竹龄和采伐习惯估算出毛竹林乔木层碳年固定量为 $5.097 \ t \cdot hm^{-2} \cdot a^{-1}$。

（5）毛竹集约经营 10 年后，竹林生态系统中碳储量比粗放经营竹林减少了 $8.131 \ t \cdot hm^{-2}$，但乔木层年净固碳量比粗放经营竹林增加了 $0.589 \ t \cdot hm^{-2}$。从长期看，适度施肥与精心管理对毛竹林碳固定量增加仍是有利的。

主要参考文献

方晰, 田大伦, 项文化, 蔡宝玉. 2003. 不同密度湿地松人工林中碳的积累与分配. 浙江林学院学报, 20(4): 374-379.

方晰, 田大伦, 项文化, 闫文德, 康文星. 2002. 第二代杉木中幼林生态系统碳动态与平衡. 中南林学院学报, 22(1): 1-6.

李铭红, 于明坚, 陈启瑺, 常杰, 潘晓东. 1996. 青冈常绿阔叶林的碳素动态. 生态学报, 16(6): 645-651.

李意德, 吴仲民, 曾庆波, 周光益, 陈步峰, 方精云. 1998. 尖峰岭热带山地雨林生态系统碳平衡的初步研究. 生态学报, 18(4): 371-378.

刘国华, 傅伯杰, 方精云. 2000. 中国森林碳动态及其对全球碳平衡的贡献. 生态学报, 20(5): 733-740.

阮宏华, 姜志林, 高苏铭. 1997. 苏南丘陵主要森林类型碳循环研究——含量与分布规律. 生态学杂志, 16(6): 17-21.

中国土壤学会. 1999. 土壤理化分析. 北京: 农业科技出版社.

Dixon R K, Brown S, Houghton R A, Solomon A M, Trexlerm C, Wisniewski J. 1994. Carbon pools and flux of global forest ecosystems. Science, 263: 185-189.

Houghton R A. Terrestrial sources and sinks of carbon inferred from terrestrial data. Tellus, 1996, 48B: 420-432.

Kauppi P E, Mielikainen K, Kuusela K. 1992. Biomass and carbon budget of European forests, 1971 to 1990. Science, 256: 70-74.

Kurz W A, Apps M J. 1993. Contribution of northern forests to the global C cycle: Canada as a case study. Water Air and Soil Pollution, 70: 163-176.

第六章

竹林风化碳汇与植硅体固碳特征

硅（Si）在全球陆地生态系统表层土壤中的含量高达29.5%，仅次于氧的含量（Jones and Handreck, 1967），它是通过一系列复杂作用（如化学、物理和生物作用）释放到土壤中的（Iler, 1979），其在生态系统内的迁移转化是维持陆地生态系统地球化学循环的重要因素之一（王惠等，2007）。Si在陆地生态系统中的地球化学循环与全球土壤碳的平衡和全球气候变暖密切相关（Song et al., 2012, 2013; Li et al., 2013; Zuo and Lü, 2011; Parr and Sullivan, 2005; 李自民等，2013），无论陆地生态系统还是海洋生态系统都在进行强烈的Si生物地球化学循环，海洋中硅藻每年固定的生物硅含量为240 Tmol，陆地植被每年固定的生物硅含量为60～200 Tmol（王立军等，2008；Conley et al., 2008），所以陆地生态系统硅的生物地球化学循环不容忽视。

　　植硅体（phytolith）是植物在生长过程中吸收土壤溶液中的单硅酸 [Si(OH)$_4$]，沉淀在植物叶、茎、根的细胞壁、细胞腔和皮层间隙的无定型二氧化硅（SiO$_2$ · H$_2$O）（Parr and Sullivan, 2005；Wilding et al., 1967；Piperno, 1988）。研究发现，植硅体在形成的过程中封存了一部分有机碳（1%～6%），也即植硅体封存的有机碳（PhytOC）（Li et al., 2013, 2014；Zuo and Lü, 2011；Parr et al., 2010），这部分有机碳在植硅体这个坚硬的外壳"保护"下，具有较强的抗分解和抗氧化性，可以稳定地保存在土壤中，在全球陆地生态系统碳循环中扮演着很重要的角色。因此，研究植物 - 土壤生态系统中硅碳耦合循环的生物学过程和地球化学过程，揭示区域植物生物固碳的评估和测算是非常必要的。

　　竹子是典型的硅超富集植物，研究表明竹林土壤中生物硅的累积速率远高于赤道雨林、温带草原及温带落叶林和针叶林（Alexandre et al., 1997；Li et al., 2014），而竹子又因其高生长速率和高繁殖率，为陆地森林生态系统植硅体碳汇做了很大贡献（Song et al., 2013；Parr et al., 2010；李自民等，2013；Cao et al., 2011），开展竹林土壤 - 植物系统中硅分布和迁移研究，阐明竹林土壤 - 植物系统中硅生物地球化学循环的规律与控制机制，不仅可为亚热带竹林生态系统硅 - 碳循环调控提供科学依据，也可完善陆地硅生物地球化学循环理论。

6.1 毛竹对硅酸盐岩风化碳汇和植硅体碳汇的影响

6.1.1 研究区域

研究区设在浙江省安吉县山川乡和临安市浙西大峡谷。地形地貌为低山丘陵，属亚热带季风气候，年平均气温为 15～17℃，年降水量 1500～1800 mm，无霜期 236 d。年均径流深度为 912 mm。研究区各小流域的岩性为花岗岩，土壤为发育于花岗岩的红壤土类，植被类型主要为常绿阔叶林和毛竹林。

6.1.2 研究方法

为研究竹子对硅酸盐风化碳汇的影响，在安吉县山川乡和临安市浙西大峡谷选取了 6 类小流域。其中，"A"是纯花岗岩的纯毛竹林上游小流域，"B"是以花岗岩为主的纯毛竹林上游小流域，"C"是以花岗岩为主的竹阔针混交林上游小流域，"D"是以花岗岩为主的阔针混交林（无竹或少量竹）上游小流域，"E"是以花岗岩为主的竹阔针混交林下游流域，"F"是纯花岗岩阔叶林上游小流域（图 6-1）。于 2010 年春季和夏季，共采集了 74 个上述小流域溪水样品。为研究竹子植硅体的碳汇潜力，在安吉县山川乡采集了不同年限（Ⅰ 为 1～2 年竹，Ⅱ 为 2～4 年竹，Ⅲ 为 4～6 年竹，Ⅳ 为 >6 年竹）毛竹各器官（叶、枝、秆、根、蔸和鞭）样品。

水样直接用 pH 计测试 pH，用 HCl 滴定法测定 HCO_3^-。其余水样用 0.22 μm 滤膜抽滤后，一份保存用于阴离子测定，另一份超纯硝酸酸化至 pH<2 后用于硅和阳离子测定。阴离子（Cl^-、SO_4^{2-}、NO_3^-）用离子色谱测定，硅（Si）和阳离子（K^+、Na^+、Ca^{2+}、Mg^{2+}）用电感耦合等离子体发射光谱（ICP-OES）测定。

植物植硅体的提取采用微波消解法（Parr et al., 2010），植硅体的含量测定采用重量法，植硅体态碳含量测定采用 HF 消解 - 重铬酸钾外加热法。

6.1.3 结果与分析

6.1.3.1 竹子对硅酸盐风化碳汇的影响

溪水样品中总溶解性固体（TDS）浓度为 20～70 mg·L^{-1}，平均 33 mg·L^{-1}[图 6-1（a）]。总体上，TDS 的浓度春季高于夏季。花岗岩上游流域（A 和 F）及花岗岩为主阔针混交林流域（D）溪水 TDS 浓度总体上低于 B 和 E 类型溪水。上述结果说明溪水样品没有受到明显污染。

溪水样品中 SiO_2 浓度为 15～160 μmol·L^{-1}，平均 82 μmol·L^{-1}[图 6-1

（b）]。SiO$_2$浓度的季节变化很小。纯竹林上游流域（A和B）溪水SiO$_2$浓度（80～150 μmol·L^{-1}，平均105 μmol·L^{-1}）高于其他流域溪水样品（15～85 μmol·L^{-1}，平均60 μmol·L^{-1}）。

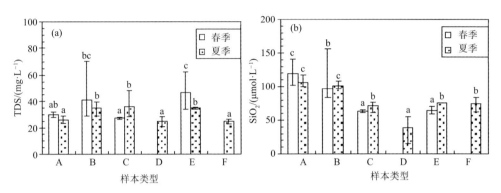

图6-1 不同溪水样品TDS（a）和SiO$_2$（b）含量特征

误差棒为标准偏差（$n \geqslant 3$），不同小写字母表示同一季节样品小流域间差异显著（$P<0.05$）

Ca/Na与Mg/Na（$R^2=0.98$）及Ca/Na与HCO$_3^-$/Na（$R^2=0.98$）[图6-2（a）～（d）]等比值间的高相关性说明溪水中阳离子和碳酸氢根主要是硅酸盐岩和碳酸盐岩风化释放的结果。花岗岩毛竹林上游流域溪水的化学组成主要反映了花岗岩的化学风化，这些溪水的元素比值可用于计算其他流域溪水中硅酸盐岩风化贡献的Ca、Mg、Na和K浓度。

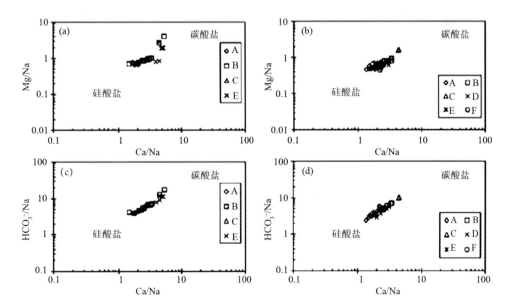

图6-2 春（a）、夏（b）季溪水样品Mg与Na和Ca与Na物质的量比及春（c）夏、（d）季溪水样品HCO$_3^-$与Na和Ca与Na物质的量比

溪水中 Si 与 $Na_{Sil}+K_{Sil}$ 的物质的量比可反映硅酸盐岩的风化强度，其在所有溪水中为 0.6～4，平均 2.4 [图 6-3（a）]。总体上春季溪水中 Si 与 $Na_{Sil}+K_{Sil}$ 物质的量比要低于夏季。竹林流域溪水的 Si 与 $Na_{Sil}+K_{Sil}$ 的物质的量比高于其他流域溪水，说明竹林流域硅酸盐岩风化的强度要大于其他流域。

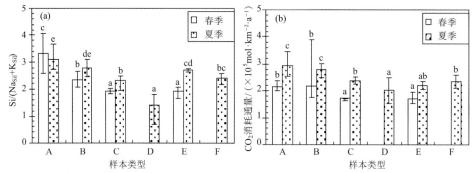

图 6-3　不同类型溪水样品 Si 与 $Na_{Sil}+K_{Sil}$ 的物质的量比（a）和大气 CO_2 消耗通量（b）的变化

误差棒为标准偏差（$n \geqslant 3$），不同小写字母表示同一季节样品小流域间差异显著（$P<0.05$）

利用溪水阳离子浓度和年径流深度数据，根据质量平衡原理，可以计算出硅酸盐岩风化消耗大气 CO_2 的速率，其计算公式为

$$硅酸盐岩风化消耗大气CO_2速率= (2Ca_{Sil} + 2Mg_{Sil} + Na_{Sil} + K_{Sil}) \times 年径流深度 \quad (6-1)$$

式中，Ca_{Sil}、Mg_{Sil}、Na_{Sil} 和 K_{Sil} 分别代表硅酸盐岩风化贡献的 Ca、Mg、Na 和 K 浓度。所有流域硅酸盐岩风化消耗大气 CO_2 速率（通量）为 $1.5 \times 10^5 \sim 3.4 \times 10^5 \, mol \cdot km^{-2} \cdot a^{-1}$（平均 $2.2 \times 10^5 \, mol \cdot km^{-2} \cdot a^{-1}$）[图 6-3（b）]。春季硅酸盐岩风化消耗大气 CO_2 速率小于夏季。竹林流域硅酸盐岩风化消耗大气 CO_2 速率（$1.8 \times 10^5 \sim 3.4 \times 10^5$ $mol \cdot km^{-2} \cdot a^{-1}$，平均 $2.5 \times 10^5 \, mol \cdot km^{-2} \cdot a^{-1}$）高于其他流域（$1.5 \times 10^5 \sim 2.6 \times 10^5$ $mol \cdot km^{-2} \cdot a^{-1}$，平均 $2.0 \times 10^5 \, mol \cdot km^{-2} \cdot a^{-1}$）。

竹子在全球类似的岩性（如花岗岩、火山凝灰岩和流纹岩）和气候（如亚热带气候）地区都有广泛分布。上述研究结果表明，由于竹子作为禾本科植物需要吸收比其他树种更多的 Si，竹子能提高硅酸盐岩风化的强度和大气 CO_2 消耗速率。因此，竹子加速硅酸盐岩风化可作为区域乃至全球大气 CO_2 修复的一种重要生物地球化学机制。然而，在当前情况下利用上述途径大规模修复大气 CO_2 之前，还需深入研究一些基本问题，如竹子对其他硅酸盐岩风化的影响、物理化学参数变化（如气温和径流量的月变化和季节变化）对竹林流域硅酸盐岩风化速率的影响、竹子加速硅酸盐岩风化的生物地球化学机制、竹林生态系统中硅和阳离子的生物地球化学循环等。

6.1.3.2 竹子植硅体的碳汇潜力

研究区不同年限毛竹各器官植硅体含量分布情况见图 6-4。可以看出，不同年限毛竹各器官植硅体含量变异较大，为 0.2%～20%。竹叶中植硅体的含量（4.2%～20%，平均 14.5%）远高于其他各器官（0.2%～2.7%）。随着竹龄的增加，竹叶、竹枝、竹秆和竹蔸等地上部分器官植硅体含量都有增加的趋势。

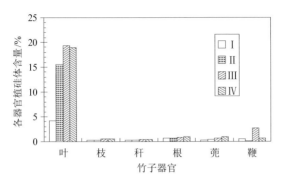

图 6-4 不同年限毛竹各器官植硅体含量分布

研究区不同年限毛竹各器官 PhytOC 含量分布情况见图 6-5。不同年限毛竹各器官 PhytOC 含量与植硅体含量分布的规律一致。不同年限毛竹各器官 PhytOC 含量为 0.01%～0.58%。竹叶中 PhytOC 含量（0.13%～0.58%，平均 0.43%）远高于其他各器官（0.01%～0.07%）。随着竹龄的增加，竹叶、竹枝、竹秆和竹蔸等地上部分器官 PhytOC 含量都有增加的趋势。

研究区毛竹林植硅体储量为 0.66～2.27 t·hm^{-2}，平均 1.56 t·hm^{-2}。毛竹植硅体主要储存于叶中（约占 60%），其次为秆、根和鞭（分别占 14%、11% 和 10%），枝和蔸最少（分别占 2% 和 2.5%）（图 6-6）。

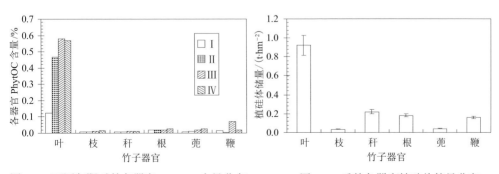

图 6-5 不同年限毛竹各器官 PhytOC 含量分布　　图 6-6 毛竹各器官植硅体储量分布

毛竹林 PhytOC 储量为 0.07～0.24 t CO$_2$-e·hm^{-2}，平均 0.16 t CO$_2$-e·hm^{-2}。

与植硅体类似，毛竹 PhytOC 主要储存于叶中（约占 63%），其次为秆、根和鞭（分别占 12%、11% 和 10%），枝和箨最少（各占 2%）（图 6-7）。

毛竹林植硅体年产生量为 $0.19 \sim 0.81\ t \cdot hm^{-2} \cdot a^{-1}$，平均 $0.57\ t \cdot hm^{-2} \cdot a^{-1}$。绝大多数毛竹植硅体年产生量来源于竹叶（约占 81%）（图 6-8）。毛竹林 PhytOC 年产生量为 $0.02 \sim 0.09\ t\ CO_2\text{-e} \cdot hm^{-2} \cdot a^{-1}$，平均 $0.06\ t\ CO_2\text{-e} \cdot hm^{-2} \cdot a^{-1}$。与毛竹植硅体年产生量来源类似，绝大多数毛竹 PhytOC 年产生量来源于竹叶（约占 83%）（图 6-9）。

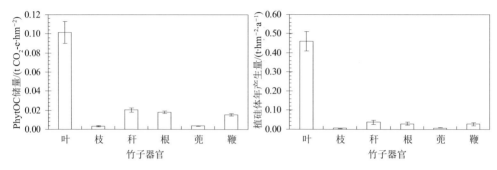

图 6-7 毛竹各器官 PhytOC 储量分布　　图 6-8 毛竹各器官植硅体年产生量分布

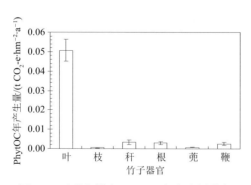

图 6-9 毛竹各器官 PhytOC 年产生量分布

综上所述，毛竹植硅体年产生量（$0.19 \sim 0.81\ t \cdot hm^{-2} \cdot a^{-1}$，平均 $0.57\ t \cdot hm^{-2} \cdot a^{-1}$）和 PhytOC 年产生量（$0.02 \sim 0.09\ t\ CO_2\text{-e} \cdot hm^{-2} \cdot a^{-1}$，平均 $0.06\ t\ CO_2\text{-e} \cdot hm^{-2} \cdot a^{-1}$）基本上代表毛竹植硅体和 PhytOC 年归还量。本研究中，竹叶的年生长量数据可能偏低。若按 Parr 等（2010）的最大竹叶年归还量数据估算，则竹林植硅体和 PhytOC 的年归还量最高可分别达到 $6\ t \cdot hm^{-2} \cdot a^{-1}$ 和 $0.7\ t\ CO_2\text{-e} \cdot hm^{-2} \cdot a^{-1}$。因此，若把适合的地方都种上竹子或其他类似禾本科植物，那么全球植硅体每年可固定碳的量可高达 $1 \times 10^9\ t\ CO_2\text{-e}$，相当于目前大气 CO_2 年增加量的 10% 左右。

6.2　不同生态型竹子的硅分布特征

选择 10 种散生竹、丛生竹和混生竹，运用偏硼酸锂溶解和钼蓝比色方法，研究不同生态型竹子器官的硅质量分数、储量和通量等，分析不同生态型竹子硅的分布特征。

6.2.1　研究方法

6.2.1.1　研究区域

样品采集地点位于浙江省临安市浙江农林大学竹种园内（30° 15′ N，119° 43′ E）。该园建园 10 年，有近 200 种竹。竹种园土壤母质主要为页岩。试验地属中纬度亚热带季风气候，四季分明，温暖湿润，季节降水分配不均，主要集中在 5～9 月，年平均降水量为 1439 mm，年平均气温 16℃，年平均无霜期 236 d，海拔 150 m。

6.2.1.2　试验设计

2013 年 5 月初，在竹种园中分别设立了 10 种竹种的采样试验区，其中桂 竹 （*Phyllostachys bambusoides*）、 高 节 竹 （*Phyllostachys prominens*）、 黄 槽竹（*Phyllostachys aureosulcata*）、黄秆乌哺鸡竹（*Phyllostachys vivax*）、唐竹（*Sinobambusa tootsik*）属于散生竹，罗汉竹（*Bambusa ventricosa*）和孝顺竹（*Bambusa multiplex*）属于丛生竹，橄榄竹（*Indosasa gigantea*）、茶秆竹（*Pseudosasa amabilis*）、白纹阴阳竹（*Hibanobambusa tranquillans*）属于混生竹。

在每个试验区中，从 4 年生竹中随机选取三株，测定地上部分各个器官生物量，将每株样竹的竹秆纵向十字剖开，取完整的一条，自竹冠从上往下每轮采集一枝竹枝样品，并将在主枝上采下的竹叶留待备用。挖取蔸、根、鞭，将三株样竹按叶、枝、秆、蔸、根、鞭不同器官分别混匀后采集样品 1 kg 左右带回实验室，用自来水多次冲洗，将根用超声波洗过，再与其他器官一起用去离子水反复清洗后，放置于 105℃下杀青 15 min，75℃烘干至恒量，称其干重。将叶器官剪碎后混匀，并分别将枝、秆、蔸、根、鞭等器官劈碎后混匀。用不锈钢植物高速粉碎机粉碎后分成两份供总硅平行分析。

6.2.1.3 数据处理

样品的总硅含量测定步骤如下：用少量偏硼酸锂 $LiBO_2$ 熔融样品，在马弗炉中进行高温（950℃）熔融约 20 min 后冷却至常温，用优级纯硝酸 1 : 20 溶解并定容至 50 mL 制备成待测液，再用钼蓝比色法进行测定。每个样品 4 次重复。

植物植硅体 / 植物植硅体封存 CO_2 的产生通量和植物植硅体封存 CO_2 的总速率的计算公式如下（Song et al., 2013；Cao et al., 2011；马乃训，2004；Ding et al., 2008；白淑琴等，2012）。

植物植硅体的产生通量 = 植物中植硅体质量分数 × 凋落物量（ANPP）

植物植硅体封存 CO_2 的产生通量（$kg \cdot hm^{-2} \cdot a^{-1}$）= 植物植硅体的产生通量（$kg \cdot hm^{-2} \cdot a^{-1}$）× 植硅体含碳的质量分数（$kg \cdot kg^{-1}$）× 44/12

植物植硅体封存 CO_2 的总速率（$kg \cdot a^{-1}$）= 植物植硅体封存 CO_2 的产生通量（$kg \cdot hm^{-2} \cdot a^{-1}$）× 植物的分布面积（$hm^2$）

6.2.2 结果与分析

6.2.2.1 不同生态型竹子器官硅质量分数比较

5 种散生竹各器官硅质量分数均为竹枝＞竹根＞竹鞭＞竹秆，竹叶和竹箨质量分数均高于竹枝，但两者质量分数高低因竹种不同而不同。除桂竹和黄槽竹竹箨的硅质量分数高于其他器官，黄秆乌哺鸡竹、唐竹、高节竹中硅质量分数最高的器官均为竹叶。由图 6-10（a）可以看出，这 5 种散生竹的叶、枝、秆、箨、根、鞭中硅质量分数范围分别是 20.86 ～ 60.23 $g \cdot kg^{-1}$、14.35 ～ 15.95 $g \cdot kg^{-1}$、2.07 ～ 4.42 $g \cdot kg^{-1}$、15.32 ～ 63.48 $g \cdot kg^{-1}$、8.83 ～ 11.06 $g \cdot kg^{-1}$、5.03 ～ 7.21 $g \cdot kg^{-1}$。

丛生竹中罗汉竹器官硅质量分数为叶＞枝＞箨＞根＞鞭＞秆，其中竹叶硅质量分数（30.63 $g \cdot kg^{-1}$）分别是竹鞭（4.73 $g \cdot kg^{-1}$）、竹秆（4.51 $g \cdot kg^{-1}$）硅质量分数的 6.48 倍和 6.8 倍，孝顺竹器官硅质量分数为叶＞枝＞根＞箨＞鞭＞秆，其中竹叶硅质量分数分别是竹秆和竹鞭的 10.13 倍和 17.75 倍［图 6-10（b）］。

硅在三种生态型竹叶中的质量分数为 1.77 ～ 63.10 $g \cdot kg^{-1}$。竹叶硅质量分数总体上为散生＞混生＞丛生（图 6-10）。混生竹中橄榄竹器官硅质量分数为叶＞箨＞根＞枝＞鞭＞秆。其中，竹叶和竹秆硅质量分数最高的分别为茶秆竹和橄榄竹，而竹枝、竹根及竹鞭硅质量分数最高的均为橄榄竹［图 6-10（c）］。

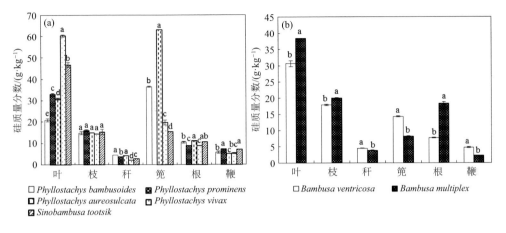

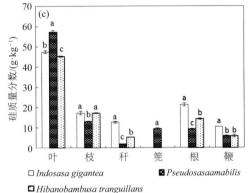

图 6-10 三类生态型竹子不同器官中硅质量分数变化

（a）散生竹；（b）丛生竹；（c）混生竹；误差棒为标准差，小写字母表示不同竹种同一器官硅质量分数差异显著
性水平

6.2.2.2 不同生态型竹子器官硅储量和通量比较

不同生态类型竹子的硅储量和通量分别为 334.78 ～ 3015.70 kg·hm^{-2}·a^{-1} 和 127.24 ～ 1311.53 kg·hm^{-2}·a^{-1}（表 6-1）。硅储量和通量总体上为混生竹 > 散生竹 > 丛生竹。散生竹地上部分各器官（叶、枝和秆）在一年中的硅储量和通量变化均为唐竹 > 黄槽竹 > 黄秆乌哺鸡竹 > 桂竹 > 高节竹，叶、枝和秆的硅储量分别为 140.77 ～ 787.60 kg·hm^{-2}、143.13 ～ 532.77 kg·hm^{-2}、53.59 ～ 271.55 kg·hm^{-2}，叶、枝和秆的硅通量分别为 70.39 ～ 393.80 kg·hm^{-2}、28.63 ～ 106.55 kg·hm^{-2}、10.72 ～ 54.31 kg·hm^{-2}，总体上为叶 > 枝 > 秆。丛生竹竹叶的硅储量为地上部分所有器官最高；一年中罗汉竹和孝顺竹地上部分器官硅通量分别为 145.8 kg·hm^{-2} 和 276.19 kg·hm^{-2}，其中竹叶通量最高，分别高达 131.41 kg·hm^{-2}

和 181.23 kg·hm^{-2}，竹枝次之，竹秆最低。在混生竹（橄榄竹、茶秆竹及白纹阴阳竹）中，竹叶硅储量在所有器官中最高，为 921.53～2361.34 kg·hm^{-2}；竹枝硅储量为 139.95～898.46 kg·hm^{-2}；竹秆硅储量为 73.42～362.49 kg·hm^{-2}。其中白纹阴阳竹因其每节一分枝，长可达 60 cm，竹枝的生物量较高，其硅储量也是三种混生竹竹枝及竹秆器官中最高的；地上器官硅通量为茶秆竹（1311.53 g·kg^{-1}）＞白纹阴阳竹（885.28 g·kg^{-1}）＞橄榄竹（503.44 g·kg^{-1}）。其中竹叶硅通量最高的是茶秆竹，分别是竹枝和竹秆硅通量的 12.7 倍和 31.16 倍；橄榄竹竹叶的硅通量分别是竹枝和竹秆硅通量的 16.46 倍和 31.38 倍。

表 6-1　三种生态型竹子器官硅储量和通量

生态型	竹种	Si储量平均值（偏差）/(kg·hm^{-2}·a^{-1})				Si通量平均值（偏差）/(kg·hm^{-2}·a^{-1})			
		叶	枝	秆	小计	叶	枝	秆	小计
散生	桂竹	217.56 (7.40)	260.82 (12.50)	77.28 (0.11)	555.66 (20.01)	108.78 (3.70)	52.16 (2.50)	15.46 (0.02)	176.40 (6.22)
	高节竹	140.77 (2.04)	199.96 (5.99)	84.31 (5.35)	425.04 (13.39)	70.39 (1.02)	39.99 (1.20)	16.86 (1.07)	127.24 (3.29)
	黄槽竹	340.12 (4.56)	532.77 (2.02)	271.55 (1.34)	1144.45 (7.92)	170.06 (2.28)	106.55 (0.40)	54.31 (0.27)	330.93 (2.95)
	黄秆乌哺鸡竹	572.4 (4.82)	163.23 (1.36)	53.59 (2.88)	789.21 (9.05)	286.2 (2.41)	32.65 (0.27)	10.72 (0.58)	329.56 (3.26)
	唐竹	787.6 (17.99)	143.13 (12.04)	95.82 (1.73)	1026.55 (31.77)	393.8 (9.00)	28.63 (2.41)	19.16 (0.35)	441.59 (11.75)
丛生	罗汉竹	262.81 (7.72)	49.99 (0.59)	21.98 (0.42)	334.78 (8.74)	131.41 (3.86)	10.00 (0.12)	4.40 (0.08)	145.80 (4.06)
	孝顺竹	362.47 (0.38)	283.00 (2.65)	191.75 (9.07)	837.22 (12.09)	181.23 (0.19)	56.60 (0.53)	38.35 (1.81)	276.19 (2.53)
混生	橄榄竹	921.53 (13.16)	139.95 (6.94)	73.42 (12.33)	1134.89 (32.42)	460.76 (6.58)	27.99 (1.39)	14.68 (2.47)	503.44 (10.43)
	茶秆竹	2361.31 (37.57)	464.91 (9.98)	189.48 (5.57)	3015.70 (53.13)	1180.66 (8.79)	92.98 (2.00)	37.90 (1.11)	1311.53 (21.90)
	白纹阴阳竹	1266.19 (8.03)	898.46 (6.68)	362.49 (1.02)	2527.14 (15.73)	633.09 (4.01)	179.69 (1.34)	72.50 (0.20)	885.28 (5.56)

6.2.3　结论与讨论

6.2.3.1　生态型对竹子器官硅分布和积累的影响

本研究发现三种类型竹子中各器官硅质量分数变化差异较大，但是其整体表现出为竹叶＞竹枝＞竹根＞竹鞭＞竹秆的变化趋势，遵循"末端分布律"（白淑琴等，2012；黄张婷等，2013）。不同竹种对硅的吸收能力在很大程度上取决于生长环境（土壤、气候和水分等）与物种基因（Parr et al., 2010；Ding et al., 2008），除此之外，竹器官对硅的积累量也主要与生物量和生物屏障等生理作用有关。竹叶的蒸腾作用要强于竹枝和竹秆，从而能够积累更多的硅。随着植物年龄的增长，硅在植物体特定细胞中的沉积量也增加，此时硅在枝和秆中的含量已经趋于稳定和均匀，主要形成了不易转移和再利用的生物硅（即植硅体）（Song et al., 2012；Li et al., 2014；黄张婷等，2013）。本研究为了排除日照、温度、降水量及土壤等环境因素对其硅循环特征产生干扰，选取在同一片竹园，即相同生长环境下的不同竹种，因此，同种生态型竹子在不同生长环境下的生长习性也会随之改变，从而影响了生长过程对各器官的吸收和积累。

实际上不同生态型竹子的叶、枝、秆生物量比例分配有很大区别，进而影响各器官中的硅元素积累和分配。然而仅仅竹叶，作为竹器官硅质量分数最大的器官，每年通过枯枝落叶将很大一部分生物硅返回到土壤中（Conley et al., 2002；邱尔发等，2005；荣俊冬等，2007；余英等，2005；周国模等，2006；Hong et al., 2011），对土壤中生物硅的补充有着很大的意义。例如，依据本研究在小流域范围的试验统计分析数据，可以作为植硅体碳汇调控实践指导，在此基础上可以初步估算出全国每年散生、丛生、混生竹落叶硅通量分别达到 5.90 ～ 6.11 t·hm^{-2}·a^{-1}，5.59 ～ 7.04 t·hm^{-2}·a^{-1}，3.77 ～ 8.14 t·hm^{-2}·a^{-1}。竹秆的硅质量分数是所有器官中最低的，为 1.77 ～ 5.18 g·kg^{-1}，因此，不同生态型竹类种群各个不同器官在硅的积累和分布中扮演了重要的角色，对整个竹林生态系统生物硅的平衡有着积极的实际意义。

6.2.3.2 中国竹子硅生物循环及其碳汇意义

竹林生态系统硅的动态平衡在全球生物碳循环和气候变化中扮演着重要的作用。据统计，全国散生竹、丛生竹、混生竹总面积分别为 5.76×10^6 hm^2、1.30×10^6 hm^2、0.14×10^6 hm^2，依据本研究分析的竹子生态型硅含量及其生物量在小流域的动态变化发现（图 6-11、图 6-12），散生竹硅的总储量（4539.93×10^3 t·a^{-1}）分别是丛生竹和混生竹的 5.96 倍和 14.57 倍；硅在全国散生、丛生、混生竹中循环量分别为 2269.96×10^3 t·a^{-1}、380.90×10^3 t·a^{-1}、155.81×10^3 t·a^{-1}。这可能是因为散生竹是中国最重要的生态型分布竹种，在全国的分布面积最高，部分竹种的生产力相对较高，所以其硅总储量和年循环量都是最高的，对陆地森林生态系统硅的动态平衡有着很大的贡献。

如上所述，植物硅在积累的过程中形成的生物硅（也就是植硅体）可以封存一部分有机碳，是一种相对"安全"的稳定碳汇库，在全球陆地生态系统碳循环和气候变化中，扮演着重要的作用。实际上，植物所吸收的硅与积累的植硅体具有转移功能（Song et al., 2012, 2013），为了给未来的研究提供参考意见，我们可以初步地假设估算出本研究竹子器官中的植硅体含量，进而得出全国三大类竹子（散生竹、丛生竹、混生竹）植硅体的年归还量分别为 4114.21×10^3 t·a^{-1}、

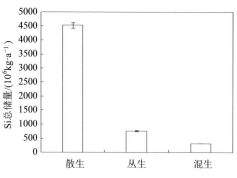

图 6-11 三种生态型竹子硅的全国总储量

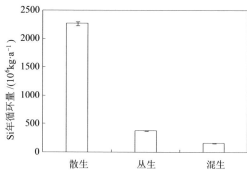

图 6-12 三种生态型竹子硅的全国年循环量

690.19×10^3 t·a^{-1}、282.21×10^3 t·a^{-1}，年归还总量为 5086.61×10^3 t·a^{-1}。虽然全国面积内竹子植硅体产生的通量很大，但是人类行为对植硅体归还过程产生了很大程度的干扰，从而导致实际上进入土壤的植硅体总量并不等于竹子的植硅体年产量。竹子作为一种高经济林，竹制品在人类生活中有着广泛的使用，同时伐竹量也日益增加，因此竹秆部分植硅体归还量会产生很大一部分的转移和流失，并没有直接进入竹林生态系统中。通常，竹子植硅体积累量最高的竹叶很大一部分是直接归还进入土壤当中，增加土壤中生物硅归还量，补充竹林生态系统中的土壤生物硅库，进而增加土壤中的生物地球化学稳定碳汇。根据先前研究（Song et al., 2013, 2014），进一步假设估算三种生态型竹子植硅体封存二氧化碳通量为混生竹（38.83 g·kg^{-1}·a^{-1}）＞散生竹（33.69 g·kg^{-1}·a^{-1}）＞丛生竹（27.32 g·kg^{-1}·a^{-1}）；中国散生竹、丛生竹及混生竹总植硅体封存碳的速率分别为 $(190.69 \sim 197.48) \times 10^3$ t·a^{-1}、$(31.44 \sim 39.60) \times 10^3$ t·a^{-1}、$(3.44 \sim 7.43) \times 10^3$ t·a^{-1}。

因此，如果为了增加竹林生态系统封存的大气中的二氧化碳，可以通过选取封存二氧化碳通量最高的竹子，生态型为散生竹的竹种来进行培育种植，在满足其经济效益的前提下，适当地扩大其种植面积，并通过合理施硅肥及其他有效的管理方法提高部分竹林地上部分植硅体生物固碳潜力，增加土壤中生物地球化学碳库的量。

6.3 我国重要丛生竹硅储量

6.3.1 研究区域

在广东、福建、浙江、云南和四川等丛生竹的主产区，选择青皮竹（*Bambusa*

textilis McClure，BTM）、粉单竹（*Bambusa chungii* McClure，BCM）、缅甸竹（*Bambusa burmanica* McClure，BBM）、麻竹（*Dendrocalamus latiflorus* Munro，DLM）、绿竹[*Dendrocalamopsis oldhamii*（Munro）Keng f，DOK]、黄竹（*Dendrocalamus membranaceus* Munro，DMM）、龙竹（*Dendrocalamus giganteus* Munro，DGM）、慈竹[*Neosinocalamus affinis*（Rendle）Keng f，NAK]等4个属8种丛生竹作为研究对象，通过测定不同丛生竹叶、枝、秆和现存凋落物中的硅含量和生物量，估算我国重要丛生竹的硅储量，揭示我国重要丛生竹硅储量的大小及空间分布特征。

6.3.2 试验设计

在林业经营档案、农户调查及野外调查的基础上，对每种丛生竹，各选择了林分类型、组成、结构、生长状况和立地条件等具有代表性的样地4块，建立20 m×20 m 的标准地。丛生竹样地、生长特性、分布及采样地点如表6-2所示。

表6-2　8种丛生竹的分布及样地基本特征

竹种	分布	面积/（×10⁴hm²）	采样地	经纬度	海拔/m	坡度/(°)	坡向	立竹密度/（株·hm⁻²）	胸径/cm	株高/m
BTM	广东、福建、云南	6.60	广东省广宁县坑口镇	112°23′47″E，23°46′58″N	96	30	西南	17 088	3.92	10.63
BCM	广东、广西、海南	8.00	广东省龙门县麻榨镇	113°59′47″E，23°28′40″N	63	35	南	12 688	6.31	11.25
DLM	福建、云南、贵州、广东、台湾	10.9	福建省南靖县龙山镇	117°23′57″E，24°32′31″N	50	18	东南	2 079	6.28	11.24
DOK	浙江、福建、台湾	1.50	浙江省苍南县桥墩镇	120°18′39″E，27°29′29″N	45	2	南	13 029	5.00	7.67
DMM	云南、四川、福建	7.00	云南省盈江县铜壁关自然保护区	97°32′16″E，24°26′44″N	534	30	东	4 581	5.87	13.96
DGM	云南	8.00	云南省梁河县河西乡芒陇村	98°20′27″E，24°51′6″N	534	25	东南	3 350	10.81	20.40
BBM	云南	1.00	云南省盈江县铜壁关自然保护区	97°32′34″E，24°25′39″N	545	30	西南	3 000	9.34	16.21
NAK	云南、四川	21.0	四川省筠连县大雪山镇	104°41′05″E，27°55′24″N	605	30	西	35 000	4.73	10.76

注：表中有关8个丛生竹竹林面积的数据均来自《国产丛生竹类资源与利用》一文（马乃训，2004）

立竹生物量：对每块标准地内的竹子按不同年龄进行每株检尺，计算出不同年龄竹子的平均胸径，选取与平均胸径一致的竹子作为标准株，砍伐不同年龄标准株各一株，并测量其株高。将不同标准株分叶、枝、秆，野外称出各器官鲜重。枝、秆分上、中、下三个部位取样组成混合样品，并各取 500～1000 g（准确称重）于样品袋中，带回实验室分析。竹林地上部分生物量按林分中标准株生物量和各林分株数计算。

凋落物现存量：在每个样地四角及中心处位置分别选择 1 m×1 m 的样方 5个，采集凋落物，混合后称重，取样 500～1000 g（准确称重）于样品袋中，带回实验室分析。

丛生竹于每年 2～3 月展枝放叶，因此本次采集的 8 种丛生竹无 1 年生叶、枝样品。根据竹林实际经营情况，麻竹林地只保留 1、2 年生植株，因此只采集了 1～2 年生样品，而其他竹种则采集了 1～3 年生样品。

6.3.3 数据处理

将野外采集的样品（叶、枝、秆）用去离子水洗净后，105℃下杀青 20 min，70～80℃烘至恒重，称重记录，测定含水率，统计生物量。采集的凋落物直接在 70～80℃下烘至恒重。将所有烘干后样品用高速粉碎机磨细后，装袋保存备用。

植物硅的测定用偏硼酸锂熔融-ICP-AES 法（中国土壤学会，2000），具体方法步骤如下：称取烘干后的植物样 0.3000 g 左右与 0.3 g LiBO$_2$ 混合均匀，置于石墨坩埚中，放入马弗炉中加热至 950℃，保持 15 min，使样品与偏硼酸锂完全融合成球状熔块。待冷却后，将熔块放入配制好的 20 mL 浓度为 40 g·L^{-1} 硝酸溶液中搅拌溶解，用超纯水定容至 50 mL，制成待测液，然后用 Perkin ICP-MS 7000（Perkin Elmer Inc., USA）测定样品中的 Si 元素含量。

试验数据采用单因素方差分析，新复极差法进行多重比较（显著性水平 $P<0.05$）。8 种丛生竹各器官（叶、枝、秆）的 Si 储量计算方法为：①对同一样地不同竹龄某一器官 Si 储量（Si 含量与生物量的乘积）求和得到该样地的某一器官 Si 储量；②对同一器官不同样地的 Si 储量求平均，得到 8 个竹种该器官的 Si 储量。

6.3.4 结果与分析

6.3.4.1 8 种丛生竹不同器官中的 Si 含量

由表 6-3 可知，不同器官的 Si 含量在 8 种丛生竹中，均表现为叶＞枝＞秆；同时，Si 含量在叶、秆中均随着竹龄的增长而增加，具体表现为叶中的 Si 含量：3 年（15.27～62.71 g·kg^{-1}）＞2 年（12.47～61.78 g·kg^{-1}）。秆的 Si 含量：3 年（2.26～11.77 g·kg^{-1}）＞2 年（2.16～7.09 g·kg^{-1}）＞1 年（1.12～2.80 g·kg^{-1}）。

而枝中 Si 含量除青皮竹、绿竹、黄竹的 3 年高于 2 年外，其余竹种均表现为 2 年高于 3 年。

表6-3　8 种丛生竹地上部分 Si 的含量（g·kg^{-1}）

竹种	叶		枝		秆			凋落物
	2a[*]	3a	2a	3a	1a	2a	3a	
BTM	35.81 (8.37)[bc]	43.25 (3.58)[b]	16.45 (2.56)[bc]	20.60 (4.25)[bc]	1.74 (0.83)[ab]	5.73 (3.93)[ab]	8.20 (3.41)[ab]	62.08 (18.8)[cd]
BCM	27.69 (8.22)[cd]	24.61 (4.48)[c]	10.70 (3.01)[cd]	10.33 (3.43)[d]	3.23 (2.54)[a]	2.16 (1.91)[b]	2.26 (0.79)[c]	40.86 (9.38)[d]
DLM	33.80 (13.34)[bc]	—	7.66 (1.84)[d]	—	1.12 (0.05)[b]	2.89 (1.68)[ab]	—	57.75 (13.2)[cd]
DOK	61.78 (6.57)[a]	62.71 (8.42)[a]	22.87 (2.61)[a]	29.26 (7.49)[a]	2.80 (0.79)[ab]	7.09 (6.30)[a]	6.81 (3.35)[b]	76.92 (11.3)[bc]
DMM	14.37 (1.07)[e]	15.88 (1.24)[d]	13.40 (5.80)[bcd]	14.28 (4.61)[cd]	2.80 (2.31)[ab]	6.43 (0.42)[a]	6.62 (2.33)[b]	102.7 (7.47)[ab]
DGM	19.91 (7.50)[de]	26.27 (9.05)[c]	19.51 (5.24)[ab]	15.87 (1.28)[cd]	2.14 (1.09)[ab]	5.06 (3.56)[ab]	6.83 (1.67)[b]	101.76 (35.5)[ab]
BBM	12.47 (3.81)[e]	15.27 (1.63)[d]	15.51 (8.99)[bc]	25.97 (14.50)[ab]	1.60 (0.62)[ab]	3.94 (1.88)[b]	11.77 (5.86)[a]	61.73 (34.2)[cd]
NAK	39.89 (1.46)[b]	41.78 (0.71)[b]	16.52 (3.85)[bc]	18.50 (1.15)[bcd]	2.44 (0.79)[ab]	2.78 (0.70)[ab]	5.34 (1.15)[bc]	123.74 (5.48)[a]

注：不同字母表示不同竹种间差异达 5% 显著水平；括号内的数字表示各地上部分同一竹龄不同样地间的标准差

＊a 表示年，余同

　　8 种丛生竹间，不同竹龄的叶、枝、秆及凋落物 Si 含量均存在显著性差异（表6-3）。绿竹不同竹龄的叶、枝中 Si 含量均显著高于其他竹种；而缅甸竹 2、3 年叶，麻竹 2 年枝，以及粉单竹 3 年枝的 Si 含量则显著低于其他竹种。粉单竹的 1 ~ 3 年秆中的 Si 含量分别与 1 年麻竹、2 年绿竹及 3 年缅甸竹存在显著性差异。另外，在凋落物中慈竹 Si 含量显著高于除黄竹、龙竹外的其余竹种。

6.3.4.2　8 种丛生竹地上部分生物量的比较

　　比较不同器官的生物量可知（表6-4），不同竹龄的秆的生物量（1.51 ~ 31.60 t·hm^{-2}）＞枝（0.57 ~ 5.10 t·hm^{-2}）＞叶（0.14 ~ 2.29 t·hm^{-2}），且叶、枝、秆的生物量大致表现出随竹龄增长而逐渐增加的趋势。

表6-4　8 种丛生竹地上部分的生物量（t·hm^{-2}）

竹种	叶		枝		秆			凋落物	总生物量
	2a[*]	3a	2a	3a	1a	2a	3a		
BTM	0.96 (0.29)[bc]	1.55 (0.36)[ab]	1.29 (0.33)[c]	3.53 (1.85)[ab]	8.77 (5.09)[cd]	11.87 (2.80)[bc]	19.67 (6.80)[ab]	3.11 (1.28)[bc]	50.75
BCM	1.06 (0.47)[bc]	0.95 (0.25)[c]	2.85 (0.36)[abc]	2.52 (1.01)[bc]	31.60 (8.25)[a]	13.56 (4.77)[ab]	10.36 (4.69)[c]	2.41 (1.16)[c]	65.31

续表

竹种	叶		枝		秆			凋落物	总生物量
	2a[*]	3a	2a	3a	1a	2a	3a		
DLM	1.43 (1.16)[ab]	—	4.48 (2.12)[ab]	—	1.51 (0.22)[e]	7.18 (2.29)[cd]	—	3.13 (1.41)[bc]	18.46
DOK	2.29 (1.92)[a]	1.73 (0.79)[a]	5.10 (4.20)[a]	4.67 (0.67)[a]	8.97 (6.65)[cd]	11.85 (6.09)[bc]	9.56 (4.78)[c]	1.34 (0.66)[c]	45.51
DMM	0.33 (0.27)[bc]	0.37 (0.24)[d]	1.28 (0.59)[c]	1.37 (0.60)[cd]	3.14 (1.24)[de]	7.53 (3.44)[cd]	10.18 (2.09)[c]	6.33 (2.33)[a]	30.48
DGM	0.25 (0.13)[c]	0.19 (0.15)[d]	0.92 (0.53)[c]	0.96 (0.21)[d]	20.85 (3.01)[b]	11.65 (4.19)[bc]	12.15 (5.10)[c]	6.05 (2.48)[a]	53.02
BBM	0.14 (0.12)[c]	0.26 (0.18)[d]	0.57 (0.36)[c]	1.39 (0.85)[cd]	4.39 (2.24)[de]	4.89 (2.74)[d]	15.17 (3.92)[c]	5.66 (2.28)[ab]	40.48
NAK	0.85 (0.61)[bc]	1.05 (0.47)[bc]	2.39 (1.88)[bc]	2.42 (0.78)[bc]	12.90 (5.24)[c]	17.58 (5.28)[a]	25.42 (7.62)[a]	3.49 (0.18)[bc]	66.10

注：不同字母表示不同竹种间差异达 5% 显著水平；括号内的数字表示各地上部分同一竹种、竹龄不同样地间的标准差

＊a 表示年，余同

　　比较不同竹种的生物量可知（表 6-4），不同竹龄的叶、枝、秆及凋落物的生物量均存在显著差异。8 个竹种中，慈竹（66.10 t·hm⁻²）、粉单竹（65.31 t·hm⁻²）的总生物量远高于其他竹种（18.46 ～ 53.02 t·hm⁻²）。其中，绿竹不同竹龄的叶、枝生物量均显著高于其他竹种。不同竹龄秆中的生物量在不同竹种间表现不同，1 年秆表现为粉单竹显著高于其他竹种，而 2、3 年秆表现为慈竹显著高于其他竹种。

6.3.4.3　8 种丛生竹地上部分 Si 的储量比较

　　Si 储量为测得的 Si 含量与相应生物量计算所得。由图 6-13 可见，8 种丛生竹地上部分 Si 的总储量为 5082.93 kg·hm⁻²。8 个竹种的总 Si 储量存在一定差异，依次表现为：龙竹＞黄竹＞慈竹＞绿竹＞青皮竹＞缅甸竹＞粉单竹＞麻竹。其中，8 种丛生竹的叶（6.30 ～ 248.16 kg·hm⁻²）、枝（27.66 ～ 248.97 kg·hm⁻²）、秆（22.25 ～ 223.35 kg·hm⁻²）、凋落物（91.82 ～ 643.17 kg·hm⁻²）的 Si 储量分别占各竹种地上部分总 Si 储量的 1.11% ～ 32.50%、3.23% ～ 32.61%、7.32% ～ 37.07%、12.83% ～ 78.58%。同时，绿竹叶、枝和青皮竹秆及黄竹凋落物的 Si 储量均高于其他丛生竹相应部分的储量。此外，地上各部分 Si 储量在不同竹种间表现出的规律不同，黄竹、龙竹、缅甸竹、慈竹的凋落物＞秆＞枝＞叶，其他竹种则规律不一，大致为凋落物、秆的 Si 储量高于叶、枝。

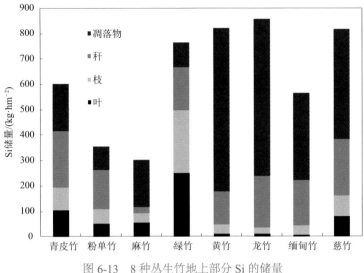

图 6-13　8 种丛生竹地上部分 Si 的储量

6.3.5　结论与讨论

硅存在于所有植物体内，但在整个植物界的含量与分布极不均匀，不同种类的植物含硅量差异较大，Si 含量在大部分双子叶植物中低于 2.33 g·kg^{-1}，但在莎草科和禾本科植物中可达 46.67～70.00 g·kg^{-1}。且 Takahashi 和 Miyake（1976）也曾对栽培于同一土壤上的 4 个门 10 个纲 82 个科的 175 种植物进行分析，并发现硅是植物间差异最大的元素，在 10 种最高含量与 10 种最低含量的植物之间，Si 含量的差异可达 196 倍。本研究的结果也表明，8 种丛生竹 2～3 年叶的平均 Si 含量变化幅度为 12.47～62.71 g·kg^{-1}（表 6-3），差异达 4.49 倍，且平均 Si 含量高于 2～3 年雷竹叶（10.74 g·kg^{-1}）（刘力等，2004）。此外，除黄竹、缅甸竹两个竹种外，其他竹种 2～3 年叶的平均 Si 含量均高于竹亚科的平均含量（18.24 g·kg^{-1}）（何念祖和孟赐福，1987），有些甚至高于苦竹（20.58 g·kg^{-1}）（刘力等，2004）和毛竹（28.63 g·kg^{-1}）（周国模等，2010），可见，丛生竹类比其他竹类植物能富集更多的 Si。植物体对 Si 的吸收，除与遗传特性、水分条件有关外，还受植物生长环境条件等多种因素的影响。本研究中，特别是云南地区的黄竹、龙竹、缅甸竹中各器官的 Si 含量明显低于其他丛生竹种，且植物体内 Si 分布与其他竹种也存在一定的差异性，这可能是由云南地区的土壤类型、气候条件、地理条件的不同引起的；也有可能是由于云南地区的三个丛生竹种对土壤 Si 的吸收能力特性不同所造成。

本研究发现，Si 含量在不同丛生竹同一器官间及同一丛生竹不同器官之间均存在一定差异。在 8 种丛生竹中，除缅甸竹外，其余丛生竹 2 ～ 3 年叶的平均 Si 含量均高于同一竹种枝、秆，而在同一竹种不同器官之间平均 Si 含量均表现为：叶 > 枝 > 秆。这可能与硅是由秆中的导管运送到植物的各组织中，特别是大量运送到植物叶片的表皮层、维管束、维管束鞘和厚壁组织中，而在秆中沉积较少有关（王俊刚等，2010）。相关研究表明，同一种植物不同器官之间含硅量的差异远大于植物种间差异，且植物体地上部分的硅大多沉积在蒸腾作用水分散失最多的器官中（林益明和林鹏，1998；李晓艳等，2014）。本研究也证实了这一观点，同一竹种 2 ～ 3 年的叶与枝、秆及枝与秆的平均 Si 含量最大差异分别可达 4.41 倍、11.83 倍、4.76 倍，大于不同竹种间同一器官（叶、枝、秆）的差异（3.15 ～ 4.49 倍）。此外，Si 元素被发现易积累于植物年龄较大的成熟器官中，这一特性在本研究的秆中表现尤为突出，除粉单竹、麻竹、绿竹外，其余竹种 3 年秆的 Si 含量比 2 年和 1 年分别提高了 103% ～ 299% 和 219% ～ 736%，这主要是由于硅随着植物年龄的增长，不断沉积在植物体内，形成了具有不易转移和再利用特性的植硅体（黄张婷等，2013）。

就凋落物而言，本研究中不同丛生竹凋落物中的 Si 含量较各竹种器官高，Si 含量为 40.86 ～ 123.74 g·kg^{-1}，分别为 2 ～ 3 年的叶、枝、秆平均 Si 含量的 1.00 ～ 8.92 倍、1.57 ～ 16.15 倍、18.49 ～ 55.99 倍。这可能受凋落物的组成影响较大，由于凋落物中的竹叶不仅包括 2 ～ 3 年的竹叶，还有含硅量较高的 3 年以上竹叶，且凋落物中的叶较枝、秆能富集更多的 Si，另外凋落物中的竹箨中也可能含较多的硅。

本研究发现，除麻竹、粉单竹外，其余竹种地上部分总 Si 储量（566.40 ～ 856.96 kg·hm^{-2}）均大于毛竹（419.00 kg·hm^{-2}）（赵送来，2012）；此外，绿竹（763.56 kg·hm^{-2}）、慈竹（815.13 kg·hm^{-2}）、黄竹（818.54 kg·hm^{-2}）、龙竹（856.96 kg·hm^{-2}）更是大于雷竹（657.00 kg·hm^{-2}）（黄张婷等，2013）。可见，丛生竹比其他竹种具有更强的储硅能力。

通过竹种面积与地上部分总 Si 储量计算可得，中国 8 种重要丛生竹地上部分 Si 总储量约为 41.55×10^4 t，进而可估算目前全中国丛生竹地上部分 Si 总储量约为 51.94×10^4 t。此外，有研究表明，植物的植硅体含量与硅含量之间存在着密切相关性，如有研究发现植物中植硅体含量 =0.965× 硅含量，植硅体碳含量 = 植硅体含量 ×2.96%（Song et al., 2012; Li et al., 2013）。因此，对中国丛生竹林生态系统硅储量的初步估算，将为我们今后进一步研究估测中国丛生竹林植硅体含量及植硅体碳储量提供一定的理论基础和科学依据。

主要参考文献

白淑琴，阿木日沙那，那仁高娃，杨帆，王媛，王桂花，横山拓史．2012.水稻中硅元素的分布及存在状态.应用与环境生物学报，18(3): 444-449.

何念祖，孟赐福．1987.植物营养原理.上海：上海科学技术出版社.

黄张婷，姜培坤，宋照亮，孟赐福，吴家森．2013.不同竹龄雷竹中硅及其他营养元素吸收和积累特征.应用生态学报，24(5): 1347-1353.

李晓艳，孙立，吴良欢．2014.不同吸硅型植物各器官硅及氮、磷、钾素分布特征.土壤通报，45(1): 193-198.

李自民，宋照亮，姜培坤．2013.稻田生态系统中植硅体的产生与积累——以嘉兴稻田为例.生态学报，33(22): 7197-7203.

李自民，宋照亮，李蓓蕾，蔡彦彬．2013.杭州西溪湿地植物植硅体产生极其影响因素.浙江农林大学学报，30(4): 470-476.

林益明，林鹏．1998.绿竹林硅素动态研究.亚热带植物通讯，27(2): 1-6.

刘力，林新春，金爱武，冯天喜，周昌平，季宗富．2004.苦竹各器官营养元素分析.浙江林学院学报，21(2): 172-175.

马乃训．2004.国产丛生竹类资源与利用.竹子研究汇刊，23(1): 1-5.

邱尔发，陈卓梅，郑郁善，洪伟，黄宝龙．2005.麻竹山地笋用林凋落物发生、分解及养分归还动态.应用生态学报，16(5): 811-814.

荣俊冬，王新屯，郭喜军，张志欣，吴震，郑郁善．2007.沿海沙地吊丝竹林凋落物及养分动态研究.福建林业科技，34(4): 59-62.

王惠，马振民，代力民．2007.森林生态系统硅素循环研究进展.生态学报，27(7): 3010-3017.

王俊刚，赵婷婷，杨本鹏，冯翠莲，蔡文伟，熊国如，张树珍．2010.植物中硅的功能和转运.安徽农业科学，38(31): 17359-17361.

王立军，季宏兵，丁淮剑，薛彦山，范昑．2008.硅的生物地球化学循环研究进展.矿物岩石地球化学通报，27(4): 187-194.

余英，费世民，何亚平，陈秀明，蒋俊明，唐森强．2005.长宁苦竹种群结构和地上生物量研究.四川林业科技，26(4): 90-93.

赵送来．2012.竹林土壤 - 植物系统 Si 的生物地球化学循环研究.临安：浙江农林大学硕士学位论文.

中国土壤学会．2000.土壤农业化学分析方法.北京：中国农业科学技术出版社.

周国模，姜培坤，徐秋芳．2010.竹林生态系统中碳的固定与转化.北京：科学出版社.

周国模，吴家森，姜培坤．2006.不同管理模式对毛竹林碳贮量的影响.北京林业大学学报，28(6): 51-55.

Alexandre A, Meunier J D, Colin F, Koud J M. 1997. Plant impact on the biogeochemical cycle of silicon and related weathering processes. Geochimica Et Cosmochimica Acta, 61: 677-682.

Cao Z H, Zhou G M, Wongm H. 2011. Special issue on bamboo and climate change in China. The Botanical Review, 77: 188-189.

Conley D J. 2002. Terrestrial ecosystems and the global biogeochemical silica cycle. Global Biogeochemical Cycles, 16: 1121-1129.

Conley D J, Likens G E, Buso D C, Saccone L, Bailey S W, Johnson C E. 2008. Deforestation causes increased dissolved silicate losses in the Hubbard Brook Experimental Forest. Global Change Biology, 14: 2548-2554.

Ding T P, Zhou J X, Wan D F, Chen Z Y, Wang C Y, Zhang F. 2008. Silicon isotope fractionation in bamboo and its significance to the biogeochemical cycle of silicon. Geochimica Et Cosmochimica Acta, 72: 1381-1395.

Hong C T, Fang J, Jin A W, Cai J G, Guo H P, Ren J X, Shao Q J, Zheng B S. 2011. Comparative growth, biomass production and fuel properties among different perennial plants, bamboo and miscanthus. The Botanical Review, 77: 197-207.

Iler R K. 1979. The chemistry of Silica: solubility, polymerization, colloid and surface properties, and biochemistry. New York: Wiley.

Jones L H P, Handreck K A. 1967. Silica in soils, plants, and animals. Advances in Agronomy, 19: 107-149.

Li Z M, Song Z L, Cornelis J T. 2014. Impact of rice cultivar and organ on elemental composition of phytoliths and the release of bio-available silicon. Frontiers in plant science, 5: 529.

Li Z M, Song Z L, Parr J F, Wang H L. 2013. Occluded C in rice phytoliths: implications to biogeochemical carbon sequestration. Plant and Soil, 370: 615-623.

Parr J F, Sullivan L A. 2005. Soil carbon sequestration in phytoliths. Soil Biology and Biochemistry, 37: 117-124.

Parr J, Sullivan L, Chen B, Ye G F, Zheng W P. 2010. Carbon bio-sequestration within the phytoliths of economic bamboo species. Global Change Biology, 16: 2661-2667.

Piperno D R. 2014. Phytolyth analysis: an archaeological and geological perspective. San Diego: Academic Press.

Song Z L, Liu H Y, Li B L, Yang X M. 2013. The production of phytolith‐occluded carbon in China's forests: implications to biogeochemical carbon sequestration. Global Change Biology, 19: 2907-2915.

Song Z L, Wang H L, Strong P J, Guo F S. 2014. Phytolith carbon sequestration in China's croplands. European Journal of Agronomy, 53: 10-15.

Song Z L, Wang H L, Strong P J, Li Z M, Jiang P K. 2012. Plant impact on the coupled terrestrial biogeochemical cycles of silicon and carbon: Implications for biogeochemical carbon sequestration. Earth-science Reviews, 115: 319-331.

Takahashi E, Miyake Y. 1976. Distribution of silica accumulator plants in the plant kingdommonocotyledons. Science of Soil and Manure, 47: 296-300.

Wilding L P, Brown R E, Holowaychuk N. 1967. Accessibility and properties of occluded carbon in biogenetic opal. Soil Science, 103: 56-61.

Zuo X X, Lü H Y. 2011. Carbon sequestration within millet phytoliths from dry-farming of crops in China. Chinese Science Bulletin, 56: 3451-3456.

第七章

基于测树因子的毛竹林生物量碳储量估算

我国森林资源调查主要有森林资源连续清查和森林资源规划设计调查，前者简称一类调查，后者简称二类调查。一类调查是以省为单位，每 5 年开展一次的森林资源现状调查，自从新中国成立以来，已经开展了 8 次一类调查。一类调查覆盖面全、测量因子易获取、连续且可比性强，因此，基于森林资源清查资料的区域乃至国家尺度上的森林生物量碳储量计算结果可靠性较强，计算方法主要包括生物量转换因子法、生物量转换因子连续函数法和生物量经验回归模型估计法。这些方法本质上是通过胸径、树高、年龄等测树因子建立树种生长方程，进而估算生物量碳储量。

　　毛竹存在大小年之分，大年长新竹而小年几乎不长。从 3、4 月初开始出笋，5 月中下旬新竹长成，高生长、体积增长近于停止，历时仅短短一个多月。因此，对毛竹林这种有特殊生长方式的森林类型，需要构建新的模型进行生物量估算。本章将利用毛竹林连续清查等资料，从测树因子概率分布模型、生物量模型构建及区域尺度生物量估算等方面介绍基于测树因子的毛竹林碳储量估算理论、方法与实践。

7.1　毛竹林测树因子概率分布模型构建及其理论基础

　　测树因子分布模型是建立生物量模型的重要基础。在林业与生态实践中常用的方法是把测树因子的调查数据套用到一个适合的分布模型上去，然后进行检验，若分布通过检验则认为该分布合理。该方法存在一定的缺陷，如在给定的显著水平下，当随机变量满足多种概率分布模型时，就无法确定哪种概率模型更能准确地描述测树因子的分布规律，也就无法解释测树因子服从某种概率分布模型的真正原因。

　　构建一个适用的概率分布模型，必须建立构建的标准，即所构建的模型既要与已知的数据相吻合，又必须对未知的部分作最少的假定，也就是说在数据不充分的情况对数据的外推或内插应采取最超然的态度。因此，模型构建的信息来自两个部分：一是已知数据，二是由于数据不完全而不得不对未知部分所作的假定，即人为"添加"的信息。

对于竹林这种特殊的森林类型，如何找到一个通用的生成概率密度函数的方法，对了解竹林测树因子分布规律的本质及碳储量估算都具有重要的理论和实践意义。

7.1.1 最大熵概率分布模型构建

熵是信息论中的一个基本概念，是用以度量信息源不确定性的量，所以熵可以用来度量毛竹测树因子概率分布的不确定性，熵最大就意味着获得的总信息量最少，即所添加的信息最少，所以最大熵是超然的。因此，对于只有测量数据样本的情况，若没有充足的理由来选择某种解析分布函数时，可通过最大熵方法来确定出最不带倾向性的总体分布形式。其构建原理如下。

利用样本信息的一种简便方法是计算样本的各阶矩。下面对连续型随机变量的最大熵方法作详细阐述，对于离散随机变量可以做相应的推导。

$$S = -\int_R f(x)\ln[f(x)]\mathrm{d}x = 最大值 \tag{7-1}$$

$$\int_R f(x)\,\mathrm{d}x = 1 \tag{7-2}$$

$$\int_R x^i f(x)\,\mathrm{d}x = M_i, \ i = 1, 2, \cdots, m \tag{7-3}$$

式中，S 为信息熵，$f(x)$ 为测树因子的概率密度函数，m 为所用矩的阶数，M_i 为第 i 阶原点矩，其值可用样本确定，R 为积分区间。

通过调整 $f(x)$ 使其熵达到最大，设 $\overline{S}$ 为拉格朗日函数，$\lambda_0, \lambda_1, \cdots, \lambda_m$ 为拉格朗日乘子，则：

$$\overline{S} = S + (\lambda_0 + 1)\left[\int_R f(x)\mathrm{d}x - 1\right] + \sum_{i=1}^m \lambda_i \left[\int_R x^i f(x)\mathrm{d}x - m_i\right] \tag{7-4}$$

令 $\mathrm{d}\overline{S}/\mathrm{d}f(x)$ 等于零，则：

$$-\int_R \left[\ln f(x) + 1\right]\mathrm{d}x - (\lambda_0 + 1)\int_R \mathrm{d}x - \sum_{i=1}^m \lambda_i \left(\int_R x^i \mathrm{d}x\right) = 0 \tag{7-5}$$

从式（7-5）可以解得

$$f(x) = \exp(\lambda_0 + \sum_{i=1}^{m} \lambda_i x^i) \tag{7-6}$$

式（7-6）就是最大熵原理推出的测树因子概率密度函数解析式（希德尔，1989；吴乃龙和袁素云，1991）。

7.1.2　多尺度概率分布模型构建

多尺度测树因子概率分布模型构建思路为：首先用最大熵原理推出测树因子概率分布模型，然后建立联合最大熵概率密度函数，该函数可以进行测树因子概率分布的多尺度转换。

为了得到多尺度测树因子概率分布模型，结合最大熵函数，提出如下模型：

$$f(x) = \sum_{i=1}^{n} \frac{m_i}{M} f_i(x_i) \qquad x_i \in [a_i, b_i] \tag{7-7}$$

式中，m_i 为第 i 个毛竹样地毛竹总株数，M 为研究尺度上所有毛竹样地的毛竹总株数，$f_i(x_i)$ 为第 i 个样地上的最大熵函数，n 为研究尺度上的毛竹样地数。

结合式（7-6）可知，式（7-7）就是一个联合最大熵概率密度模型，通过该模型既能研究每个样地毛竹测树因子分布规律，又能进行尺度的转换。然而，由于每个样地毛竹测树因子取值范围是不同的，而式（7-7）作为一个函数其定义域应该是统一的，为解决该问题，采用泛函分析的函数延拓定理（王声望和郑维行，2005）将式（7-7）中每个 $f_i(x_i)$（$i=1,2,\cdots,n$）的定义域延拓到区间 $[\min(a_i),$ $\max(b_i)]$（$i=1,2,\cdots,n$），经延拓后式（7-7）可改写为

$$f(x) = \sum_{i=1}^{n} \frac{m_i}{M} f_i(x) \qquad x \in [\min(a_i), \max(b_i)] \ (i=1,2,\cdots,m) \tag{7-8}$$

式中，如果 $f_i(x)$ 是某样地测树因子最大熵函数，n 为森林资源连续清查样地中属于某县的所有毛竹样地数，则 $f(x)$ 就是该县毛竹测树因子的概率密度函数；如果 $f_i(x)$ 是某县测树因子最大熵概率密度函数，m_i 为该县所有毛竹样地毛竹总株数，n 为某地（市）所含县的个数，M 为某地（市）所有毛竹样地毛竹总株数，则 $f(x)$ 就是该地（市）毛竹测树因子的概率密度函数；以此类推，利用联合最大熵概率密度函数的嵌套，可以得到某省、全国乃至全球毛竹测树因子概率密度函数，从而可以有效地进行多尺度自由转换。因此，式（7-8）可以作为多尺度毛竹测树因子概率分布模型。

7.1.3 二元概率分布模型

7.1.3.1 二元 Weibull 分布函数构建

二元 Weibull 生存函数（史道济等，2003；Shi and Zhou, 1999；Tawn, 1988）为

$$g(x_1, x_2) = P(X_1 \geqslant x_1, X_2 \geqslant x_2) = \exp\left\{-\left[\left(\frac{x_1 - a_1}{b_1}\right)^{c_1/r} + \left(\frac{x_2 - a_2}{b_2}\right)^{c_2/r}\right]^r\right\} \qquad (7\text{-}9)$$

从式（7-9）可以看出，随着 x_1、x_2 的增大，$g(x_1, x_2)$ 的值在减小，故 Weibull 生存函数能反映植物的生存概率。

现应用二元 Weibull 生存函数与图 7-1（G_1、G_2、G_3、G_4 为积分区域）对二元 Weibull 分布函数做如下推导。

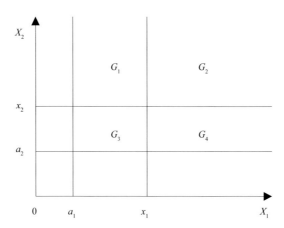

图 7-1　二元 Weibull 生存函数与分布函数积分区域示意图

设 x_1、x_2 定义域的下界分别为 a_1、a_2（如果 x_1、x_2 是测树因子，则 $a_1 > 0$，$a_2 > 0$），再设二元 Weibull 分布函数对应的概率密度函数为 $q(x_1, x_2)$，则生存函数可表示为

$$g(x_1, x_2) = P(X_1 \geqslant x_1, X_2 \geqslant x_2) = \iint_{G_2} q(x_1, x_2)\, \mathrm{d}x_1 \mathrm{d}x_2 \qquad (7\text{-}10)$$

则当 $x_1 \to a_1$，有

$$g(a_1, x_2) = \exp\left\{-\left(\frac{x_2 - a_2}{b_2}\right)^{c_2}\right\} \qquad (7\text{-}11)$$

当 $x_2 \to a_2$，有

$$g(x_1, a_2) = \exp\left\{-\left(\frac{x_1 - a_1}{b_1}\right)^{c_1}\right\} \tag{7-12}$$

因此，由二元 Weibull 生存函数并结合图 7-1 就有

$$\exp\left\{-\left(\frac{x_2 - a_2}{b_2}\right)^{c_2}\right\} = \int\limits_{x_2}^{+\infty}\int\limits_{a_1}^{+\infty} q(x_1, x_2)\, \mathrm{d}x_1 \mathrm{d}x_2 \tag{7-13}$$

$$\exp\left\{-\left(\frac{x_1 - a_1}{b_1}\right)^{c_1}\right\} = \int\limits_{x_1}^{+\infty}\int\limits_{a_2}^{+\infty} q(x_1, x_2)\, \mathrm{d}x_2 \mathrm{d}x_1 \tag{7-14}$$

二元 Weibull 分布函数为

$$\overline{g}(x_1, x_2) = P(X_1 \leq x_1, X_2 \leq x_2) = \iint\limits_{G_2} q(x_1, x_2)\, \mathrm{d}x_1 \mathrm{d}x_2 \tag{7-15}$$

而 $P(a_1 \leq X_1 < +\infty, a_2 \leq X_2 < +\infty) = 1$，故二元 Weibull 分布函数可表示为

$$\begin{aligned}
P(X_1 \leq x_1, X_2 \leq x_2) = \\
1 - \exp\left\{-\left(\frac{x_1 - a_1}{b_1}\right)^{c_1}\right\} - \exp\left\{-\left(\frac{x_2 - a_2}{b_2}\right)^{c_2}\right\} \\
+ \exp\left\{-\left[\left(\frac{x_1 - a_1}{b_1}\right)^{c_1/r} + \left(\frac{x_2 - a_2}{b_2}\right)^{c_2/r}\right]^r\right\}
\end{aligned} \tag{7-16}$$

式中，令 $x_1 \to \infty$，就得到 $P(X_2 \leq x_2) = 1 - \exp\left\{-\left(\frac{x_2 - a_2}{b_2}\right)^{c_2}\right\}$，令 $x_2 \to \infty$，就得到 $P(X_1 \leq x_1) = 1 - \exp\left\{-\left(\frac{x_1 - a_1}{b_1}\right)^{c_1}\right\}$，可以发现 $P(X_2 \leq x_2)$，$P(X_1 \leq x_1)$ 都是一元 Weibull 分布，这就说明二元 Weibull 分布的边际分布是一元 Weibull 分布。

7.1.3.2　二元最大熵概率分布函数构建

先介绍有关概念。

（1）随机变量 x_1, x_2 的联合分布混合矩 m_{rs}，如式（7-17）：

$$m_{rs} = E(x_1^r x_2^s) = \iint\limits_{R_1 R_2} x_1^r x_2^s f(x_1, x_2)\, \mathrm{d}x_1 \mathrm{d}x_2 \tag{7-17}$$

（2）随机变量 x_1，x_2 的联合分布熵函数 $S(x_1, x_2)$，如式（7-18）：

$$S(x_1, x_2) = -\iint_G f(x_1, x_2) \ln\left[f(x_1, x_2)\right] dx_1 dx_2 \qquad (7\text{-}18)$$

（3）随机变量 x_1 的连续型熵函数 $S(x_1)$，如式（7-19）：

$$S(x_1) = -\int_{R_1} p(x_1) \ln\left[p(x_1)\right] dx_1 \qquad (7\text{-}19)$$

（4）与其类似，可定义随机变量 x_2 的连续型熵函数 $S(x_2)$，如式（7-20）：

$$S(x_2) = -\int_{R_2} q(x_2) \ln\left[q(x_2)\right] dx_2 \qquad (7\text{-}20)$$

（5）在试验 x_1 实现条件下的试验 x_2 的条件熵函数 $S_{x_1}(x_2)$，如式（7-21）：

$$S_{x_1}(x_2) = -\iint_G f(x_1, x_2) \ln\left[\frac{f(x_1, x_2)}{p(x_1)}\right] dx_1 dx_2 \qquad (7\text{-}21)$$

定理：

$$S(x_1, x_2) = \frac{S(x_1) + S_{x_1}(x_2) + S(x_2) + S_{x_2}(x_1)}{2} \qquad (7\text{-}22)$$

利用以上的概念与定理，仿照一元最大熵函数的构建思路（朱坚民等，2005），推导连续型随机变量的二元最大熵函数。

$$S(x_1, x_2) = -\iint_G f(x_1, x_2) \ln\left[f(x_1, x_2)\right] dx_1 dx_2 \to \max \qquad (7\text{-}23)$$

约束条件为

$$\begin{cases} \iint_G f(x_1, x_2) \, dx_1 dx_2 = 1 \\ m_{rs} = E(x_1^r x_2^s) = \iint_{R_1 R_2} x_1^r x_2^s f(x_1, x_2) \, dx_1 dx_2 \ (r = 1, 2, \cdots, m; \ s = 1, 2, \cdots, n) \end{cases} \qquad (7\text{-}24)$$

通过调整 $f(x_1, x_2)$，使其熵达到最大，设 $\overline{S}$ 为拉格朗日函数，其余为拉格朗日乘子，则：

$$\begin{aligned} \overline{S} = {} & S(x_1, x_2) + (\lambda_0 + 1)\left[\iint_G f(x_1, x_2) \, dx_1 dx_2 - 1\right] \\ & + \sum_{i=1}^{m} \sum_{j=1}^{n} \lambda_{ij}\left[\iint_{R_1 R_2} x_1^i x_2^j f(x_1, x_2) \, dx_1 dx_2 - M_{ij}\right] \end{aligned} \qquad (7\text{-}25)$$

式（7-25）中的 $S(x_1, x_2)$ 用式（7-22）替代，得

$$\overline{S} = \frac{1}{2}\left\{-\int_{R_1} p(x_1)\ln\left[p(x_1)\right]dx_1 - \int_{R_2} q(x_2)\ln\left[q(x_2)\right]dx_2 -\right.$$

$$\iint_G f(x_1,x_2)\ln\left[\frac{f(x_1,x_2)}{p(x_1)}\right]dx_1dx_2 - \iint_G f(x_1,x_2)\ln\left[\frac{f(x_1,x_2)}{q(x_2)}\right]dx_1dx_2\right\} +$$

$$\left(\lambda_0+1\right)\left[\iint_G f(x_1,x_2)\,dx_1dx_2 - 1\right] + \sum_{i=1}^m\sum_{j=1}^n \lambda_{ij}\left[\iint_{R_1R_2} x_1^i x_2^j f(x_1,x_2)\,dx_1dx_2 - M_{ij}\right]$$

令 $d\overline{S}/df(x_1,x_2)$ 等于 0，求得

$$-\frac{1}{2}\left(\iint_G \{1+\ln[f(x_1,x_2)] - \ln p(x_1)\}dx_1dx_2 +\right.$$

$$\iint_G \{1+\ln[f(x_1,x_2)] - \ln q(x_2)\}dx_1dx_2 +$$

$$(\lambda_0+1)\iint_G dx_1dx_2 + \sum_{i=1}^m\sum_{j=1}^n \lambda_{ij}\int_{R_1}\int_{R_2} x_1^i x_2^j dx_1dx_2 = 0$$

$$\Rightarrow \iint_G\left[-\ln f(x_1,x_2) + \frac{1}{2}\ln p(x_1) + \frac{1}{2}\ln q(x_2) + \lambda_0 + \sum_{i=1}^m\sum_{j=1}^n \lambda_{ij}\, x_1^i x_2^j\right]dx_1dx_2 = 0$$

$$\Rightarrow -\ln f(x_1,x_2) + \frac{1}{2}\ln p(x_1) + \frac{1}{2}\ln q(x_2) + \lambda_0 + \sum_{i=1}^m\sum_{j=1}^n \lambda_{ij}\, x_1^i x_2^j = 0 \qquad (7\text{-}26)$$

$$\Rightarrow \ln f(x_1,x_2) = \frac{1}{2}\ln p(x_1) + \frac{1}{2}\ln q(x_2) + \lambda_0 + \sum_{i=1}^m\sum_{j=1}^n \lambda_{ij}\, x_1^i x_2^j$$

在式（7-26）中，如果 $p(x_1)$、$q(x_2)$ 分别用 x_1、x_2 一元最大熵函数的统一表达式（7-6），即 $f(x) = \exp(\lambda_0 + \sum_{i=1}^m \lambda_i x^i)$ 替代，得式（7-27）：

$$f(x_1,x_2) = \exp\left(a_0 + \sum_{i=1}^{m_1} b_i x_1^i + \sum_{j=1}^{n_1} c_j x_2^j + \sum_{i=1}^m\sum_{j=1}^n \lambda_{ji}\, x_1^i x_2^j\right) \qquad (7\text{-}27)$$

因此，式（7-27）就是我们提出的二元最大熵函数。该函数的表达式符合指数族分布，因此可以把它看作二元多参数指数族分布。从式（7-27）还可以看出，二元最大熵函数的指数幂是二维连续函数空间基 $\{1, x_1, x_1^2, \cdots, x_1^{m_1}, \cdots, x_2, x_2^2, \cdots, x_2^{n_1}, \cdots, x_1^1 x_2^1, \cdots, x_1^m x_2^n, \cdots\}$（当 x_1 的阶矩取至 m_1，x_2

的阶矩取至 n_1，x_1 与 x_2 的混合矩取至 m，n 时，可达到精度要求）的线性组合，这与一元最大熵函数类似。以此类推可以得到二元以上最大熵函数，它可以作为两个以上测树因子的概率密度函数。

7.1.3.3　二元 S_{BB} 函数

在已有的二元分布函数中，用二元 S_{BB} 函数研究测树因子二元概率分布规律的报道最多（Hafley and Schreuder, 1976；Schreuder and Hafley, 1977），其函数表达式如下：

$$p\left(z_1,z_2,\rho\right)=\left(2\pi\sqrt{1-\rho^2}\right)^{-1}\exp\left\{-\frac{1}{2}\left(1-\rho^2\right)^{-1}\left(z_1^2-2\rho z_1 z_2+z_2^2\right)\right\} \quad （7-28）$$

式中：

$$z_1=\gamma_1+\delta_1\ln\{y_1/(1-y_1)\},z_2=\gamma_2+\delta_2\ln\{y_2/(1-y_2)\} \quad （7-29）$$

$$y_1=(D-\xi_1)/\lambda_1,y_2=(A-\xi_2)/\lambda_2 \quad （7-30）$$

在式（7-28）中，ρ 是 z_1、z_2 的相关系数；式（7-29）、式（7-30）中，γ_1、γ_2、δ_1、δ_2、ξ_1、ξ_2、λ_1、λ_2 都是系数，D、A 分别是胸径与年龄。

在用二元 S_{BB} 函数测量测树因子二元概率分布信息时，如果这 9 个系数的初值选取不当，迭代很难收敛，在此对已有二元 S_{BB} 函数参数初值选取方法做一介绍：

ξ_1，ξ_2 的初值一般在 [0，4.5]，$\xi_1+\lambda_1$ 和 $\xi_2+\lambda_2$ 的取值分别要大于 $\max(D_j)(j=1,2,\cdots,n)$ 与 $\max(A_j)(j=1,2,\cdots,n)$（Schreuder and Hafley, 1977）。

$$\gamma_i=-\tilde{f_i}/s_i,\delta_i=1/s_i,\tilde{f_i}=\sum_{j=1}^{n}f_{ij}/n,s_i^2=1\Big/\Big[n\sum_{j=1}^{n}\left(f_{ij}-\tilde{f_i}\right)^2\Big]$$

$$f_{ij}=\ln\{y_{ij}/(1-y_{ij})\},y_{ij}=(x_{ij}-\xi_i)/\lambda_i$$

式中，$x_{1j}=D_j$，$x_{2j}=A_j$，以上各式中 $i=1,2;j=1,2,\cdots,n$。

7.1.3.4　二元 Beta 函数

二元 Beta 函数有五参数形式与三参数形式两种。五参数二元 Beta 分布密度函数为

$$f(x_1,x_2)=[\prod_{j=1}^{2}g(x_j,\alpha_j,\beta_j)]\{1+\lambda\prod_{j=1}^{2}[2G(x_j,\alpha_j,\beta_j)-1]\},|\lambda|\leqslant 1 \quad （7-31）$$

式中，$g(x_j, \alpha_j, \beta_j) = \dfrac{1}{B(\alpha_j, \beta_j)} x_j^{\alpha_j - 1} (1 - x_j)^{\beta_j - 1}$，其中 $\alpha_j, \beta_j > 0, 0 < x_j < 1$。

三参数二元 Beta 分布密度函数为

$$f(x_1, x_2) = \frac{\Gamma(\alpha_1 + \alpha_2 + \alpha_3)}{\Gamma(\alpha_1)\Gamma(\alpha_2)\Gamma(\alpha_3)} x_1^{\alpha_1 - 1} x_2^{\alpha_2 - 1} (1 - x_1 - x_2)^{\alpha_3 - 1}, \; x_1, x_2 \geqslant 0, x_1 + x_2 \leqslant 1 \quad （7\text{-}32）$$

从以上两个 Beta 函数的表达式可看出其自变量的定义域为 0～1，而树种测树因子的取值不完全在其自变量的取值范围内，因此需要先进行变量的区间变换。经多次尝试，选取如下变换公式：$\tilde{D} = (16 - D) / 68, \tilde{A} = (6 - A) / 25$，$D$、$A$ 分别是胸径与年龄。

7.2 毛竹单株生物量模型构建

常用的胸径（D）和树高（H）材积方程 $M = c_0 D^{c_3} H^{c_4}$ 可以作为单株估计生物量模型的参考模型。毛竹林为完全异龄林，胸径、年龄（毛竹林年龄用度表示，1 年生竹记为 1 度竹；2～3 年生竹记为 2 度竹，以此类推）非常容易测量，而毛竹 50 多天完成高生长，此后竹高除人为进行钩梢外，不会发生变化。因此，对于毛竹，可将材积方程中的 H 因子去掉，而用年龄代替，另外毛竹林生物量积累主要在快速生长期完成（参见第二章），之后的时间里主要是完成竹竿的木质化过程，该过程毛竹生物量的累积量也会发生变化。毛竹林是异龄林，所以，林分生物量模型中必须有反映年龄的变量，为了后续推导林分生物量模型的需要，在单株生物量模型中须把年龄设置为自变量，这样就可以构建出毛竹二元胸径年龄生物量模型，即：

$$f(D, A) = c_0 D^{c_1} \left(\frac{c_2 A}{c_3 + A} \right)^{c_4} + c_5 \quad （7\text{-}33）$$

式中，$f(D, A)$ 为生物量，A 为年龄，D 为胸径，c_0、c_1、c_2、c_3、c_4、c_5 为参数。

7.3 耦合测树因子概率分布模型的生物量多尺度估算

对某研究区，在得到单株生物量的基础上，可以认为某区域的毛竹总生物

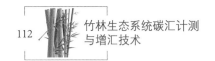

量等于该区域所有毛竹单株生物量之和，即：

$$M_{Total} = \sum_{i=5}^{m} \sum_{i=1}^{n} k_{ij} f(D_i, A_j)$$ （7-34）

式中，$f(D_i, A_j)$ 为第 i 径阶、第 j 龄阶的毛竹生物量，M_{Total} 为某区域的总生物量，m 为毛竹最大径阶值，n 为毛竹最大龄阶值，k_{ij} 为第 i 径阶、第 j 龄阶的毛竹株数。

结合毛竹测树因子多尺度概率模型构建理论，通过二元概率模型可以模拟各径阶、龄阶的概率分布，从而在知道该研究区毛竹总株数的情况下，估算得到各径阶、龄阶的毛竹株数，再通过式（7-34）计算出该尺度的毛竹总生物量。从这一计算过程可以看出，式（7-34）可以对林分、县域、省域乃至国家等任意尺度的毛竹林生物量进行估算。因此，测树因子概率分布模型耦合单株生物量模型，可以实现任意尺度毛竹林生物量估算。

7.4 资料来源

7.4.1 测树因子概率分布资料

浙江省于 1979 年建立了森林资源连续清查体系，以 5 年为一个复查周期。共设置固定样地 4250 个，样点格网为 4 km×6 km，样地形状为正方形，边长 28.28 m，面积 800 m²。本研究利用 2004 年的调查数据，其中毛竹纯林的样地 245 个，毛竹样地毛竹胸径区间为 5 ～ 15 cm、年龄区间为 1 ～ 4 度以上，样地毛竹株数在 18 ～ 461 株不等。样地记录了胸径在 5 cm 以上毛竹的胸径、年龄等。因为研究的是全省区域的宏观模型，所以我们将 245 个样地的数据合并统计到一个表上，见表 7-1。表中密度值为某径阶、某龄阶的毛竹株数，分布值为从起始径阶、起始龄阶到某径阶、某龄阶的毛竹株数累积值。

表 7-1 浙江省毛竹林胸径、年龄样地统计数据

径阶	龄阶							
	1		2		3		4 及以上	
	株数	累积株数	株数	累积株数	株数	累积株数	株数	累积株数
5	1 255	1 255	1 093	2 348	387	2 735	128	2 863
6	1 497	2 752	1 357	5 202	505	6 094	170	6 392
7	2 096	4 848	1 844	9 142	738	10 772	306	11 376
8	2 169	7 017	2 048	13 359	882	15 871	402	16 877

续表

径阶	龄阶								
	1		2		3		4 及以上	
	株数	累积株数	株数	累积株数	株数	累积株数	株数	累积株数
9	2 188	9 205	1 867	17 414	775	20 701	462	22 169
10	1 497	10 702	1 396	20 307	598	24 192	398	26 058
11	762	11 464	765	21 834	331	26 050	268	28 184
12	344	11 808	394	22 572	159	26 947	148	29 229
13	97	11 905	131	22 800	75	27 250	65	29 597
14	121	12 026	129	23 050	52	27 552	32	29 931
15	3	12 029	11	23 064	2	27 568	4	29 951

注：由于在浙江省的毛竹林分中，几乎没有年龄为 5 度及 5 度以上的毛竹，因此把 5 度及 5 度以上的毛竹合并到 4 度竹中。在实际计算时，4 度及以上毛竹的度数龄阶用 4 表示

7.4.2 单株生物量模型构建资料

样地样木调查分为野外采样和室内分析两个阶段。野外采样于 2005 年 11 月至 2006 年 2、3 月，分别在浙江省临安市和安吉县的毛竹林中进行。采用典型选样方法，依据年龄和胸径两个因子，对各径阶和各龄阶的竹株进行连续取样，对每个龄阶（1～6 度）和径阶（5～16 cm）的毛竹各取 1 株，共取得样木 97 株。连蔸挖起，分别测定叶、枝、秆、蔸鲜质量，并分别获取毛竹叶、枝、秆、蔸样品 0.5 kg 左右（毛竹叶全部采下后混匀，采用四分法取样；毛竹枝条上、中、下分别取两个枝作为样品；毛竹秆取样从梢部到底部劈开，取其中一细条作为样品；毛竹蔸取样采用四分法），准确测定样品鲜重后带回实验室，将样品在 105℃杀青 30 min，再 70℃烘干 24 h 以上，测定干重，计算干物质系数，从而得到毛竹各器官生物量（干重）。

7.5 结果与分析

7.5.1 测树因子概率分布函数

7.5.1.1 一元最大熵概率分布函数

最大熵函数具有统一的结构形式，适用性广，而 Weibull 分布由于灵活性大、

适应性强且积分形式简单，故用最大熵概率分布函数与 Weibull 分布函数分别对表 7-1 所示毛竹各径阶的株数进行拟合，最大熵函数采用 1～5 阶样本矩模拟。最大熵函数与 Weibull 概率密度函数的参数与评价指标如下。

非线性最小二乘拟合一元最大熵函数参数：

$(\lambda_0, \lambda_1, \lambda_2, \lambda_3, \lambda_4, \lambda_5)$ = (8.1055, −6.4730, 1.4139, −0.1318, 0.005 21, 0.000 07)，离差平方和为 2.0201×10^{-4}，R^2=0.9910。

非线性最小二乘拟合 Weibull 概率密度函数参数 (a, b, c) = (0.9575, 7.7548, 3.6968)，离差平方和为 $6.723\ 42\times10^{-4}$，R^2=0.9806。为了更直观地比较最大熵函数与 Weibull 概率密度函数的拟合精度，作图 7-2。

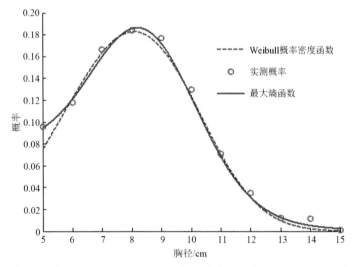

图 7-2 最大熵函数曲线、Weibull 概率密度函数曲线与实测数据对比

从图 7-2 可见，一元最大熵函数与一元 Weibull 概率密度函数对省域尺度毛竹胸径分布信息的测量精度都非常高，但较高样本矩的最大熵函数精度更高，主要是由于最大熵函数可以逼近 Weibull 概率密度函数且有更广的适应性，事实上最大熵函数 $f(x) = \exp(\lambda_0 + \sum_{i=1}^{m} \lambda_i x^i)$ 可以写成两组一维连续函数空间基函数的线性组合形式 $(a_0 + \sum_{i=1}^{m} a_i x^i)\exp(c_0 + \sum_{i=1}^{m} c_i x^i)$，而 Weibull 概率密度函数的 $\frac{c}{x-a}\left(\frac{x-a}{b}\right)^c$ 与 $e^{-\left(\frac{x-a}{b}\right)^c}$ 则分别是 $a_0 + \sum_{i=1}^{m} a_i x^i$ 与 $\exp(c_0 + \sum_{i=1}^{m} c_i x^i)$ 的其中一个元素，故一元最大熵函数有更广的适应性，再由函数逼近论知，一元最大熵函数可以逼近一元 Weibull 概率密度函数。

7.5.1.2　多尺度最大熵概率分布函数

1）最大熵函数与 Weibull 分布的对比分析

4250 个样地中属于安吉的毛竹样地数为 22 个，以 22 个样地中的第 3、第 19 个毛竹样地为例进行分析。应用非线性最小二乘拟合 Weibull 分布参数，见表7-2。

表 7-2　毛竹样地 Weibull 分布各参数及评价指标

样地号	a	b	c	离差平方和	R^2
3	2.5874	4.6943	2.8260	0.0052	0.8980
19	0.6033	8.5937	4.6912	0.0007	0.9750

最大熵函数采用 6 阶矩拟合效果最好，非线性最小二乘拟合参数见表 7-3。

表 7-3　各毛竹样地最大熵函数参数及评价指标

样地号	λ_0	λ_1	λ_2	λ_3	λ_4	λ_5	λ_6	离差平方和	R^2
3	1139.1696	−896.0055	288.5020	−48.8224	4.5874	−0.2272	0.0046	0.0000	0.9940
19	−298.1184	237.0722	−78.0826	13.4692	−1.2805	0.0636	−0.0013	0.0000	0.9987

为了更直观地分析说明，对样地 3 和样地 19 分别作实测数据、Weibull 分布与最大熵函数的对比图，见图 7-3 与图 7-4。

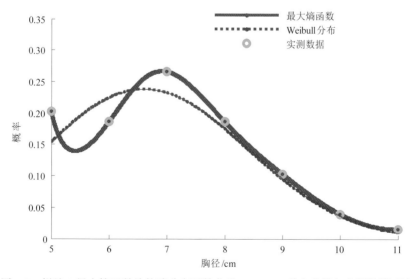

图 7-3　样地 3 最大熵函数法构建分布函数曲线、Weibull 分布曲线与实测数据对比

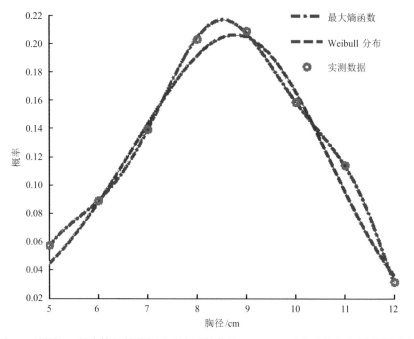

图 7-4　样地 19 最大熵函数法构建分布函数曲线，Weibull 分布曲线与实测数据对比

从图 7-3 可以看出：最大熵函数法构建的模型与实测数据几乎完全吻合，仿真结果要比 Weibull 分布好得多（不管 Weibull 分布能否通过假设检验，如果通过假设检验则说明 Weibull 分布作为样地 3 的概率密度函数，对其信息的测量误差很大，如果通不过假设检验则说明 Weibull 分布的适应性有限）主要是由于最大熵函数比 Weibull 概率密度函数有更广的适应性。

从图 7-4 可以看出，最大熵方法与 Weibull 分布对样地 19 的模拟结果相差不大，这主要是由于最大熵函数法构建的模型其指数幂是多项式，可以逼近 Weibull 概率密度函数。

2）基于多尺度函数的安吉毛竹胸径概率分布

对安吉的 22 个毛竹样地分别用最大熵概率密度函数模拟，函数各参数及评价指标见表 7-4。因为有的样地样本个数小于参数个数，所以选用偏最小二乘拟合方法（王惠文，2006）。从表 7-4 可以看出，每一个样地用最大熵函数拟合的结果都很好，除样地 7 与 9 用 1～4 阶矩拟合效果好外，其余的样地用 1～6 阶矩拟合效果好。

表 7-4　各毛竹样地最大熵函数参数及评价指标

样地号	λ_0	λ_1	λ_2	λ_3
1	−626.7665	473.1052	−147.3212	24.1204
2	−2973.9384	2361.9395	−773.5345	133.5958
3	1139.1696	−896.0055	288.5020	−48.8224
4	−148.9882	95.6869	−21.4817	1.5756
5	44.0928	−16.6294	0.5738	0.2751
6	197.0206	−127.1701	26.8943	−1.7002
7	41.3690	−30.8620	7.8815	−0.8394
8	1469.2685	−1128.8590	352.6488	−57.5744
9	69.0867	−34.0452	5.7095	−0.4001
10	643.1739	−482.4410	147.0028	−23.4196
11	−242.8745	216.4693	−81.1948	15.9730
12	1336.0835	−1067.4291	347.9119	−59.3369
13	160.4788	−139.1410	46.4313	−7.9334
14	−248.5675	166.0876	−41.1963	4.1737
15	−7.8352	0.9370	0.5687	−0.2185
16	2405.4119	−1943.5486	642.2926	−111.3339
17	−692.4950	552.4149	−181.6409	31.2940
18	197.8653	−128.0217	30.6968	−3.2810
19	−298.1184	237.0722	−78.0826	13.4692
20	−3761.4385	1991.9032	−369.7648	21.9945
21	−2.3610	−0.1128	0.0288	0.0032
22	1230.4464	−940.3309	291.2121	−46.9886

样地号	λ_4	λ_5	λ_6	离差平方和	R^2
1	−2.1876	0.1042	−0.0020	0.0008	0.9872
2	−12.8309	0.6498	−0.0136	0.0000	0.9931
3	4.5874	−0.2272	0.0046	0.0000	0.9940
4	0.0892	−0.0182	0.0007	0.0000	0.9972
5	0.0068	−0.0069	0.0004	0.0000	0.9993
6	−0.1303	0.0212	−0.0007	0.0000	0.9990
7	0.0315			0.0003	0.9880

续表

样地号	λ_4	λ_5	λ_6	离差平方和	R^2
8	5.1909	−0.2454	0.0048	0.0017	0.9475
9	0.0099			0.0022	0.9301
10	2.0630	−0.0954	0.0018	0.0002	0.9889
11	−1.7234	0.0965	−0.0022	0.0000	0.9984
12	5.5893	−0.2759	0.0056	0.0019	0.9365
13	0.7394	−0.0358	0.0007	0.0007	0.9886
14	−0.0489	−0.0190	0.0009	0.0000	0.9995
15	0.0311	−0.0020	0.0000	0.0064	0.9163
16	10.6896	−0.5397	0.0112	0.0000	0.9992
17	−2.9742	0.1479	−0.0030	0.0076	0.9054
18	0.1270	0.0022	−0.0002	0.0000	0.9965
19	−1.2805	0.0636	−0.0013	0.0000	0.9987
20	1.3056	−0.2120	0.0070	0.0000	0.9938
21	0.0003	0.0000	0.0000	0.0000	0.9966
22	4.1759	−0.1941	0.0037	0.0000	0.9974

　　为了说明问题的方便，这里只绘出了几种典型且具有代表性的毛竹样地胸径分布曲线，见图 7-5。从图 7-5 可以看出，毛竹样地胸径具有各种各样的概率分布形式，用常用的单一概率分布函数确实很难描述每个样地毛竹胸径分布规律，而最大熵函数由于指数幂是多项式，因此具有统一的函数解析式，使用范围比常用的任意概率分布函数都广。

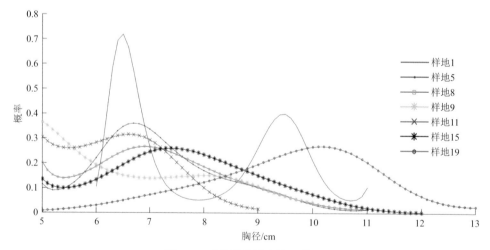

图 7-5　毛竹样地最大熵函数曲线

根据表 7-4 参数应用式（7-8）计算安吉县毛竹各胸径理论概率，见表 7-5；绘制式（7-8）函数曲线，见图 7-6。

表 7-5　安吉县毛竹各胸径理论概率

胸径	概率
5	0.105 20
6	0.162 20
7	0.207 50
8	0.203 70
9	0.158 70
10	0.098 10
11	0.046 20
12	0.015 20
13	0.002 80
14	0.000 40
15	0.000 02

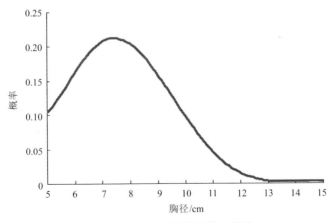

图 7-6　安吉县毛竹胸径分布曲线

表 7-5 的数值与图 7-6 的曲线都是建立在 22 个毛竹样地基础上的，表 7-5 最大限度地综合了每个毛竹样地胸径分布信息，并且把每个样地内毛竹最小胸径与最大胸径之间缺失的胸径信息以人为主观添加信息最小的方式加以补充（如样地 13 毛竹最小胸径为 5 cm，最大为 13 cm，而该样地内没有 8 cm 胸径的毛竹）。图 7-6 也具有类似的特点。

3）二元概率分布函数参数及评价

一般来说，胸径 x_1、年龄 x_2 阶数的取值范围为 $2 \leqslant x_1, x_2 \leqslant 6$，经多次尝试可知，当胸径 x_1 取至 5 阶矩与年龄 x_2 取至 4 阶矩时，非线性最小二乘算法的拟合精度最高，此时拟合得到的二元最大熵函数各参数见表 7-6。此时毛竹估计株数为 29 577（实际株数为 29 951），离差平方和为 $9.976\,77 \times 10^{-5}$，$R^2=0.9960$，精度很高。

从表 7-6 可以看出，30 号变量 λ_{54} 的系数几乎为 0，说明在用最大熵测量毛竹胸径、年龄分布概率时，对应变量 $x_1^5 x_2^4$ 提供信息较其他变量相对较少。

表 7-6 最大熵函数各参数

参数	参数值	参数	参数值	参数	参数值
a_0	−41.801 54	λ_{11}	27.110 42	λ_{33}	−0.253 21
b_1	−46.957 59	λ_{12}	52.653 36	λ_{34}	0.108 88
b_2	36.608 69	λ_{13}	−41.707 23	λ_{41}	−0.490 11
b_3	−3.838 70	λ_{14}	6.881 65	λ_{42}	0.211 39
b_4	0.290 84	λ_{21}	−59.053 49	λ_{43}	−0.011 14
b_5	−0.006 89	λ_{22}	23.396 00	λ_{44}	−0.003 90
c_1	191.526 56	λ_{23}	0.011 72	λ_{51}	0.011 72
c_2	−245.048 12	λ_{24}	−0.682 29	λ_{52}	−0.005 10
c_3	111.201 90	λ_{31}	5.977 31	λ_{53}	0.000 30
c_4	−15.316 25	λ_{32}	−1.987 83	λ_{54}	0.000 09

利用表 7-1 的分布值计算某径阶、某龄阶实测概率的累积值。非线性最小二乘拟合二元 Weibull 分布各参数为 $(a_1, b_1, c_1, a_2, b_2, c_2, r)=$（1.771 21, 651 622, 3.215 56, 0.115 95, 1.436 43, 1.366 03, 0.994 67），此时毛竹估计株数为 29 338（实际株数为 29 951），离差平方和为 2.3642×10^{-4}，$R^2=0.990\,11$。

利用表 7-1 密度值计算某径阶、某龄阶实测概率。非线性最小二乘算法拟合二元 S_{BB} 函数各参数为 $(\rho, \gamma_1, \gamma_2, \delta_1, \delta_2, \xi_1, \xi_2, \lambda_1, \lambda_2)=$（−0.433 36, 0.717 76, 0.489 39, 2.288 50, 0.883 01, 0.991 51, −1.563 97, 15.460 38, 6.609 77），此时回归离差平方和为 0.000 84，$R^2=0.964\,00$，柯尔莫哥洛夫检验统计量 $1-Q(\lambda)=0.979\,98$，是个很大的概率，故二元 S_{BB} 函数适合于描述浙江毛竹胸径、年龄分布规律。

利用表 7-1 密度值计算某径阶、某龄阶实测概率。非线性最小二乘算法拟合五参数二元 Beta 函数各参数为 $(\alpha_1, \alpha_2, \beta_1, \beta_2, \lambda)$（1.882 61, 6.061 89, 0.562 85, 48.801 58, −0.803 45），此时回归离差平方和为 0.006 91，$R^2=0.701$，柯尔莫哥洛夫检验统计量 $1-Q(\lambda)=0.776\,36$。

拟合三参数二元 Beta 密度函数参数为 $(\alpha_1, \alpha_2, \alpha_3) = (1.828\,83, 2.577\,62, 0.248\,77)$，此时回归离差平方和为 $0.007\,26$，$R^2=0.687$。从这里可以看出，两种二元 Beta 函数的测量精度相差不大。

从回归离差平方和与 R^2 可以看出，二元 S_{BB} 函数测量精度很高，能精确描述浙江毛竹胸径、年龄联合分布规律。原因在于二元 S_{BB} 函数具有严格的概率模型性质，其边际分布是一元 S_B 分布（Hafley and Schreuder, 1977；Schreuder and Hafley, 1976），而一元 S_B 分布能非常精确地描述一个测树因子概率分布规律（Hafley and Schreuder, 1977）。S_{BB} 函数还具有其他二元函数不具有的优点，即可以说明两个随机变量的相关性与独立性，这一特点可由参数 ρ 反映。从 ρ 的值可以看出，浙江毛竹胸径与年龄的相关性不大，同时也说明毛竹胸径、年龄分布不属于两个相互独立随机变量的联合分布。故有关两个相互独立随机变量联合分布的性质不适用于研究毛竹胸径、年龄分布。

相对而言，二元 Beta 函数测量精度较低，故该模型很少被用于研究测树因子的联合概率分布规律。估计精度低的原因是：①二元 Beta 函数初值选取不像二元 S_{BB} 函数那样形成了一套固定的理论；②目前有关测树因子二元 Beta 函数初值给定的例子很少见报道，故本研究对二元 Beta 函数初值的选取完全是盲目的，因此得出的参数可能不是全局最优解；③在应用二元 Beta 函数时，须先进行变量的区间变换，但到底哪个变换公式最合理，还未见报道，本研究的变换公式只是经多次尝试后确定的，带有很大的主观随意性。

（A）测树因子二元最大熵函数分析

由于二元最大熵函数指数幂的组成很有规律，在此根据表 7-6 参数绘制省域尺度毛竹胸径、年龄二元最大熵概率密度图，如图 7-7 所示。

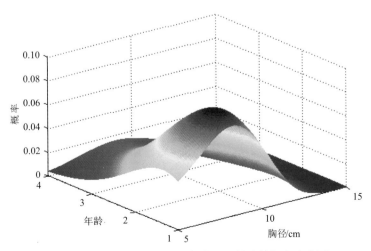

图 7-7　省域尺度毛竹胸径、年龄二元最大熵概率密度图

从图 7-7 可以看出，虽然对单株毛竹而言，其胸径、年龄的相关性不大，但由于立地条件等原因，省域尺度毛竹胸径、年龄具有某种分布规律。图 7-8 可以更直观地反映二元最大熵函数的测量精度。

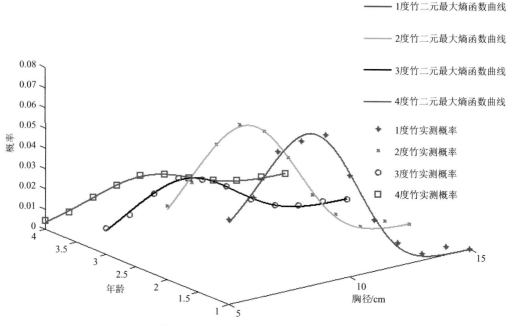

图 7-8　毛竹胸径、年龄在每一度上的二元最大熵函数曲线

从图 7-8 可以看出，二元最大熵函数对浙江省域尺度毛竹胸径、年龄分布信息的测量精度非常高。

（B）测树因子二元最大熵函数与二元 Weibull 分布函数对比分析

为了便于比较分析，把实测概率、二元最大熵函数估计结果与二元 Weibull 分布估计结果（密度值）放在一起，见表 7-7。

二元 Weibull 函数是分布函数而不是概率密度函数，因此需要先计算各径阶、各龄阶实测概率的累积值才能采用二元 Weibull 分布模型，其计算结果也是累积概率，故要做相应的减法运算才能得到各径阶、各龄阶的概率。而最大熵模型已经是概率密度函数，可以直接使用各径阶、各龄阶的实测概率。

表 7-7 实测概率、二元最大熵函数估计概率与二元 Weibull 分布估计概率

径阶/cm	龄阶											
	1			2			3			≥4		
	实际值	最大熵拟合值	Weibull拟合值	实际值	最大熵拟合值	Weibull拟合值	实际值	最大熵拟合值	Weibull拟合值	实际值	最大熵拟合值	Weibull拟合值
5	0.041 90	0.040 57	0.039 13	0.036 49	0.034 67	0.037 60	0.012 92	0.011 79	0.016 08	0.004 27	0.003 56	0.005 00
6	0.049 98	0.053 15	0.049 11	0.045 31	0.048 27	0.043 67	0.016 86	0.018 37	0.019 24	0.005 68	0.006 43	0.006 59
7	0.069 98	0.066 83	0.068 43	0.061 57	0.060 97	0.060 70	0.024 64	0.024 78	0.026 79	0.010 22	0.010 12	0.009 20
8	0.072 42	0.075 14	0.077 04	0.068 38	0.067 26	0.068 28	0.029 45	0.028 22	0.030 22	0.013 42	0.013 55	0.010 38
9	0.073 05	0.070 39	0.070 24	0.062 34	0.062 34	0.062 41	0.025 88	0.026 43	0.027 68	0.015 43	0.015 00	0.009 54
10	0.049 98	0.051 19	0.051 24	0.046 61	0.046 72	0.045 88	0.019 97	0.019 85	0.020 40	0.013 29	0.013 35	0.007 03
11	0.025 44	0.026 92	0.029 31	0.025 54	0.027 24	0.026 65	0.011 05	0.011 65	0.011 88	0.008 95	0.009 30	0.004 11
12	0.011 49	0.009 54	0.012 83	0.013 15	0.011 89	0.011 97	0.005 31	0.005 21	0.005 35	0.004 94	0.004 94	0.001 84
13	0.003 24	0.002 12	0.004 17	0.004 37	0.003 74	0.004 06	0.002 50	0.001 73	0.001 81	0.002 17	0.001 94	0.000 63
14	0.004 04	0.000 28	0.000 98	0.004 31	0.000 81	0.001 00	0.001 74	0.000 42	0.000 46	0.001 07	0.000 55	0.000 15
15	0.000 10	0.000 02	0.000 16	0.000 37	0.000 12	0.000 18	0.000 07	0.000 07	0.000 08	0.000 13	0.000 11	0.000 03

从二元 Weibull 分布的表达式可以看出，通过求二阶偏导得到的其概率密度函数相当复杂。从与 Weibull 分布函数评价检验指标（回归离差平方和 2.3642×10^{-4}，$R^2 = 0.990\ 11$，柯尔莫哥洛夫检验统计量 0.996 97）的对比可以看出，两种方法拟合结果都非常好，二元最大熵函数拟合结果比二元 Weibull 分布略好，主要是由于二元最大熵函数有更广的适应性且可以逼近二元 Weibull 概率密度函数，这从以下分析可以得出。现用函数逼近理论对二元最大熵函数的性质做如下推导：

$$n_0 + \sum_{i=1}^{m_1} u_i x_1^i + \sum_{j=1}^{n_1} g_j x_2^j + \sum_{i=1}^{m} \sum_{j=1}^{n} h_{ij} x_1^i x_2^j + o\left(x_1, x_2\right)$$
$$= \exp\left\{\left(a_0 - k_0\right) + \sum_{i=1}^{m_1}\left(b_i - l_i\right) x_1^i + \sum_{j=1}^{n_1}\left(c_j - v_j\right) x_2^j + \sum_{i=1}^{m} \sum_{j=1}^{n}\left(\lambda_{ji} - w_{ji}\right) x_1^i x_2^j\right\}$$
$$\Rightarrow \exp\left(a_0 + \sum_{i=1}^{m_1} b_i x_1^i + \sum_{j=1}^{n_1} c_j x_2^j + \sum_{i=1}^{m} \sum_{j=1}^{n} \lambda_{ij} x_1^i x_2^j\right) \tag{7-35}$$
$$\approx \left(n_0 + \sum_{i=1}^{m_1} u_i x_1^i + \sum_{j=1}^{n_1} g_j x_2^j + \sum_{i=1}^{m} \sum_{j=1}^{n} h_{ij} x_1^i x_2^j\right) \exp\left(k_0 + \sum_{i=1}^{m_1} l_i x_1^i + \sum_{j=1}^{n_1} v_j x_2^j + \sum_{i=1}^{m} \sum_{j=1}^{n} w_{ij} x_1^i x_2^j\right)$$

式中，$o(x_1, x_2)$ 是高阶无穷小。

对式（7-35）的每一项再做同样的推导：

$$h_{23} x_1^2 x_2^3 \exp(k_0 + \sum_{i=1}^{m_1} l_i x_1^i + \sum_{j=1}^{n_1} v_j x_2^j + \sum_{i=1}^{m} \sum_{j=1}^{n} w_{ij} x_1^i x_2^j)$$
$$\approx \lambda_{23} x_1^2 x_2^3 (\theta_0 + \sum_{i=1}^{m_1} \phi_i x_1^i + \sum_{j=1}^{n_1} \eta_j x_2^j + \sum_{i=1}^{m} \sum_{j=1}^{n} \beta_{ij} x_1^i x_2^j) \exp(\eta_0 + \sum_{i=1}^{m_1} \mu_i x_1^i + \sum_{j=1}^{n_1} \psi_j x_2^j + \sum_{i=1}^{m} \sum_{j=1}^{n} \sigma_{ij} x_1^i x_2^j)$$

从这里可以看出式（7-35）的每一项都含有两组二维连续函数空间基的线性组合，即 $\theta_0 + \sum_{i=1}^{m_1} \phi_i x_1^i + \sum_{j=1}^{n_1} \eta_j x_2^j + \sum_{i=1}^{m} \sum_{j=1}^{n} \beta_{ij} x_1^i x_2^j$ 与 $\eta_0 + \sum_{i=1}^{m_1} \mu_i x_1^i + \sum_{j=1}^{n_1} \psi_j x_2^j + \sum_{i=1}^{m} \sum_{j=1}^{n} \sigma_{ij} x_1^i x_2^j$，根据矩阵理论，任意的二元连续函数，都可以表示为二维连续函数空间基的线性组合，这就充分说明式（7-35）的每一项都具有统一的结构形式，故可以逼近二元 Weibull 概率密度函数对应的项。二元以上 Weibull 分布表达式是什么形式，作者还未见相关报道，但二元以上最大熵函数可以用相应连续函数空间基的线性组合求得，并可作为测树因子二元以上概率密度函数。

7.5.2　单株生物量模型构建结果

对单株生物量模型式（7-33），采用 97 株测得的毛竹生物量数据进行拟合，其最后 5 次的迭代结果见表 7-8。

表 7-8 最后 5 次迭代结果

迭代过程	离差平方和	参数					
		c_0	c_1	c_2	c_3	c_4	c_5
1	352.876	712.124	2.771	0.139	0.029	5.351	3.772
2	352.876	712.124	2.771	0.139	0.029	5.351	3.772
3	352.876	736.402	2.771	0.146	0.028	5.489	3.772
4	352.876	736.402	2.771	0.146	0.028	5.489	3.772
5	352.874	747.787	2.771	0.148	0.028	5.555	3.772

经求解参数 c_0、c_1、c_2、c_3、c_4、c_5，最后拟合结果分别为：747.787、2.771、0.148、0.028、5.555、3.772，相关指数为 $R^2=0.937$。在 95% 的置信水平下，模型的预估精度为 $P=96.43\%$，总系统误差为 $E=-0.021\%$，符合适用精度要求。因此，最终单株生物量模型可表示如下：

$$f(D, A) = 747.787D^{2.771}\left(\frac{0.148A}{0.028+A}\right)^{5.555}+3.772 \qquad (7\text{-}36)$$

根据求得的毛竹单株生物量模型，将径阶和龄阶依次代入，可得毛竹单株二元生物量表，如表 7-9 所示。

表 7-9 毛竹单株二元生物量表（kg）

直径	龄阶			
	1 度理论值	2 度理论值	3 度理论值	≥ 4 度理论值
5	5.1360	5.2439	5.2821	5.3045
6	6.0326	6.2115	6.2748	6.3118
7	7.2372	7.5114	7.6085	7.6652
8	8.7887	9.1858	9.3263	9.4084
9	10.7249	11.2752	11.4700	11.5837
10	13.0822	13.8191	14.0799	14.2322
11	15.8964	16.8560	17.1956	17.3939
12	19.2022	20.4235	20.8557	21.1081
13	23.0338	24.5583	25.0979	25.4130
14	27.4247	29.2968	29.9593	30.3462
15	32.4078	34.6742	35.4763	35.9448

注：4 度以上的单株生物量按 4 度的权是 0.8、5 度的权是 0.15、6 度的权是 0.05 计算而得

7.5.3　区域尺度毛竹林生物量估算

以浙江省为例进行省域尺度毛竹林生物量估算。

7.5.3.1　浙江省各径阶、各龄阶毛竹估算株数

根据 2004 年的统计结果，得浙江毛竹总株数为 14.566 亿株，再利用表 7-7 中的 Weibull 分布拟合值，得全省毛竹各径阶、各龄阶的估算株数，见表 7-10。

表 7-10　浙江省各径阶、各龄阶毛竹估算株数

径阶	龄阶			
	1 度	2 度	3 度	≥4 度
5	63 830 000	47 140 000	21 990 000	8 890 000
6	71 230 000	64 290 000	28 130 000	9 410 000
7	97 810 000	90 270 000	39 470 000	13 210 000
8	109 270 000	102 220 000	44 730 000	14 960 000
9	99 680 000	93 540 000	40 900 000	13 710 000
10	73 460 000	68 260 000	29 860 000	9 990 000
11	43 030 000	38 860 000	17 000 000	5 680 000
12	19 580 000	16 820 000	7 360 000	2 460 000
13	6 740 000	5 370 000	2 360 000	790 000
14	1 700 000	1 220 000	540 000	170 000
15	310 000	200 000	70 000	40 000

7.5.3.2　各径阶、各龄阶毛竹修正株数

由于表 7-10 所有径阶、龄阶毛竹株数的和不等于 14.566 亿株，因此需要进行修正，其修正方法是表 7-10 的每一数值乘以 1.021 054，修正后浙江省各径阶、各龄阶毛竹的株数见表 7-11。

表 7-11　浙江省各径阶、各龄阶毛竹的修正株数

径阶	龄阶			
	1 度	2 度	3 度	≥4 度
5	65 173 886	48 132 492	22 452 980	9 077 171
6	72 729 686	65 643 570	28 722 253	9 608 119
7	99 869 305	92 170 557	40 301 007	13 488 125

续表

径阶	龄阶			
	1 度	2 度	3 度	≥ 4 度
8	111 570 590	104 372 150	45 671 752	15 274 970
9	101 778 680	95 509 404	41 761 114	13 998 652
10	75 006 637	69 697 155	30 488 677	10 200 331
11	43 935 959	39 678 164	17 357 920	5 799 588
12	19 992 240	17 174 131	7 514 958	2 511 793
13	6 881 905	5 483 061	2 409 688	806 633
14	1 735 792	1 245 686	551 369	173 579
15	316 527	204 211	71 474	40 842

7.5.3.3　浙江省毛竹总生物量的估算

根据 $M_{\text{Total}} = \sum\limits_{i=5}^{m} \sum\limits_{j=1}^{n} k_{ij} f(D_i, A_j)$，得浙江省各径阶、各龄阶的毛竹总生物量（表

7-12），进而计算出浙江全省毛竹总生物量为 1.4716×10^{10} kg。

表 7-12　浙江省各径阶、各龄级毛竹总生物量的估计值（g）

径阶	龄阶			
	1 度	2 度	3 度	≥ 4 度
5	3 347 330 784 960	2 524 019 747 988	1 185 988 856 580	481 498 535 695
6	4 387 491 037 636	4 077 450 350 550	1 802 263 931 244	606 445 255 042
7	7 227 741 341 460	6 923 299 218 498	3 066 302 117 595	1 033 891 757 500
8	9 805 604 443 330	9 587 416 954 700	4 259 484 606 776	1 437 130 277 480
9	10 915 661 651 320	10 768 876 319 808	4 789 999 775 800	1 621 561 851 724
10	9 812 518 265 614	9 631 519 546 605	4 292 775 232 923	1 451 731 508 582
11	6 984 235 786 476	6 688 151 323 840	2 984 798 491 520	1 008 774 537 132
12	3 838 949 909 280	3 507 558 644 785	1 567 297 095 606	530 191 778 233
13	1 585 164 233 890	1 346 546 569 563	604 781 084 552	204 989 644 290
14	476 035 748 624	364 946 136 048	165 186 292 817	5 267 463.049 8
15	102 579 437 106	7 080 853.056 2	2 535 633.066 2	1 468 057.521 6

7.6 结论与讨论

7.6.1 测树因子概率分布模型构建

最大熵方法推导出的测树因子概率分布函数具有统一的理论基础、明确的函数解析式，在事先没有充分的理由确定测树因子服从什么概率分布的情况下，就能用最大熵方法来构建测树因子的概率分布函数。提出的联合最大熵概率密度函数，既能最大限度地利用研究尺度内每一样地测树因子概率分布信息，又可以进行尺度转换。在充分利用现有资料提供的信息的基础上构建了测树因子的二元概率密度函数，即二元最大熵函数，它的幂是二维连续函数空间基的线性组合，是二元多参数指数族分布。二元最大熵函数的测量精度最高，适应范围最广，二元Weibull分布函数测量精度次之，然后依次为二元SBB函数与二元Beta函数，从模型评价检验与分析对比可以得出二元最大熵函数是描述测树因子联合分布信息的最佳模型。对测树因子二元Weibull分布模型做了构建，经检验它对毛竹胸径、年龄的联合分布的测量精度非常高，其边际分布是一元Weibull分布。

由于立地条件等因素的不同，测树因子概率分布具有一定的随机性，如何从这些相容的分布中挑出"最佳的""最合理的"分布作为实际分布具有重要的实践意义。基于最大熵原理构建的测树因子概率分布模型可最大限度地提取原始数据信息，从而使人为主观添加信息最小，故最大熵函数确定的测树因子概率分布模型就是最佳分布，可以不做假设检验。另外，二元最大熵概率密度函数具有统一的结构形式，可作为研究测树因子二元概率分布信息的统一模型，且这种统一形式可以根据数据类型与精度要求，灵活地设置不同的样本阶矩，从而灵活选择不同阶数的二元最大熵函数。

7.6.2 多尺度生物量估算

测树因子概率分布模型耦合单株生物量模型，可以直接进行任意尺度生物量的精确估算，应用这一新方法准确估算出浙江省2004年毛竹总生物量为1.4716×10^{10} kg。该生物量估算方法弥补了常用生物量尺度转换方法在推算区域生物量时精度不高或不能实现的缺陷，使单株、林分和区域等不同尺度生物量间的相互转换成为可能，为生物量新尺度转换方法的提出奠定了基础。该方法不仅可以应用于毛竹林，对其他森林类型也可以进行推广。

主要参考文献

史道济, 唐爱丽, 汪玲 . 2003. 二元威布尔分布形状参数相等的检验 . 天津大学学报 , 36(1): 68-77.

王声望, 郑维行 . 2005. 实变函数与泛函分析概要 . 北京 : 高等教育出版社 .

吴乃龙, 袁素云 . 1991. 最大熵方法 . 湖南 : 湖南科学技术出版社 .

希德尔 . 1989. 工程概率设计 : 原理和应用 . 北京 : 科学出版社 .

朱坚民, 郭冰菁, 王中宇, 夏新涛 . 2005. 基于最大熵方法的测量结果估计及测量不确定度评定 . 电测与仪表 , 42(8): 5-8.

Hafley W L, Schreuder H T. 1976. Some non-normal bivariate distributions and their potential for forest application. International Union Forest Research Organizations, XVI World Congress Proceedings: 104-114.

Schreuder H T, Hafley W L. 1977. A useful bivariate distribution for describing stand structure of tree heights and diameters. Biometrics, 33: 471-478.

Shi D J, Zhou S S. 1999. Moment estimation for multivariate extreme value distribution in a nested logistic model. Annals of the Institute of Statistical mathematics, 51: 253-264.

Tawn J A. 1988. Bivariate extreme value theory: models and estimation. Biometrika, 75: 397-415.

第八章

基于多源遥感的竹林碳储量估算
及时空动态分析

长期以来，我国森林资源监测、管理基本形成了以遥感、地理信息系统和全球定位系统等相结合的监测框架，提高了监测效率与管理水平，并且随着遥感等空间信息技术的发展及全球变化研究中对陆地植被的重要性的认识，使得从不同遥感数据（从光学遥感到雷达遥感、从多光谱到高光谱遥感、从低空间分辨率到高空间分辨率遥感数据等）和不同尺度（单木、林分、区域、全国乃至全球尺度等）全方位监测森林资源成为研究的热点。但针对我国亚热带竹林这一特殊的森林资源，其遥感监测还处于初级阶段，现有竹林资源的监测手段还比较传统，监测周期长、效率低、精度差，无法实时、快速地完成大面积竹林资源及其时空动态监测。因此，采用遥感等空间信息技术对竹林资源及生态系统进行长期定位观测、监测，实现竹林资源的数字化、信息化管理，是我国乃至世界竹林监测的必然趋势。遥感也是目前森林乃至陆地生态系统碳储量和碳循环定量估算的重要技术手段，其重要理论基础是遥感以电磁波的形式记录与植被生产力和碳同化密切相关的环境因子、植被生物物理化学参数及它们的动态变化，这就为在遥感信息与植被生物量碳储量之间建立数学模型定量估算植被碳储量及其时空动态提供了基础。

　　本章将从竹林分布遥感信息提取、碳储量遥感估算模型、基于多源遥感大尺度竹林碳储量估算，以及碳储量时空动态等方面介绍竹林资源碳储量遥感定量估算方法。

8.1　竹林分布遥感信息提取

8.1.1　基于光谱特征的提取方法

　　遥感数据为浙江省安吉县东南部 Landsat Thematic Mapper（TM）数据，获取时间为 2004 年 7 月 26 日。除有微量薄云外，数据质量较好，对于薄云，在

Image Erdas8.5 中通过 Haze 处理便可很好地将其去除。安吉县 1 : 10 万地形图、安吉县森林资源调查资料等辅助数据，用于竹林信息提取、精度评价。

8.1.1.1　分类特征设置

除原始波段外，还增加了一些由原始波段变换而衍生的新波段，如植被指数、纹理、主成分变换等，以提高分类的精度。为了利用这些新波段的信息，将它们与原始数据一起，按表8-1所示的顺序重新合成一个具有12个波段的新数据。

表 8-1　波段合成所形成的新数据

波段顺序	Band1	Band2	Band3	Band4	Band5	Band6	Band7	Band8	Band9	Band10	Band11	Band12
新数据	TM1	TM2	TM3	TM4	TM5	TM7	PCA1	PCA2	PCA3	NDVI	CVI	MVI

注：PCAi 为第 i 个主成分；NDVI、CVI 和 MVI 分别为归一化植被指数、冠层植被指数和综合效应植被指数（杜华强等，2008）

8.1.1.2　光谱特征模型的构建

根据最佳指数（O_{IF}）法选取最佳的波段合成（刘建平等，2001）及目视解译，在遥感数据中通过随机和典型取样相结合方式得到不同地物类型在 12 个波段上的光谱变化曲线，如图 8-1 所示。

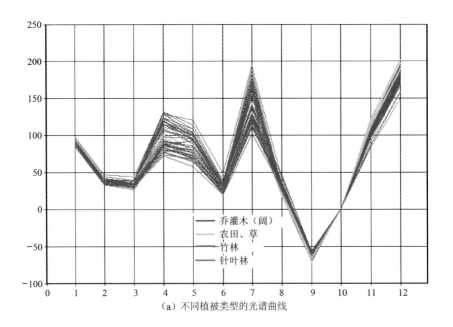

（a）不同植被类型的光谱曲线

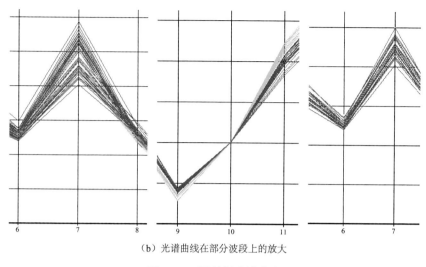

（b）光谱曲线在部分波段上的放大

图 8-1 不同植被光谱曲线

对图 8-1（a）、（b）不同植被类型光谱曲线进行分析发现，第 7 波段，即第一主成分 PCA1 可以将阔叶乔灌木与其他植被区分开；第 11 波段（CVI）或第 9 波段（PCA3）可以将农田、草与针叶林、竹林区分开；而第 6 波段（TM7）可以将针叶林和竹林区分开。

结合以上光谱知识及规则，本研究构建了如图 8-2 所示的竹林遥感信息提取的光谱特征模型（spectral features model, SFM），其中 T_i 表示阈值，V_i 表示所划分的不同植被类型。

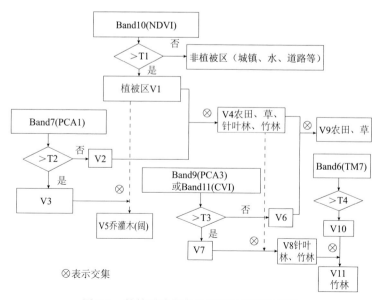

图 8-2 竹林遥感信息提取的光谱特征模型

8.1.1.3 提取结果

表 8-2 给出了基于光谱特征的竹林信息提取精度分析误差矩阵，其中，竹林的分类精度达到 88.9%，分类效果较好。

表 8-2　基于光谱特征模型提取竹林信息的误差统计

类别	非植被	乔灌木（阔）	针叶林	农田草	竹林	总计	分类精度 /%
非植被	76		3	3		82	92.7
乔灌木（阔）		92	5	5	3	105	87.6
针叶林			94	2	7	103	91.2
农田、草	8			68	8	84	80.9
竹林		2	7	5	112	126	88.9
总计						500	—

为了对比分析基于光谱特征竹林遥感信息提取精度，还采用自主开发的"森林资源遥感图像模式分类系统 FRSCS1.0（软件著作权登记号：2007SR02193）"中的支持向量机（SVM）和 ENVI4.1 中的光谱角填图（SAM）、最大似然法（ML）等分类方法进行了分类。

4 种分类方法所得到的分类结果分别如图 8-3（a）～（d）所示。SVM、SAM 及 ML 分类方法中竹林的分类精度分别为 87.3%、86.81% 和 80.25%。在竹林分类精度上，SFM 与 SVM 和 SAM 相差不多，而与 ML 相差较大。另外，对比图 8-3（a）～（d）分类结果，并结合地形图、土地利用图和野外调查等资料，发现 SVM 法对针叶林过分类严重，而对乔灌木相对少分类；SAM 法对针叶林少分类严重，对阔叶乔灌木过分类；ML 法对农田、草、乔灌木过分类相对严重。

8.1.2　基于 BP 神经网络毛竹林遥感信息提取

采用的数据包括：①野外样地调查数据；②安吉县全县 2004 年 7 月 26 日和 2008 年 7 月 5 日两个不同时相 Landsat5 TM 遥感影像；③ 1：100 000 和 1：50 000 地形图；④安吉县森林资源调查及规划设计成果资料。TM 遥感数据质量较好，利用 DOS3 模型进行绝对辐射校正，将灰度值转换成反射率。采用 1：100 000 地形图对遥感影像进行几何精校正，重采样方法为最邻近法。

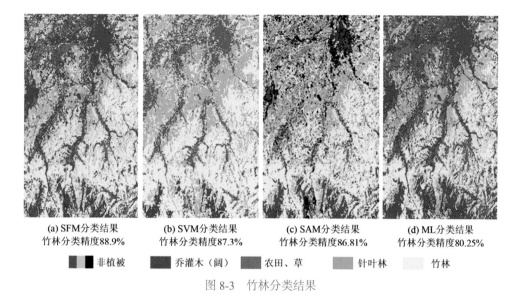

| (a) SFM分类结果
竹林分类精度88.9% | (b) SVM分类结果
竹林分类精度87.3% | (c) SAM分类结果
竹林分类精度86.81% | (d) ML分类结果
竹林分类精度80.25% |

■□ 非植被　　　■ 乔灌木（阔）　　　■ 农田、草　　　■ 针叶林　　　□ 竹林

图 8-3　竹林分类结果

8.1.2.1　分类特征设置与选择

通过野外考察、影像目视判读，在侧重考虑毛竹林信息的同时兼顾其他地物类型分类需要的基础上，将全县土地利用类型分为毛竹林（Moso bamboo）、水体（water）（包括湖水及河水）、经济林与绿化树（jal）（包括经济林、城镇绿化带及种植作物的土地）、乔灌林（阔）（qgl）（包括乔木阔叶林及灌木林）、城镇居民区（city）（包括建筑物、道路及裸地等）、针叶林（conifer）（主要包括马尾松及杉木）等 6 类。

设置了包括 Band1、Band2、Band3、Band4、Band5、Band7、NDVI 及红外指数（IIVI）等 8 个波段作为待选分类特征波段。采用 Jeffries-Matusita（JM）距离（John, 2007）从以上 8 个待选分类特征波段中选出 Band1、Band3、Band4、Band5、NDVI 和 IIVI 作为分类特征参与分类。

8.1.2.2　BP 神经网络构建及分类

提取各个类别的训练样本，将训练样本分为偶数序列和奇数序列两组，以偶数序列及奇数序列中的偶数序列数据作为输入数据对 BP 网络进行训练，然后用剩余的样本数据（共 1937 个）对网络进行测试仿真。

通过 Matlab7.1 神经网络模块构建 BP 网络进行遥感影像分类，其中输入层神经元为 6 个，隐含层神经元设为 13 个，输出层神经元数与分类数相同，为 8 个。输出层构建原则为：规定不同类别在相应的位置上输出值为 1，其他位置上为 0, 如 Moso bamboo 对应的输出值为 [0; 0; 0; 0; 0; 0; 1; 0], 另外, 输出结果采用竞争函数处理, 使每个像元最大的输出值变为 1, 其他值变为 0, 避免输出结果不纯问题, 符合遥感影像硬分类要求。网络隐含层与输出层激活函数组合采用 Tansig-Logsig。训练函数选取 Levenberg-marquardt BP 算法函数（Trainlm）。训练目标（goal）为 0.01, 学习率（lr）为 0.1, 其他参数默认。

根据构建的 BP 网络, 用训练样本对网络进行训练, 网络训练性能如图 8-4 所示。当网络性能达到目标时, 将网络测试样本输入到网络中进行仿真。仿真结果参见图 8-5。

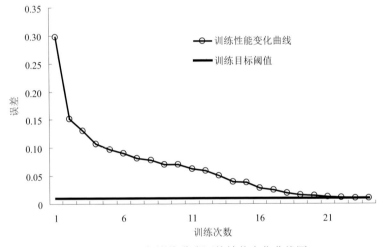

图 8-4 2008 年影像分类网络性能变化曲线图

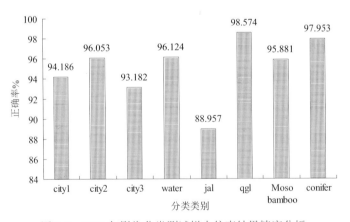

图 8-5 2008 年影像分类测试样本仿真结果精度分析

从图 8-5 可以看出，测试样本仿真结果较理想，因此可以利用训练好的网络对安吉县整幅遥感影像作分类。2004 年及 2008 年 BP 神经网络分类法影像分类图及毛竹林专题图分别见图 8-6、图 8-7。

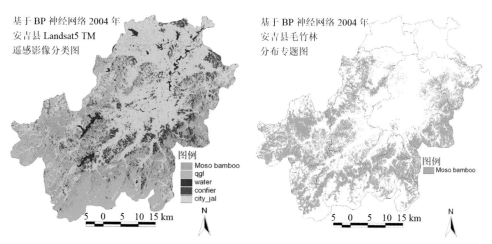

图 8-6 基于 BP 神经网络 2004 年安吉县 TM 遥感影像分类图及毛竹林专题图

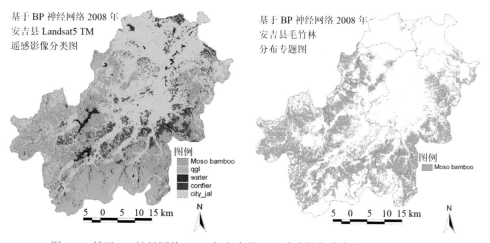

图 8-7 基于 BP 神经网络 2008 年安吉县 TM 遥感影像分类图及毛竹林专题图

8.1.2.3 基于混淆矩阵的分类精度评价

将分类后的图像进行类别集群后处理，类别集群运用 3×3 形态学算子将邻近的相同类区域合并集群，消除分类区域中存在的斑点或洞，从而达到平滑图像的效果（李小娟和赵巍，2007）。由于主要是针对毛竹林的分类，因此为了使分类后的影像显示得更加明了，将城镇居民区与经济林、绿化树合并成一大类。分类结果变成城镇居民区及经济林与绿化树（city_jal）、水体（water）、乔灌林（阔）（qgl）、毛竹林（Moso bamboo）及针叶林（conifer）这五大类。通过野外调查记录的地类经纬度资料，精确地在遥感图像上选取各类地物训练样本，计算混淆矩阵进行精度评价（表 8-3、表 8-4）。

表 8-3　2004 年影像 BP 神经网络分类混淆矩阵分析

实际地类	图像分类					总计	用户精度 /%
	Moso bamboo	qgl	water	conifer	city_jal		
Moso bamboo	438	13	0	0	43	494	88.66
qgl	21	299	0	11	4	335	89.25
water	0	0	220	0	9	229	96.07
conifer	13	19	0	169	0	201	84.08
city_jal	37	6	15	9	565	632	89.40
总计	509	337	235	189	621	1891	
生产者精度 /%	86.05	88.72	93.62	89.42	90.98		
总精度 /%			89.42				
Kappa 系数			0.8613				

表 8-4　2008 年影像 BP 神经网络分类混淆矩阵分析

类别	类别					总计	用户精度 /%
	Moso bamboo	qgl	water	conifer	city_jal		
Moso bamboo	308	9	0	0	18	335	91.94
qgl	12	288	0	4	2	306	94.12
water	0	0	163	0	3	166	98.19
conifer	6	17	0	121	0	144	84.03
city_jal	23	5	13	10	484	535	90.47
总计	349	319	176	135	507	1486	
生产者精度 /%	88.25	90.28	92.61	89.63	95.46		
总精度 /%			91.79				
Kappa 系数			0.8917				

从表 8-3 和表 8-4 可看出，2008 年和 2004 年影像 BP 神经网络分类总体精度和 Kappa 系数都较高，其中毛竹林生产者精度和用户精度分别达到 88.25%、

91.94% 和 86.05%、88.66%。相对来说，毛竹林与乔灌林（阔）（qgl）、城镇居民区及经济林与绿化树（city_jal）中的经济林与绿化树容易混淆，主要是它们的反射率比较接近。受阴影影响下的毛竹林和乔灌林（阔）的反射率与针叶林比较接近，因此容易被错分为针叶林。城镇居民区及经济林与绿化树（city_jal）中的水田与水体容易混淆。稀疏针叶林和乔灌林（阔）、经济林与绿化树容易混淆。

8.1.3　混合像元分解在竹林分布信息提取中的应用

以高斯误差函数（Gaussian error function, Erf）作为激活函数的 BP 神经网络（Erf-BP）混合像元分解新算法（徐小军等，2011），同时对比该方法与线性无约束最小二乘法及最大似然法在提取以竹林为主的森林信息上的精度，为改善竹林遥感信息提取精度及定量信息反演提供新的方法。

8.1.3.1　提取端元

采用最小噪声分离变换法（minimum noise fraction transforms，MNF）从 MNF1、2、3 三个成分两两组合散点图（图 8-8）上选取水体、阔叶林、竹林、针叶林、高反射率地物（包括建筑、道路、裸土）和农地（主要体现的是农地上的作物信息；对于未种植作物的农地，旱地体现的是裸土信息，而水田体现的是水体信息）6 类端元。

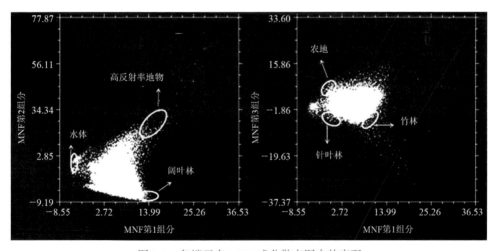

图 8-8　各端元在 MNF 成分散点图中的表现

8.1.3.2　训练样本构建

像元的反射率可以表示为端元组分的光谱特征和它们的面积比例（丰度值）

的函数（吕长春等，2003）。将从影像中提取的端元与构建出的虚拟丰度值相乘得到虚拟构建的像元反射率。如下式所示：

$$反射率 = 端元 \times 丰度 = \begin{bmatrix} c_{11}, & c_{12}, & \cdots, & c_{1i} \\ \vdots, & \vdots, & \cdots, & \vdots \\ c_{j1}, & c_{j2}, & \cdots, & c_{ji} \end{bmatrix} \times \begin{bmatrix} a_{11}, & a_{12}, & \cdots, & a_{1n} \\ \vdots, & \vdots, & \cdots, & \vdots \\ a_{i1}, & a_{i2}, & \cdots, & a_{in} \end{bmatrix} \qquad (8\text{-}1)$$

式中，c_{ji} 为第 i 类端元在第 j 波段上的反射率；a_{in} 为第 i 类端元在第 n 个像元上的虚拟丰度值。虚拟丰度值由人为设定，如 [0.1; 0.2; 0.2; 0.2; 0.2; 0.1] 表示一个像元中水体、阔叶林、针叶林、竹林、高反射率地物和农地所占的百分比分别为 10%、20%、20%、20%、20% 和 10%。总共构建了 50 个虚拟像元，其中 37 个作为训练样本，13 个作为验证样本。

8.1.3.3　Erf-BP 模型结构及参数设置

网络结构为：①输入层为 6 个神经元；②根据训练样本数及输入输出层维数将隐含层神经元设为 7 个；③输出层神经元数与端元个数相同，为 6 个。隐含层和输出层激活函数分别为 Erf 和 Logsig 函数，误差函数采用误差平方和（SSE），设为 0.1。学习速率（lr）为 0.2，lr 值太小收敛速度太慢，太大可能会使网络不收敛。动量因子（mc）为 0.9，mc 值有利于网络跳出局部最小，逼近全局最小。陡度因子 $\lambda = 1$。

8.1.3.4　分类结果与精度评价

当网络训练 21 327 步后达到目标。将验证样本代入训练好的网络中仿真，按式（8-2）计算每个验证样本绝对误差总和（sum of absolute error, SAE）。图 8-9 为验证样本绝对误差总和及网络训练误差变化曲线。从图 8-9（a）来看，大部分验证样本精度在 90% 以上，个别样本误差较大，原因是样本所设丰度值超出训练样本范围。根据训练好的网络对整个研究区影像进行混合像元分解，见图 8-10。

$$SAE_k = \sum_{i=1}^{m} \left| （虚拟丰度值_{ik} - 仿真丰度值_{ik}） \right| \qquad (8\text{-}2)$$

式中，SAE_k 表示第 k 个验证样本绝对误差总和；m 表示端元总数。

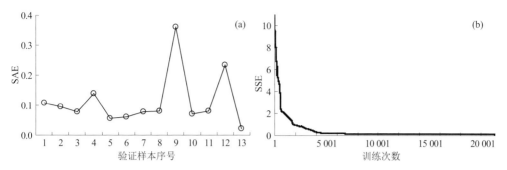

图 8-9　验证样本绝对误差总和（a）及网络训练误差变化曲线（b）

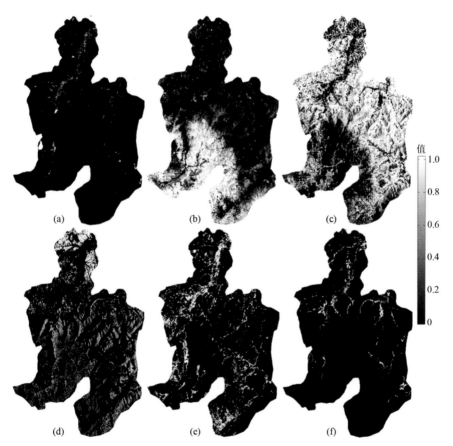

图 8-10　Erf-BP 神经网络模型混合像元分解丰度图

（a）水体；（b）阔叶林；（c）竹林；（d）针叶林；（e）高反射率地物；（f）农地

　　为了能够定量地评价分解精度，选取与本研究 TM 数据时间相近的 IKONOS 高分辨率卫星影像，进行几何精校正，使 IKONOS 卫星影像与 TM 影像具有

相同的地理坐标。在 IKONOS 卫星影像上裁剪 10 个感兴趣样区，样区大小有
300 m×300 m（10 pixel×10 pixel）和 300 m×600 m（10 pixel×20 pixel）。同质性
大的区域采用 10 pixel×10 pixel 尺度就具有代表性，而异质性大的区域，要将更
多类型端元包含在内就需要增大尺度（10 pixel×20 pixel）。

由于从 IKONOS 卫星影像上难以辨别森林类型，将阔叶林、针叶林和竹林
合并为森林。利用 ArcView GIS3.2 软件勾绘出样区内森林、水体、农地及高反射
率地物的边界，并统计它们面积比例作为真实丰度值与模型分解结果作对比。真
实丰度值与模型分解结果散点图及残差图见图 8-11（a）～（d）。

精度评价结果表明，基于 Erf-BP 模型混合像元分解结果的总均方根误差为
0.108，比线性无约束最小二乘法模型降低了 39.3%[图 8-11（a）和（c）]。其中
对于森林、水体和农地来说，基于 Erf-BP 模型混合像元分解精度高于线性无约束
最小二乘法模型；而高反射率地物，略低于线性无约束最小二乘法模型。

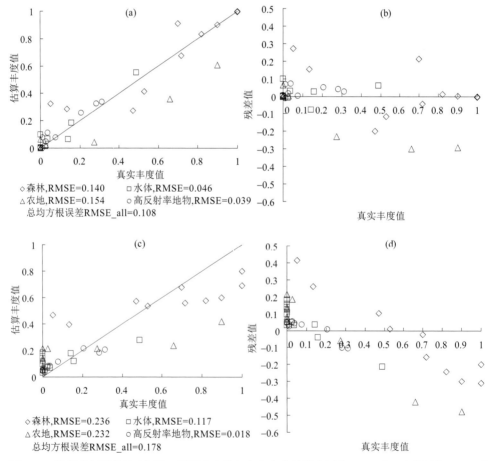

图 8-11　模型分解结果精度评价 - 预测丰度值与真实丰度值散点图[（a）、（c）]及残差图[（b）、（d）]

（a）、（b）为 Erf-BP 模型混合像元分解；（c）、（d）为线性无约束最小二乘法模型分解

从图 8-11（b）和（d）可以看出，在端元丰度值小于 0.5 时，两种模型都出现高估的现象；当端元丰度值大于 0.5 时，两种模型都出现低估的现象。基于 Erf-BP 模型混合像元分解结果残差值为 −0.3 ~ 0.3，而基于线性无约束最小二乘法模型的分解结果残差值为 −0.5 ~ 0.5，前者残差值小于后者。因此，基于 Erf-BP 模型混合像元分解模型在森林遥感信息提取上优于线性无约束最小二乘法混合像元分解模型。

统计 Erf-BP 混合像元分解模型、线性无约束最小二乘法模型和最大似然法估计的整个研究区各端元面积百分比，并与森林资源二类调查数据作对比分析，对这三种不同方法进行精度评价，结果见表 8-5。

表 8-5　不同方法对各端元面积百分比估计精度比较

	二类调查数据百分比 /%	Erf-BP 模型		线性无约束最小二乘法模型		最大似然法	
		百分比 /%	相对误差 /%	百分比 /%	相对误差 /%	百分比 /%	相对误差 /%
阔叶林	24.82	26.86	8.22	25.93	4.48	22.72	−8.45
竹林	54.39	49.09	−9.75	23.70	−56.43	45.59	−16.18
针叶林	6.13	11.78	92.16	17.37	183.48	4.21	−31.33
非林地	14.66	12.28	−16.27	33.00	125.03	27.48	87.41
均方根误差 RMSE/%		4.18		18.75		7.90	

注：非林地包括水体、高反射率地物和农地 3 个端元

从表 8-5 可以得出，Erf-BP 模型在估计整个研究区各端元面积百分比中有较高的精度，其均方根误差为 4.18%，而线性无约束最小二乘法模型的估计误差最高，均方根误差为 18.75%。对于阔叶林，三种方法的估计效果都较理想；对于竹林，Erf-BP 模型估计相对误差明显低于线性无约束最小二乘法模型和最大似然法，这体现了 Erf-BP 模型能够很好地分解竹林边缘的混合像元；对于针叶林，Erf-BP 模型和线性无约束最小二乘法模型出现高估的现象，相对误差分别达到了 92.16% 和 183.48%，而最大似然法效果较好，相对误差为 −31.33%，主要原因是山区受阴影的影响比较严重，使得在阴影面的非针叶林植被反射率下降，接近于针叶林的反射率，从而增加了针叶林面积百分比，而对于最大似然法，通过选取阴影面植被作为训练样本，降低了错分的程度；对于非林地，Erf-BP 模型同样具有较好的估计效果，低估的原因主要是 Erf-BP 模型将建筑小区及道路混合像元中的绿化树分解出来归为林地，而在二类调查数据中城镇中的绿化树归为非林地。

8.2　竹林碳储量遥感估算模型构建

本节以安吉县毛竹林为例，构建竹林碳储量遥感定量估算模型。

8.2.1　地面调查

安吉县毛竹林样地调查数据是 2008 年 8 月中旬到 2008 年 9 月上旬获取的，采用典型抽样和随机抽样法选取样地位置，共选择并调查了 55 个不同经营类型、不同立地条件、不同坡位的样地。样地分散于安吉县境内，样地大小为 30 m×30 m，与 TM 影像的分辨率一致（图 8-12）。样地调查内容分别包括样地经纬度、海拔、坡度、郁闭度、毛竹胸径和龄级。

毛竹林单株生物量计算公式参见第七章式（7-36），样地单株累积得到样地毛竹林总地上生物量（aboveground biomass，AGB），样地生物量按毛竹生物量碳储量转换系数 0.5042 及样地面积转换为地上碳储量（aboveground carbon，AGC）。

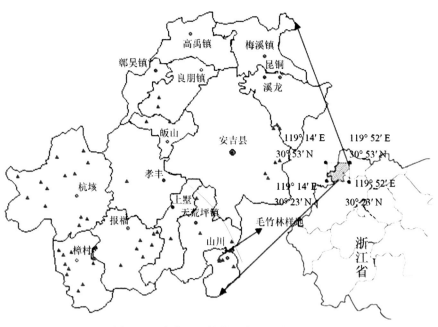

图 8-12　安吉县毛竹林调查样地分布情况

▲ 为样地

8.2.2　遥感模型变量设置

遥感模型变量（自变量）包括：① Landsat TM 数据的 6 个波段（不包括热红外波段）；②植被指数、线性变换及纹理等。这些变量归纳于表 8-6，根据样地坐标，提取各样地对应于自变量的值。

表 8-6 模型变量设置

变量		公式
波段	Band1-4,5,7	—
植被指数	DVI	$Band_4 - Band_3$
	SR	$Band_4 / Band_3$
	NDVI	（$Band_4 - Band_3$）/（$Band_4 + Band_3$）
	TVI	$\sqrt{NDVI + 0.5}$
	PVI	$(Band_4 - a \times Band_3 - b)/\sqrt{1 + a^2}$, $a = 1.0902$, $b = -0.0044$
	IIVI	（$Band_4 - Band_5$）/（$Band_4 + Band_5$）
	SAVI	$1.5 \times$（$Band_4 - Band_3$）/（$Band_4 + Band_3 + 0.5$）
	EVI	$5 \times$（$Band_4 - Cand_3$）/（$Band_4 + 6Band_3 - 7.5Band_1 + 1$）
线性变换	KT1	$0.291Band_1 + 0.249Band_2 + 0.481Band_3 + 0.557Band_4 + 0.444Band_5 + 0.171Band_7$
	KT2	$-0.273Band_1 - 0.217Band_2 - 0.551Band_3 + 0.722Band_4 + 0.073Band_5 - 0.165Band_7$
	KT3	$0.145Band_1 + 0.176Band_2 + 0.332Band_3 + 0.340Band_4 - 0.621Band_5 - 0.419Band_7$
	PCA1	$0.111Band_1 - 0.274Band_2 + 0.234Band_3 - 0.317Band_4 + 0.758Band_5 - 0.428Band_7$
	PCA2	$0.159Band_1 - 0.388Band_2 + 0.414Band_3 + 0.129Band_4 + 0.198Band_5 + 0.773Band_7$
	PCA3	$0.152Band_1 - 0.537Band_2 + 0.432Band_3 + 0.230Band_4 - 0.503Band_5 - 0.442Band_7$
纹理	Mean	$\sum\limits_{i=0}^{N-1}\sum\limits_{j=0}^{N-1} i p(i,j)$
	Variance	$\sum\limits_{i=0}^{N-1}\sum\limits_{j=0}^{N-1} (i - mean)^2 p(i,j)$
	Homogeneity	$\sum\limits_{i=0}^{N-1}\sum\limits_{j=0}^{N-1} \dfrac{p(i,j)}{1 + (i-j)^2}$
	Contrast	$\sum\limits_{|i-j|=0}^{N-1}|i-j|^2\left\{\sum\limits_{i=1}^{N}\sum\limits_{j=1}^{N} p(i,j)\right\}$
	Dissimilarity	$\sum\limits_{|i-j|=0}^{N-1}|i-j|\left\{\sum\limits_{i=1}^{N}\sum\limits_{j=1}^{N} p(i,j)\right\}$
	Entropy	$-\sum\limits_{i=0}^{N-1}\sum\limits_{j=0}^{N-1} p(i,j)\log(p(i,j))$
	Angular second moment	$\sum\limits_{i=0}^{N-1}\sum\limits_{j=0}^{N-1} p(i,j)^2$
	Correlation	$\dfrac{\sum\limits_{i=0}^{N-1}\sum\limits_{j=0}^{N-1} (i \cdot j) p(i,j) - \mu_x \mu_y}{\sigma_x \sigma_y}$

对于纹理部分的附加公式：

$$p(i,j) = V(i,j) / \sum_{i=0}^{N-1}\sum_{j=0}^{N-1} V(i,j)$$

$V(i,j)$ 是第 N 个移动窗口内第 i 第 j 列取值

$$\mu_x = \sum_{j=0}^{N-1} j \sum_{i=0}^{N-1} p(i,j)$$

$$\mu_y = \sum_{i=0}^{N-1} i \sum_{j=0}^{N-1} p(i,j)$$

$$\sigma_x = \sum_{j=0}^{N-1} (j - \mu_j)^2 \sum_{i=0}^{N-1} p(i,j)$$

$$\sigma_y = \sum_{i=0}^{N-1} (i - \mu_i)^2 \sum_{j=0}^{N-1} p(i,j)$$

8.2.3　变量筛选

当初始自变量个数较多时，部分自变量对模型来说可能是冗余信息，对模型的贡献不大，甚至会降低模型的预测精度，因此需要对初始自变量进行筛选。以实测地上碳蓄积为因变量，表 8-6 列出的遥感因子作为初始自变量，采用偏最小二乘回归法结合 Bootstrap（PLS-Bootstrap）法对初始自变量进行筛选（Lazraq et al.，2003；王惠文等，2006；琚存勇等，2007；Xu et al.，2011）。

PLS-Bootstrap 方法变量筛选结果表明：Band5、Band7、DVI 和 IIVI 这 4 个变量能够较好地解释毛竹林地上部分碳蓄积。常用于植被碳储量估算的 NDVI 没有入选模型的原因是毛竹林郁闭度高，导致 NDVI 严重饱和，从而不能反映毛竹林碳储量的变化。

将以上 4 个变量作为神经网络模型的输入变量来估算毛竹林地上部分碳蓄积。以 75% 样本作为建模样本构建模型，25% 样本作为验证样本用于模型评价与分析。

8.2.4　基于 Erf-BP 神经网络的毛竹林地上部分碳蓄积估算模型

以激活函数选择条件为前提，从函数自身及其导数的取值范围和收敛速度等出发，选择高斯误差函数（Gaussian error function，Erf）作为新的激活函数对 BP 神经网络（back propagation neural network，BPNN）进行优化，构建基于以高斯误差函数作为隐含层激活函数的 BP 算法前馈神经网络（Erf-BP）。Erf-BP 算法实现参见相关文献（Xu et al.，2011）。

构建一个包含 1 个隐含层的 Erf-BP 神经网络。仍然以 75% 样本作为建模样本构建模型，25% 样本作为验证样本用于模型评价与分析，并以 PLS-Bootstrap 法筛选出的自变量作为 Erf-BP 网络的输入变量。Erf-BP 神经网络模型构建流程如图 8-13 所示。

8.2.4.1　网络结构优化

目前还没有科学的方法来确定合适的网络结构，如训练目标、隐含层神经元个数等参数。在此，采用试凑的方法来确定最优的网络结构。当网络拟合平均相对误差与验证样本预测平均相对误差相加最小时的参数被认为是最佳的 Erf-BP 神经网络结构。

根据训练样本数及输入输出层的维数，将隐含层神经元个数的变化范围设为 [7,13]，并按步长 1 递增。训练目标变化范围设为 [0.2,0.1]，并按步长 0.01 递减。

输出层神经元数与输出层（因变量）个数相同，为 1 个。隐含层和输出层激活函数分别为 Erf 和 Logsig 函数，误差函数采用误差平方和 SSE，学习速率（lr）为 0.2，动量因子（mc）为 0.9，陡度因子 *l*=1。自变量数据采用式（8-3）进行归一化处理，输出范围为 [-1,1]，因变量采用式（8-4）进行归一化处理，输出范围为 [0,1]。

$$X_{\text{norm}} = 2 \times \frac{X - X_{\text{MIN}}}{X_{\text{MAX}} - X_{\text{MIN}}} - 1 \tag{8-3}$$

$$Y_{\text{norm}} = \frac{Y - Y_{\text{MIN}}}{Y_{\text{MAX}} - Y_{\text{MIN}}} \tag{8-4}$$

式中，*X* 和 *Y* 是原始的输入和输出变量；X_{norm} 和 Y_{norm} 是标准化后的输入和输出变量；X_{MIN} 和 X_{MAX} 分别表示自变量的最小值和最大值；Y_{MIN} 和 Y_{MAX} 分别表示因变量的最小值和最大值。

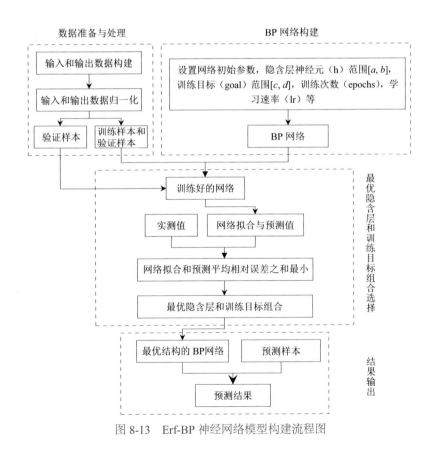

图 8-13　Erf-BP 神经网络模型构建流程图

8.2.4.2　Erf-BP 神经网络模型

基于上述网络设计方案，当隐含层神经元个数和训练目标分别为 9 和 0.11 时，网络结构最优。根据优化的 Erf-BP 神经网络的权重、阈值，以及输出层转换函数，即 Logsig 函数，便可对毛竹林碳蓄积进行预测。因为变量进行了归一化处理，所以 Erf-BP 模型数学表达式如下：

$$AGC_{Erf\text{-}BP} = \frac{MAXY - MINY}{1 + \exp(-(Erf(X_{norm} \times IW + ones(n,1) \times b_1) \times LW + ones(n,1) \times b_2))} + MINY \quad (8\text{-}5)$$

式中，MINY 和 MAXY 分别表示实际 AGC 的最小值和最大值；X_{norm} 为归一化的输入变量，其矩阵形式是列数等于输入变量个数，行数等于样本个数；IW 和 b_1 分别表示隐含层与输入层之间的连接权值和阈值（表 8-7），其中 IW 以输入变量个数为行，隐含层个数为列；LW 和 b_2 分别表示输出层与隐含层之间的连接权值和阈值（表 8-8），其中 LW 以隐含层个数为行，输出层个数为列；n 表示样本个数；ones（$n,1$）是元素为 1 的 n 行 1 列矩阵。

表 8-7　隐含层与输入层之间的连接权值和阈值

	IW_1	IW_2	IW_3	IW_4	IW_5	IW_6	IW_7	IW_8	IW_9
b_1	2.071 388	−1.688 54	0.538 844	−1.124 65	2.267 996	0.936 545	−4.024 66	−0.883 98	−0.318 12
TM5	2.979 974	−1.313 62	−2.507 52	5.094 745	0.372 012	−0.164 03	0.322 5	−0.316 54	0.144 356
TM7	−2.689 27	−3.485 91	0.658 727	5.367 575	2.213 602	0.152 474	6.517 08	4.646 569	0.023 00
DVI	4.650 944	1.691 76	−3.738 42	−0.032 49	3.692 533	−2.922 43	−7.953 7	−3.907 75	1.415 156
IIVI	2.346 06	−5.778 48	1.823 406	4.659 155	−0.508 69	0.058 21	2.738 245	8.439 60	0.179 225

表 8-8　输出层与隐含层之间的连接权值和阈值

b_2	LW_1	LW_2	LW_3	LW_4	LW_5	LW_6	LW_7	LW_8	LW_9
1.061 436	−3.060 73	−2.323 22	−2.416 82	−1.803 91	1.831 054	1.369 696	2.338 072	1.856 63	−0.591 87

8.2.4.3　Erf-BP 模型的解释能力

采用连接权重法对 Erf-BP 模型的 4 个输入变量（TM5、TM7、DVI、IIVI）的重要性进行评价。

第一，计算隐含层神经元 j 的权重指数：$Q_{ij} = W_{ij} \times W_{jk}$，其中 W_{ij} 为输入层与隐含层之间的权重；W_{jq} 为隐含层与输出层之间的权重；$i = 1,2\cdots, p$，为输入变量个数；$j = 1,2\cdots, h$，为隐含层神经元个数；$k = 1,2\cdots, q$，为输出层神经元个数。

第二，计算输入变量 i 的重要性指数（important index of BP，BPII）：

$$\mathrm{BPII}_i = \sum_{j=1}^{h} Q_{ij}。$$

第三，计算相对重要性指数（relative important index，RII）。假设 p 个输入变量对输出变量的重要性是相等的，即 $|\mathrm{BPII}_1| = |\mathrm{BPII}_2| = \cdots = |\mathrm{BPII}_i| = \dfrac{1}{p}$，$i=1,2\cdots,p$。

变量相对重要性指数 $\mathrm{RII}_i = \dfrac{|\mathrm{BPII}_i|}{\sum\limits_{i=1}^{p}|\mathrm{BPII}_i|}$，对于 p 个输入变量，如果变量相对重要性

RII_i 大于 $1/p$ 时，则说明它在解释输出变量时具有更加重要的作用。

由表 8-7 和表 8-8 计算得到该模型 4 个变量的相对重要性指数，表明 Band7 和 DVI 的相对重要性指数大于 $1/p$，即 0.25，说明这两个变量在该模型中对毛竹林生物量碳储量的解释能力比 Band5 和 IIVI 相对重要一些。

8.2.4.4　模型估算结果与评价

Erf-BP 神经网络模型预测与实测结果如图 8-14 所示。建模和检验样本与实测值之间的相关关系分别为 0.955 和 0.761，均方根误差（rootmean squared error，RMSE）分别为 1.998 Mg C·hm^{-2}（1 Mg C=10^{6}g C）和 3.969 Mg C·hm^{-2}，说明该模型具有较高的精度。采用 Erf-BP 神经网络模型估算出整个安吉县毛竹林地上部分碳蓄积空间分布（图 8-15），直方图表明安吉县毛竹林的地上部分碳蓄积主要分布在 10～30 Mg C·hm^{-2}。此外，还将 Erf-BP 神经网络模型估算得出的结果与基于面积的方法（陈先刚等，2008）的结果比较发现，两者得出的安吉县毛竹林地上部分碳蓄积总和及平均碳蓄积基本一致，总碳蓄积分别为 1.184 Tg C 和 1.183 Tg C（1 Tg C=10^{12} g C），平均碳蓄积分别为 20.82 Mg C·hm^{-2} 和 20.80 Mg C·hm^{-2}。因此，Erf-BP 模型适合于估算大面积毛竹林的地上部分碳蓄积。

8.2.5　基于核函数的非线性偏最小二乘模型

非线性偏最小二乘算法（NLPLS）技术是在 LPLS 回归技术上发展起来的。核函数（kernel function）是一种十分流行的曲线拟合技术。基于高斯核函数变换的 NLPLS 回归方法参见文献（王惠文等，2006）。

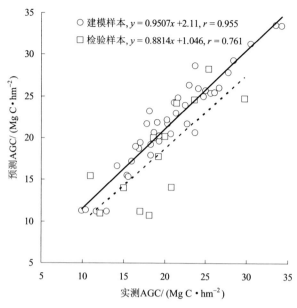

图 8-14　Erf-BP 模型预测 AGC 与实测 AGC 散点图

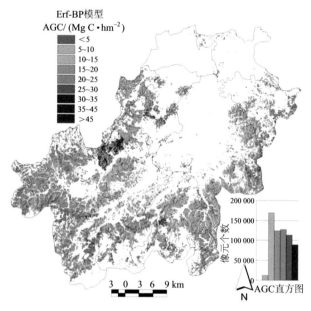

图 8-15　安吉县毛竹林地上部分碳蓄积空间分布图

　　LPLS 回归根据交叉有效检验确定提取的成分数,然后建模。而 NLPLS 回归一般提取最多的成分数建模(王惠文等,2006)。提取最多的成分数,可以保证用自变量中最大的信息来解释因变量，丢失信息最小，提高拟合精度。然而，提取最多的成分数往往不考虑噪声的影响，模型对于未知样本的预测精度如何也得不到保证。此外，M_j 还会影响模型的性能：① M_j 取值影响提取的最多成分数，核函数变换可以把原始 p 维变量映射到 $\sum_{j=1}^{p}(M_j+3)$ 维空间，可提取的最多成分数为

$$C=\sum_{j=1}^{p}(M_j+3)-3 ；② M_j 取值大小会影响窗宽 h_j 大小，从而影响核估计的精度，$$

进而对模型的预测精度产生影响。需要确定 M_j 取值和提取的成分数，获得对未知样本具有较高预测能力的 NLPLS 模型。

8.2.5.1 NLPLS 模型优化过程

NLPLS 模型优化过程如下。

第一，用高斯核函数对原始变量 $x_1, x_2, \cdots, x_p$ 进行转换时，设定每一个变量的分段数相同，并且最大取值为 n，那么 $M=1, 2, \cdots, n$。

第二，对每一个 M，提取成分从 1 到 C 变化，则可以得到 C 个模型，这样总共可以建立 $\sum_{i=1}^{n}(\sum_{j=1}^{p}(M_i+3)-3)$ 个模型。

第三，用非建模样本对模型性能进行检验，从所有模型中寻找估计值与实际值相关系数最大的模型，作为估算模型。

以 Landsat TM 数据的 6 个波段（不包括热红外波段）作为自变量，采用 2σ 准则（朱连超等，2007），对样地生物量进行异常分析，其中有三个样地的生物量（6889.767 kg、6098.426 kg、5973.844 kg）与平均值之差的绝对值大于 2σ，认为是"异常值"被删除。用 LOO 交叉有效性对模型进行检验、评价和选择。

8.2.5.2 模型结果与分析

图 8-16（a）、（b）分别为 $M=1, 2, \cdots, 8$ 时所有模型估计碳储量与实际碳储量之间的相关系数（r）曲线及模型 RMSE 变化曲线。可以看出：①当 M 一定，提取的成分数越多，相关系数越大，RMSE 越小；②提取的成分数一定时，M 越大，相关系数越大，RMSE 越小。因此，M 越大，提取的成分数越多，模型的拟合精度越高，直到 $r=1$、RMSE=0。然而，各模型的 LOO 交叉有效性检验（图 8-17）表明，预测值和观测值之间相关系数随着 M 的增大和提取成分数的增多而减小。

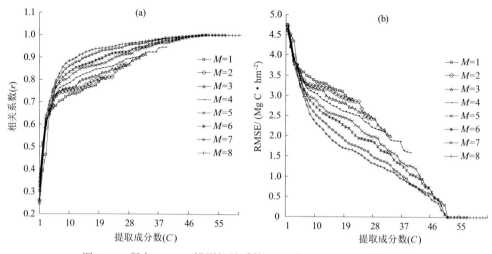

图 8-16 所有 NLPLS 模型相关系数（a）和 RMSE（b）变化趋势

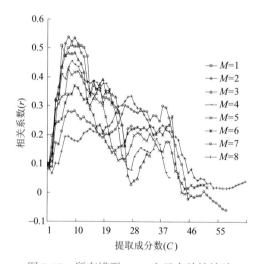

图 8-17 所有模型 LOO 交叉有效性检验

根据模型优化方法，分析图 8-17 发现，当 $M=2$，提取成分数为 7 时，所建立的 NLPLS 模型估计碳储量与实际碳储量之间的相关系数 r 最大为 0.5383。因此，选择该模型作为毛竹林碳储量遥感估算模型 [(8-6) 式]，模型参数见表 8-9。

$$\hat{y} = \beta_0 + \beta_{1,0} Z_{1,0} + \beta_{1,1} Z_{1,1} + \beta_{1,2} Z_{1,2} + \beta_{1,3} Z_{1,3} + \beta_{1,4} Z_{1,4} + ... + \beta_{6,3} Z_{6,3} + \beta_{6,4} Z_{6,4} \quad (8-6)$$

式中，$Z_{1,0}$、$Z_{1,1}$、$Z_{1,2}$、$Z_{1,3}$ 和 $Z_{1,4}$ 是由第 1 波段通过高斯核函数转换得到的新变量，$\beta_{1,0}$、$\beta_{1,1}$、$\beta_{1,2}$、$\beta_{1,3}$ 和 $\beta_{1,4}$ 是相应的回归系数，其他以此类推；β_0 是常数项。

表 8-9 NLPLS 模型的参数（$M=2$，提取成分为 7）

	$Z_{j,0}$	$Z_{j,1}$	$Z_{j,2}$	$Z_{j,3}$	$Z_{j,4}$
$\beta_{1,l}$	−23.1040	−4.5448	57.8866	5.7454	−6.0209
$\beta_{2,l}$	−6.3233	−0.3993	5.8991	0.6624	3.4151
$\beta_{3,l}$	16.5727	−2.9680	−63.3882	0.0403	19.8799
$\beta_{4,l}$	−38.9485	−8.9865	24.3179	11.1075	26.3094
$\beta_{5,l}$	40.0026	34.2163	−33.4046	−33.7063	−31.0655
$\beta_{6,l}$	−37.2026	−8.8144	58.0435	9.8694	14.0034
β_0		5.4238			

注：$j = 1, 2, \cdots, 6$；当 $m = 2$ 时，$l = 0, 1, \cdots, 4$

优选的 NLPLS 回归模拟拟合结果较好，观测值和预测值之间具有较好的线性关系 [图 8-18（a）]，说明模型性能比较好。为了说明 NLPLS 模型的优势，也给出在同样的样本条件下 LPLS 模型和多元线性模型（LOLS）的拟合结果，如图 8-18（b）、（c）所示，尽管这两个模型拟合结果也具有显著的线性相关关系，但相关系数都明显低于 NLPLS 模型。

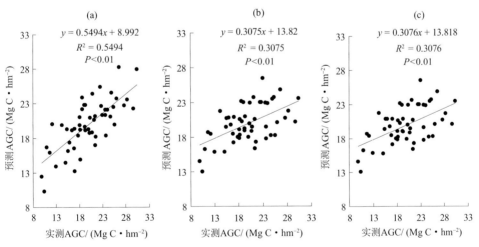

图 8-18 毛竹林碳储量预测值与观测值相关性

（a）NLPLS；（b）LPLS；（c）LOLS

另外，表 8-10 对三种模型的 LOO 交叉有效性检验也说明 NLPLS 模型具有明显的优势。三种模型的偏差都接近于 0，说明它们对毛竹林碳储量遥感反映结果的平均值与观察平均值接近，但 NLPLS 模型具有最高的相关系数（$r=0.5383$）

和最低的均方根误差 RMSE；另外，NLPLS 模型的方差比 VARr 最大，说明该模型预测结果能更好地保留样本的方差特征。因此，当应用优化的 NLPLS 模型估算毛竹林碳储量时，其预测结果更可靠。

表 8-10　NLPLS、LPLS 和 LOLS 模型 LOO 交叉有效性精度评价参数

	NLPLS	LPLS（$5^{\#}$）	LOLS
r	0.5383**	0.3767**	0.3604**
BIAS（偏差）	−0.0193	−0.0014	0.0082
RMSE（均方根误差）	4.3018	4.6389	4.6915
RMSEr/%（相对均方根误差）	21.56	23.24	23.51
VARr（方差比）	0.7866	0.5760	0.5798

注：** 显著水平为 0.01；$5^{\#}$ 指提取 5 个成分建立 LPLS 模型

8.2.5.3　NLPLS 模型的解释能力

由 NLPLS 模型提取各变量非线性成分可以直观分析各变量对毛竹林生物量碳储量的非线性响应或贡献。该方法的主要计算过程是根据各波段核变换得到的新的自变量 [如式（8-6）] 及相应的回归参数 $\beta_{j,l}$，求解每一个波段对生物量碳储量的独立预测结果，然后分析其变化情况。

分析表明，各波段对竹林碳储量的响应具有明显的非线性特征，为二次多项式性关系。除 Band3 和 Band5 为负响应外，其他波段基本为正响应。Band1 和 Band7 在碳储量达到 25 Mg C · hm^{-2} 左右时接近饱和，此后，随着反射率的增加，碳储量减少；而 Band4 在碳储量达到 16 Mg C · hm^{-2} 左右时接近饱和。Band3 和 Band5 碳储量相应的饱和点分别为 −24 Mg C · hm^{-2} 和 −27 Mg C · hm^{-2}。相对而言，Band2 的饱和点比较小，为 2.6 Mg C · hm^{-2}。另外，从光谱响应范围看，三个红外波段的反射率变化范围明显大于三个可见光波段，其中 Band4 光谱变化范围最大。

另外也采用多元回归中的通径分析方法分析了 Band1-4,5,7 对毛竹林碳储量的解释，分析表明，Band4、Band5 和 Band7 具有较大的直接通径系数，说明这三个波段对毛竹林 AGB 直接影响比较大，且只有这三个波段的偏相关系数达到显著水平。另外，无论是直接通径系数还是间接通径系数，Band3、Band5 对 AGB 都是有负影响，而其他波段均为正影响。

8.3　Landsat 结合 MODIS 数据毛竹林 AGC 估算

多源遥感能够实现时间分辨率、空间分辨率和光谱分辨率的互补，在大面

积、全方位森林资源遥感监测方面具有明显优势（陈芸芝等，2004）。但多源遥感信息综合利用需要解决尺度转换和混合像元两个问题。尺度转换是指把某一尺度上的信息转换到其他尺度上的过程，即跨尺度信息转换（邬建国，2007），分为尺度上推和尺度下推。尺度上推指高分辨率、小尺度的数据通过复合或平均变成低分辨率、大尺度的数据，反之为尺度下推。基于像元的尺度转换方法很多，可大致分为数理统计、融合转换等（彭晓鹃等，2004；周觅，2010），其中数理统计主要用于尺度上推的转换，即将 $n \times n$（n>1）窗口合并成单一窗口的方法，包括中心点法、最近邻法、局部平均法、双线性内插法和卷积法等；数据融合主要用于尺度下推的转换，即通过彩色模型变换、主成分分析法、高通滤波和小波变换等方法融合不同分辨率遥感影像从而实现尺度转换。为解决混合像元产生的一系列问题，人们发展了多种像元分解方法，提取不同地物类型的丰度来改善遥感解译精度，这些方法包括线性模型、几何光学模型、随机几何模型、概率模型和模糊模型等（范渭亮等，2010）。源于信号处理中信号探测的匹配滤波（matched filtering，MF）技术也是一种提取目标丰度的很好方法，并在遥感中得到应用，其实质是计算一个滤波矢量，让像元对目标光谱的响应强，而对背景的响应接近0，从而使得探测目标和背景之比最大化。MF 输出结果为所有像元与参照端元的相对匹配程度或得分（0～1），1 表示完全匹配（Boardman and Kruse，2011）。

　　本节将在 Landsat TM 毛竹林分布信息提取的基础上（见 8.1 节相关内容），结合 MODIS 数据，采用 MF 技术大范围提取竹林分布信息，并估算其碳储量，为基于多源遥感大范围竹林碳监测提供技术支持。

8.3.1　研究方法

8.3.1.1　研究区

　　研究区位于长三角地区，如图 8-19 所示，主要包括江苏东南部、上海和浙江东北部。

8.3.1.2　地面样地

　　样地调查主要在浙江进行。于 2008 年 8 月 19 日～ 2008 年 9 月 3 日采用典型抽样和随机抽样相结合的方法在浙江省安吉和临安分别设置了具有不同立地条件、不同立竹度及不同经营状况的 92 个大小为 30 m×30 m 的样地（其中安吉县 55 个，临安市 37 个）。调查内容包括样地经纬度、海拔、坡度、郁闭度、毛竹胸径和年龄（度）。

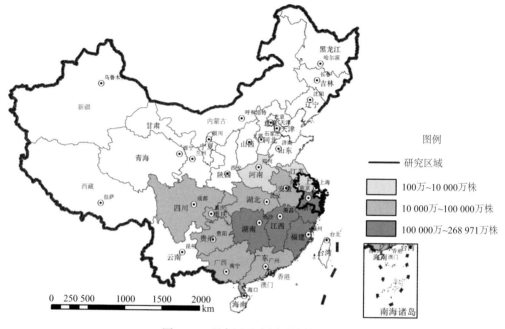

图 8-19　研究区及中国毛竹林分布

8.3.1.3　毛竹林分布信息尺度转换

采用局部平均法对安吉县 Landsat TM 数据提取的毛竹林分布信息进行尺度转换和丰度计算，具体步骤为：①将 TM 获得的毛竹林像元赋值为 1，非毛竹林赋值为 0，记为 TM_{bamboo}，如图 8-20（a）所示；②统计 TM_{bamboo} 10×10 窗口内毛竹像元所占的比例，即丰度，并将其作为对应于 MODIS 像元大小的毛竹林实际丰度，记为 TM_MODIS_{bamboo}，如图 8-20（b）所示。

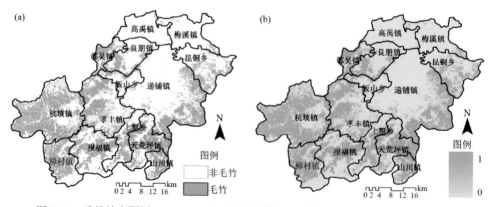

图 8-20　毛竹林专题图 TM_{bamboo}（a）和尺度转换后毛竹林丰度 TM_MODIS_{bamboo}（b）

8.3.1.4　多源遥感毛竹林分布信息提取

采用最大似然分类和匹配滤波两种方法相结合，从 MODIS 数据中提取毛竹林信息。首先对预处理后的 MODIS-NDVI 数据（10 个波段）进行最小噪声分离（MNF 变换）；然后，选择训练样本，采用最大似然法对研究区土地利用进行分类，主要包括城镇、林地、水体、泥滩和耕地 5 个类型；最后，采用匹配滤波计算林地像元中毛竹林的比例。

MF 得到的毛竹林丰度为相对丰度（记为 MF_MODIS_{bamboo}），需要用实际丰度，即 TM_MODIS_{bamboo} 对 MF_MODIS_{bamboo} 进行校正，以便得到更为精确的毛竹林丰度。

8.3.1.5　地上碳储量估算

以 MODIS-NDVI 的 10 个波段和 10 个 MNF 成分共 20 个遥感变量作为自变量，安吉县毛竹林样地 AGC 作为因变量，采用向后剔除法筛选变量（backward select variable）建立碳储量估算模型。由于毛竹林样地转化为 250×250 大小是按线性比例直接转化的，且模型是以像元为单位进行估算，该过程没有考虑毛竹林在每个像元中所占的比例，因此，最终 AGC 估算结果是模型估算得到的 AGC 与毛竹林丰度的乘积。

8.3.2　结果与分析

8.3.2.1　MODIS 数据土地利用分类

MNF 前三个成分能较好地区分水体、泥滩、耕地、城镇、林地等 5 种地物类型。图 8-21 为 5 种地物在 MNF 成分上的变化曲线，可以看出，MNF1、2 能区分出耕地、城镇、林地，而 MNF1、3 对水体和泥滩的区分能力很好。因此，可从 MNF1、2、3 三个成分两两组合散点图中选取水体、泥滩、耕地、城镇、林地 5 种地物类型的训练样本，5 种地物类型在 MNF 散点图中的位置如图 8-22 所示。

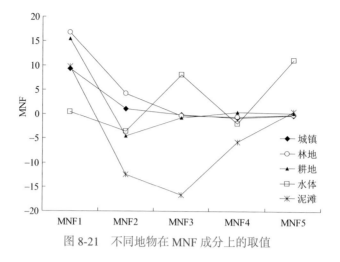

图 8-21　不同地物在 MNF 成分上的取值

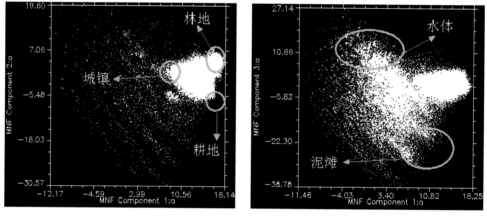

图 8-22　5 种地物类型在 MNF 散点图中的位置

　　MNF 前 5 个主成分包含原始数据 94.65% 的信息，故以 MNF 变换前 5 个成分作为分类的特征，采用所选择训练样本，用最大似然法进行监督分类，分类结果如图 8-23 所示。

　　分类精度评价表明，分类结果比较令人满意。随机抽取 256 个像元建立分类混淆矩阵，如表 8-11 所示，分类总精度为 92.97%，Kappa 系数达到 0.8 以上；另外，林地的分类精度为 86.11%，精度较高，为从林地中提取毛竹林信息奠定了基础。

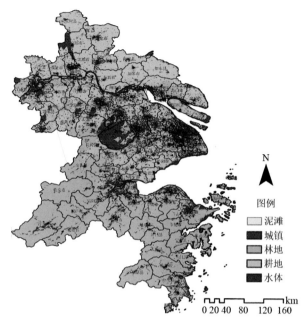

图 8-23　研究区土地利用分类图

表 8-11　MODIS 数据分类混淆矩阵分析

类别	类别					总计	用户精度 /%
	城镇	林地	水体	泥滩	耕地		
城镇	21	1	1		2	25	84.00
林地		31			5	36	86.11
水体		3	137	1	1	142	96.48
泥滩				1		1	100.00
耕地	2	1	0	1	48	52	92.31
总计	23	36	138	3	56	256	
总精度 /%			92.97				
Kappa 系数			0.8880				

8.3.2.2　毛竹林信息提取与评价

毛竹端元选择是通过 MF 技术提取毛竹林信息的关键步骤，NMF 是选择端元较好的方法之一（徐小军等，2011）。通过图 8-23 林地专题信息对 MODIS 数据掩膜得到林地范围的 NDVI 数据，在此基础上，对林地 NDVI 数据再次进行

MNF 变换。分析表明，MNF2、3 两个主成分的散点图能较好地提取毛竹端元，图 8-24（a）是毛竹端元在散点图上的表现。图 8-24（b）是 MF 得到的毛竹林相对丰度 MF_MODIS$_{bamboo}$。

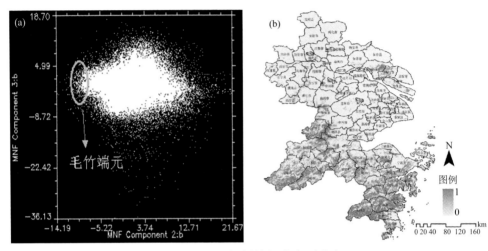

图 8-24　毛竹端元（a），以及匹配滤波结果，即相对丰度 MF_MODIS$_{bamboo}$（b）

用实际丰度，即 TM_MODIS$_{bamboo}$ 对 MF_MODIS$_{bamboo}$ 进行校正后，毛竹林的丰度更接近实际情况。在 TM_MODIS$_{bamboo}$ 上随机抽取样本建立如图 8-25（a）所示的校正方程，校正前后的精度统计见表 8-12。由表 8-12 可以看出，校正前后的 BIAS 均接近 0，说明二者都保留了 TM_MODIS$_{bamboo}$ 的平均信息，但校正后的 BIAS 仅为校正前的 1/4，且校正后的平均值更接近 TM_MODIS$_{bamboo}$ 的平均值；另外，校正后 RMSE 为 0.0991，比校正前 RMSE（0.1159）降低了 15% 左右。因此，匹配滤波得到的毛竹林丰度经校正后得到改善，图 8-25（b）是采用图 8-25（a）所示的校正方程对相对丰度 MF_MODIS$_{bamboo}$[图 8-24（b）] 校正后的结果。

表 8-12　MF_MODIS$_{bamboo}$ 校正前后统计

	TM_MODIS$_{bamboo}$	MF_MODIS$_{bamboo}$	
		校正前	校正后
Mean	0.4185	0.4114	0.4167
BIAS*		−0.0072	−0.0018
RMSE*		0.1159	0.0991

注：* 指校正前后的 MF_MODIS$_{bamboo}$ 与 TM_MODIS$_{bamboo}$ 之间的统计，$BIAS = \dfrac{1}{n}\sum\limits_{i=1}^{n}(\hat{y}_i - y_i)$，$RMSE = \sqrt{\dfrac{\sum\limits_{i=1}^{n}(\hat{y}_i - y_i)^2}{n}}$。$y_i$ 为校正前后 MF_MODIS$_{bamboo}$，y_i 为 TM_MODIS$_{bamboo}$，n 为样本数

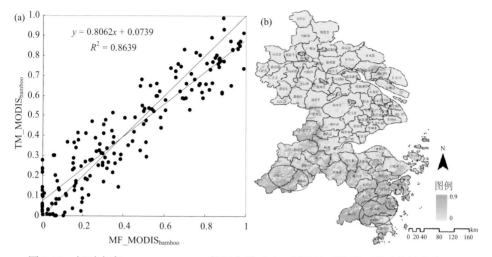

图 8-25　相对丰度 MF_MODIS$_{bamboo}$ 校正方程（a），以及校正结果，即毛竹林丰度（b）

毛竹林丰度空间分布 [图 8-25（b）] 基本反映了江苏省、上海市毛竹林少，而浙江省毛竹林多的实际情况，但浙江部分县市的丰度明显偏高。由图 8-25（b）计算得到研究区浙江范围内各县市的毛竹林面积与实际面积之间的散点图系，如图 8-26 所示。

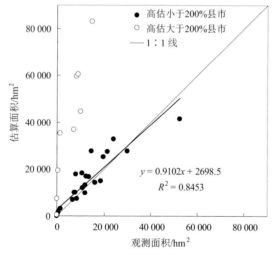

图 8-26　研究区浙江省各县市各毛竹林估算面积与实际面积之间的关系

37 个县市中，淳安、建德、三门、临海、台州等 9 个县市严重高估，其高估超过 200%，它们主要分布在研究区东南和西南 [见图 8-25（b）椭圆内]。其余 28 个县市估算面积与实际面积之间的相关指数 R^2 为 0.8453（图 8-26），表明大部分县市毛竹林信息提取精度较好，另外，这些县市的实际面积总和为 30.996 万 hm²，而估算面积为 35.768 万 hm²，面积估算精度为 85% 左右，毛竹林总面积估算精度较高。

8.3.2.3　毛竹林地上碳储量

20 个变量采用向后剔除法筛选变量（backward select variable）后，有 NDVI2、MNF3、MNF5、MNF9 和 MNF10 等 5 个变量入选毛竹林碳储量估算模型，模型的表达式见式（8-7），模型的拟合精度较高，相关指数 R^2 为 0.491。

$$\mathrm{AGC}_{\mathrm{bamboo}}= -76\,602+241\,559.2\mathrm{NDVI}_2+5004.87\mathrm{MNF}_3+5216.693\mathrm{MNF}_5 \\ +2545.236\mathrm{MNF}_9+5403.904\mathrm{MNF}_{10} \tag{8-7}$$

由式（8-7）估算结果与毛竹林像元丰度相乘得到的研究区像元的毛竹林 AGC 空间分布如图 8-27 所示。由图 8-27 可见，浙江多数县市的碳储量为 0～15 Mg C·hm⁻²，东南和西南县市碳储量较高，但这些县市丰度估算严重高估，由于碳储量估算结果是丰度与模型估算结果的乘积，因此它们的碳储量估算可能不符合实际情况；西北部安吉县碳储量分布情况与先前基于 Landsat TM 数据的估算结果比较接近（图 8-27）。

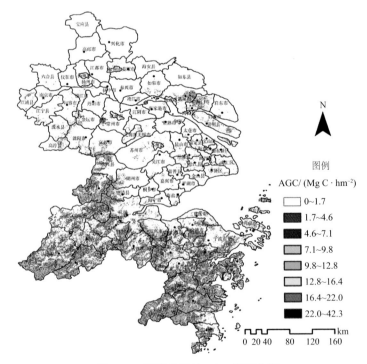

图 8-27　研究毛竹林 AGC 空间分布

用临安市毛竹林样地对模型预测性能进行分析表明，模型的预测精度较好。图 8-28 是临安部分样地观测 AGC 与预测 AGC 之间的相关关系，二者之间的相关指数 R^2 为 0.4778，相关性较高，在 0.01 检验水平下显著相关；另外，方差比（预测方差与观测方差之比）为 0.86，接近 1，说明预测碳储量保留了观测碳储量的结构信息，且 RMSE 为 3.06 Mg C · hm^{-2}，相对 RMSE 为 15.2%，说明模型预测能力好、预测误差较小。

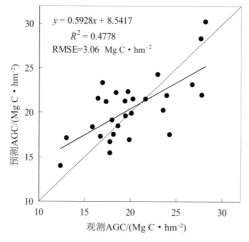

图 8-28　观测 AGC 与预测 AGC 之间的相关关系（临安）

8.3.2.4　小结

本节利用局部区域 Landsat TM 毛竹林专题信息及少量的地面调查样地，在尺度转换的基础上，与 MODIS 数据的 NDVI 产品结合，采用 MF 技术提取毛竹林信息并估算其碳储量，为从粗分辨率遥感影像提取毛竹林信息和估算毛竹林碳储量提供了一种可行的方法。研究表明，多数县市毛竹林信息提取精度较高，毛竹林估算面积与实际面积之间的相关指数 R^2 为 0.8453；毛竹林 AGC 估算模型拟合精度较高，临安市毛竹林观测 AGC 与预测 AGC 之间的相关指数 R^2 为 0.4778，RMSE 为 3.06 Mg C/hm^2，说明模型具有较好的预测能力，碳储量的空间分布在一定程度上反映了研究区的实际情况。

8.4　竹林碳储量时空演变遥感监测

8.4.1　毛竹林碳储量时空演变

8.4.1.1　多时相遥感数据分类

采用 2008 年 7 月 5 日、2004 年 7 月 26 日、1998 年 8 月 11 日、1991 年 7 月 23 日和 1986 年 7 月 25 日，共 5 期，时间总跨度为 22 年的安吉县 Landsat-5 TM 影像，对毛竹林进行动态监测。

图 8-29 是采用最大似然法得到的安吉县土地利用图。利用安吉县清查资料中的竹林面积统计数据与分类结果进行对比，评价分类结果的可靠性。根据清查数据与遥感影像的分类结果相比，各年份竹林面积的精度分别达到了 96.12%、95.61%，96.80%、97.00% 和 97.28%，两者的相关指数（R^2）为 0.9814，说明影像分类得到的毛竹林面积与安吉县森林资源清查资料吻合（崔瑞蕊等，2011）。因此，毛竹林遥感信息提取精度能够很好地满足动态变化分析与评价。

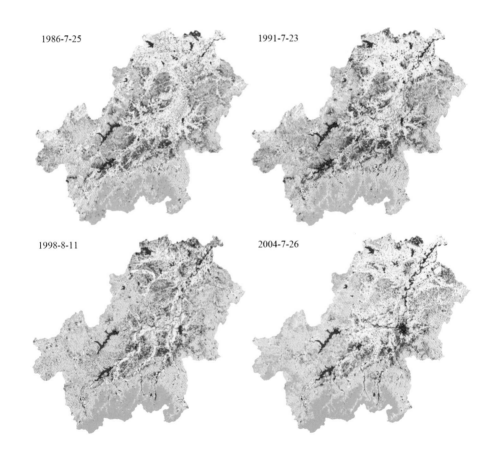

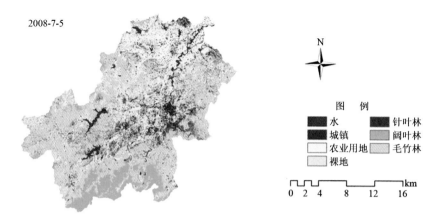

图 8-29　安吉县 5 个时期遥感影像分类图

8.4.1.2　毛竹林演变的空间特征

以毛竹为主的竹林资源是安吉县森林资源最重要的组成部分，全县的竹林面积占林业用地面积的一半。总体看（图 8-29），毛竹林主要分布在西北、西南和东部低山丘陵地区。其中杭垓镇、递铺镇、孝丰镇、报福镇、章村镇、天荒坪镇、山川镇、昆铜乡、鄣吴镇、上墅乡、良朋镇等 11 个乡镇的竹林面积占全县竹林面积的 94.61%，而北部的高禹镇、梅溪镇、溪龙乡、皈山乡等平原地区乡镇分布较少，仅占全县竹林总面积的 5.39% 左右。

当然，毛竹林分布范围随时间而变化。为了更好地描述这种动态变化，利用相邻两个时期毛竹林专题图相减（1986 ～ 1991 年，1991 ～ 1998 年，1998 ～ 2004 年，2004 ～ 2008 年）获得毛竹林空间演变特征，如图 8-30 所示。总体上，在安吉县南部和西南地区，毛竹林增加比较多。

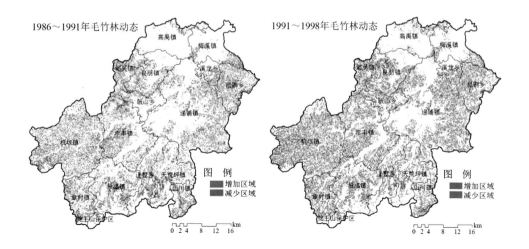

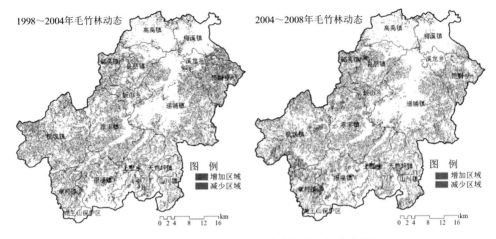

图 8-30　近 30 年安吉县毛竹林演变的空间分布特征

8.4.1.3　毛竹林演变的数量特征

从安吉县 4 个时段土地利用转移矩阵（表 8-13）中发现，安吉县毛竹林总面积由 1986 年占全县总面积的 28.89% 增加到 2008 年的 37.15%，其中针叶林、阔叶林及农业用地的减少对毛竹林总面积增加的贡献最大。近 30 年内针叶林、阔叶林的总面积，分别由 1986 年占全县总面积的 14.41% 和 20.52% 减少到 2008 年的 9.38% 和 17.11%。从 4 个时段看：① 1986~1991 年，阔叶林地和针叶林地的面积分别变化了 4.47 个百分点和 2.45 个百分点，对毛竹林地面积扩张的贡献率分别为 57.84% 和 19.45%；② 1991 ～ 1998 年，这两种地类的面积变化与上一时间段基本一致，分别为 4.97 个百分点和 1.42 个百分点，它们对毛竹林面积扩张的贡献率分别为 27.68% 和 40.83%；③ 1998 ～ 2004 年，两种地类的面积分别变化了 3.93 个百分点和 6.06 个百分点，阔叶林面积变化增幅比较大，两者对毛竹林面积扩张的贡献率分别为 42.01% 和 28.27%；④ 2004 ～ 2008 年，两种地类的面积分别变化了 4.61 个百分点和 0.71 个百分点，对毛竹林地扩张的贡献率分别为 42.67% 和 22.51%。另外，在近 30 年里，由于毛竹林可观的经济效益，大量农业用地转化为毛竹林地，4 个时间段对毛竹林扩张的贡献值分别为 21.56%、26.02%、15.65% 和 30.52%。

表 8-13　安吉县 4 个时段土地利用转移矩阵（hm²）

年份	土地类型	水体	城镇	农地	裸地	针叶林	阔叶林	竹林	面积比	贡献*
1986～1991年	水体	1 893.58	43.26	164.08	7.24	126.21	3.71	7.77	1.19%	0.03%
	城镇	48.79	960.34	464.27	115.29	66.26	14.72	31.88	0.90%	0.14%
	农地	603.42	1 971.26	40 403.98	4 993.54	5 771.78	2 178.55	5 012.07	32.23%	21.56%
	裸地	26.62	234.9	1 036.77	1 247.00	166.17	572.22	227.36	1.86%	0.98%
	针叶林	52.16	47.87	4 350.62	261.78	16 053.13	1 946.66	4 520.55	14.41%	19.45%
	阔叶林	14.32	33.32	2 916.75	602.03	3 364.39	18 423.07	13 443.82	20.52%	57.84%
	毛竹林	19.61	57.71	3 595.76	422.45	6 318.06	7 210.58	36 987.16	28.89%	—
	面积比	1.41%	1.77%	28.00%	4.05%	16.86%	16.05%	31.86%	—	
1991～1998年	水体	1 611.69	110.8	143.33	334.67	246.87	92.94	118.20	1.41%	0.43%
	城镇	101.64	1 018.9	649.92	716.22	383.39	218.40	260.45	1.77%	0.94%
	农地	551.27	1 505.1	21 869.51	7 045.99	9 103.42	5 668.62	7 182.83	28.00%	26.02%
	裸地	92.13	399.1	1 477.89	1 696.74	1 308.50	1 546.69	1 127.98	4.05%	4.09%
	针叶林	334.93	253.4	4 066.10	1 995.41	10 515.19	3 430.35	11 270.40	16.86%	40.83%
	阔叶林	60.03	85.98	1 639.24	1 175.00	2 151.53	17 602.21	7 641.22	16.05%	27.68%
	毛竹林	131.47	238.90	2 327.38	2 519.03	5 475.56	11 198.31	38 340.22	31.86%	—
	面积比	1.53%	1.91%	17.02%	8.19%	15.44%	21.03%	34.88%	—	
1998～2004年	水体	1 951.71	81.58	410.10	58.94	193.43	36.01	151.44	1.53%	0.55 %
	城镇	157.03	1 503.1	1 308.07	184.81	120.73	77.79	260.38	1.91%	0.95 %
	农地	219.69	1 246.5	21 631.88	1 239.35	1 201.41	2 351.05	4 282.77	17.02%	15.65%
	裸地	466.15	1 198.1	7 324.29	1 115.48	661.44	1 272.70	3 440.13	8.21%	12.57%
	针叶林	217.75	524.3	9 916.22	1 011.22	7 731.22	2 042.09	7 736.84	15.44%	28.27%
	阔叶林	144.44	319.7	5 549.86	739.96	1 457.04	20 063.38	11 495.59	21.04%	42.01%
	毛竹林	105.98	431.1	8 729.94	941.01	6 360.18	6 505.72	42 864.93	34.88%	—
	面积比	1.73%	2.81%	29.03%	2.80%	9.38%	17.11%	37.15%	—	
2004～2008年	水体	2 313.66	39.96	648.26	45.42	134.59	27.56	53.43	1.73%	0.22%
	城镇	165.26	2 317.1	1 990.68	493.68	78.32	29.46	230.11	2.81%	0.95%
	农地	421.14	2 541.7	37 068.96	2 439.37	3 047.68	1 933.12	7 422.72	29.03%	30.52%
	裸地	119.98	614.23	2 518.23	818.80	173.07	284.01	762.91	2.80%	3.14%
	针叶林	172.66	134.22	3 614.24	358.28	7 363.07	609.59	5 473.15	9.38%	22.51%
	阔叶林	72.47	186.24	3 696.66	512.24	775.82	16 725.67	10 376.86	17.11%	42.67%
	毛竹林	65.65	286.57	11 955.59	662.02	4 817.10	4 012.72	48 430.54	37.15%	—
	面积比	1.76%	3.24%	32.53%	2.82%	8.67%	12.50%	38.48%	—	

注：* 贡献即某地类转化为毛竹林的面积占所有地类转化为毛竹林总面积的比例

8.4.1.4 碳储量时空演变

由于不同时期的遥感数据都进行了大气校正，因此，可以采用同一模型对不同时期毛竹林碳储量进行估算。采用 2008 年数据构建 Erf-BP 神经网络模型，估算不同时期毛竹林地上部分碳储量，并以像元为单位转化为碳密度，估算结果如图 8-31 所示。

从碳密度分布图上可以看出，从 1986 年开始，毛竹林碳密度和碳储量均持续增长，与毛竹林面积成正比。且安吉县毛竹林主要分布在西北、西南和东部丘陵地区的 11 个乡镇，占全县竹林总面积的 94.61%；北部的 4 个乡镇分布较少，仅占全县竹林总面积的 5.39%。从空间分布来看，北部 4 个乡镇的毛竹相对较分散，因此碳密度较低。5 个时期毛竹林碳密度空间分布有相似的特征，即东南、南部和西南部的碳密度相对较高，西北和东北较低。

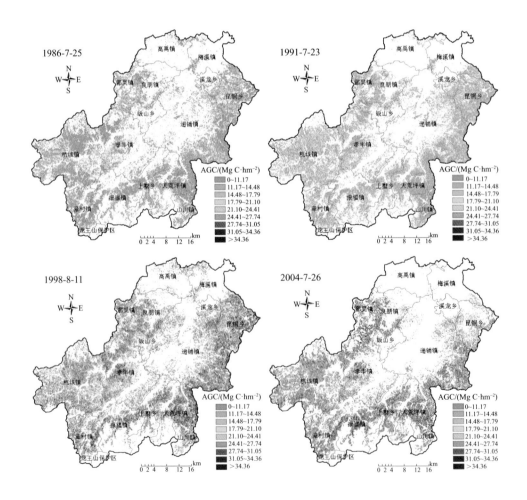

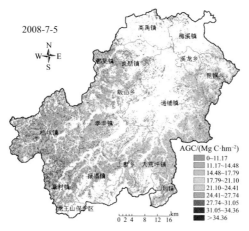

图 8-31　各时期毛竹林地上碳密度分布图

表 8-14 是各时期毛竹林碳储量估算结果。可以看出，从 1986 年到 2008 年，安吉县毛竹林碳储量总体上逐渐增大，5 个年份碳密度由远及近分别是 11.50 Mg C · hm⁻²，15.09 Mg C · hm⁻²，18.35 Mg C · hm⁻²，23.41 Mg C · hm⁻²，22.46 Mg C · hm⁻²。2008 年的碳密度为 22.46 Mg C · hm⁻²，小于 2004 年的碳密度值（23.41 Mg C · hm⁻²），主要是受 2008 年南方雪灾的影响。在密度较高的林分中，2 度竹的生物量所占的比例最高（林华，2002），由于竹林冠层难以承受大雪的压力，部分毛竹折断或死亡，2 度竹生物量降低，导致整体碳密度降低。

表 8-14　各时期毛竹林地上碳储量及碳密度

年份	毛竹林面积 */hm²	碳密度 /（Mg · hm⁻²）	总碳储量 /Mg C
1986	43 050.00	11.50	495 075
1991	47 205.28	15.09	712 327.7
1998	53 045.08	18.35	973 377.2
2004	55 006.74	23.41	1 287 708
2008	57 074.01	22.46	1 281 882

注：* 由于历史数据和地面资料不全（2008 年除外），分类过程中毛竹和杂竹难以区分，因此，毛竹林面积为分类统计面积乘以毛竹占竹林总面积的平均比例 [平均比例从安吉县森林资源规划设计调查成果报告（1999年、2008 年）提供的相关数据计算得到]

8.4.2　雷竹林土地利用时空动态

8.4.2.1　雷竹林时空分布信息提取

所采用的遥感数据为临安市东部 17 个乡镇 2002 年和 2008 年两个时期的

Landsat TM 影像。在遥感数据预处理的基础上，采用最大似然法得到两个时期雷竹林区土地利用分布图，如图 8-32 所示。

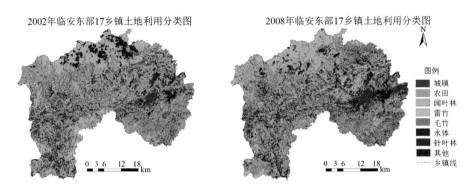

图 8-32   2002 年和 2008 年临安东部 17 乡镇土地利用分类图

通过混淆矩阵的统计分析，计算得到 2002 年和 2008 年土地利用类型的精度，如表 8-15 所示。影像的分类总体精度分别达到了 87.11% 和 85.94%。2008 年雷竹分类精度高于 2002 年，这可能是 2002 年影像质量如云等因素影响的结果。当然，雷竹林的分类精度大于 80%，满足竹林遥感信息提取的需要。

表 8-15   研究区土地利用遥感分类精度表

项目	2002		2008	
	生产精度	用户精度	生产精度	用户精度
针叶林	89.80%	86.27%	88.64%	82.98%
农田	85.00%	83.36%	87.50%	87.50%
雷竹	79.00%	83.58%	92.75%	88.89%
毛竹	82.35%	73.68%	80.00%	81.25%
水域	94.26%	95.12%	91.23%	92.35%
阔叶林	91.89%	80.95%	75.61%	86.11%
城镇	79.49%	96.88%	96.83%	95.24%
其他	80.95%	82.93%	85.71%	85.71%
总体精度	87.11%		85.94%	
Kappa 系数	0.8504		0.8239	

8.4.2.2   雷竹林时空变化分析

将两期土地利用分类图进行相减，得到临安市 2002 ～ 2008 年雷竹林与其他各类型之间的转移图（图 8-33）。图 8-33 直观地显示了雷竹林与其他各类型的变化：数量上，转移最多的为农田；空间上，西南部及东部高虹、横畈、太阳等乡镇转移较为明显。

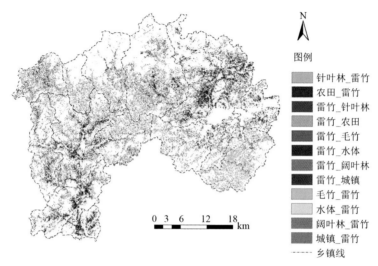

图 8-33 2002～2008 年临安东部 17 乡镇雷竹林空间面积转移图

针叶林 _ 雷竹为针叶林转为雷竹的面积，以此类推

由图 8-33 统计得到表 8-16 所示雷竹林区土地利用转移矩阵。可以看出：①雷竹主要是由农田转化而来的，面积为 12 526.67 hm²，转移比率到达 36.86%；②毛竹林转为雷竹林的面积较大，有 9380.00 hm²，转移比率为 32.27%；③另外有 3986.67 hm² 和 3340.00 hm² 分别是由针叶林和阔叶林转移而来。

表 8-16 雷竹林区土地利用转移矩阵表（hm²）

2008 年 \ 2002 年	针叶林	农田	雷竹	毛竹	水域	阔叶林	城镇	其他	合计
针叶林	18 540.00	2 766.67	1 506.67	2 100.00	40.00	5 500.00	93.33	320.00	30 866.67
农田	460.00	7 333.33	1 020.00	226.67	26.67	193.33	760.00	133.33	10 153.33
雷竹	3 986.67	12 526.67	16 006.67	9 380.00	6.67	3 340.00	993.33	1 060.00	47 300.0
毛竹	8 806.67	4 266.67	2 853.33	14 306.67	0.00	15 800.00	186.67	1 513.33	47 733.33
水域	60.00	453.33	26.67	6.67	1 073.33	0.00	200.00	0.00	1 820.00
阔叶林	1 366.67	913.33	233.33	2 353.33	0.00	17 753.33	66.67	4 160.00	26 846.67
城镇	320.00	5 060.00	946.67	133.33	26.67	120.00	5 380.00	80.00	12 066.67
其他	423.33	660.00	306.67	560.00	0.00	1 200.00	180.00	306.67	3 626.67
合计	33 953.33	33 980.00	22 900.00	29 066.67	1 173.33	43 906.67	7 860.00	7 573.33	180 413.33

8.4.2.3 雷竹林碳储量时空演变

1）雷竹林碳储量遥感反演模型构建与选择

以 2008 年临安市遥感影像的 6 个波段和 5 个植被指数（RVI、NDVI、SAVI、IIVI 和中红外指数 MI=Band5/Band7）为自变量，采用逐步回归法建立多元线性模型（变量进入和删除的检验水平分别为 0.1 和 0.15），估算雷竹林生物量。

所构建的生物量模型如式（8-8），模型相关系数 r 为 0.687，RMSE 为 2.854，精度较高。采用该模型对 2008 年临安市雷竹林生物量进行估算，并按森林植被生物量与碳的转换系数（取 0.5）得到雷竹林碳储量。

$$y = 0.009 \times Band4 + 0.005 \times Band5 - 23.106 \tag{8-8}$$

由于 2002 年和 2008 年数据都采用 DOS3 模型进行绝对大气校正，而两期影像均为 7 月的数据。因此，也可以采用式（8-8）估算 2002 年雷竹碳储量。

2）雷竹碳储量时空分布

利用式（8-8）反演得到 2002 年和 2008 年临安市东部 17 个乡镇雷竹碳储量分布，分别如图 8-34 和图 8-35 所示。从数量上，2002 年雷竹林碳储量总体不高，主要集中在 $7 \sim 11$ Mg C·hm^{-2} 这个范围里；从空间上，2002 年中部如太湖源乡南部和西天目乡南部雷竹林碳储量相对较高，而西南部和东南部碳储量较低。到 2008 年，雷竹林碳储量总体上有所增加，碳储量分布区间大于 11 Mg C·hm^{-2} 的乡镇增多。

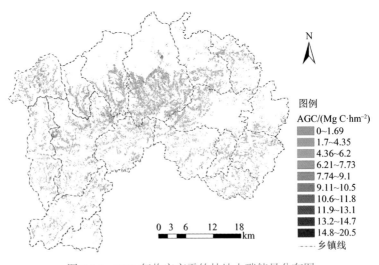

图 8-34　2002 年临安市雷竹林地上碳储量分布图

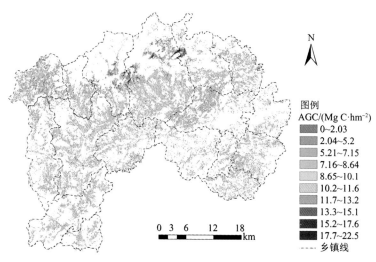

图 8-35　2008 年临安市雷竹林地上碳储量分布图

8.5　小　　结

遥感因子与 AGC 之间的关系并非都是线性的，本章构建了 Erf-BP 非参数神经网络、基于高斯核函数的非线性偏最小二乘模型，实现了县域尺度竹林碳储量及空间分布的高精度遥感估算；研究结果为快速、精确估算竹林碳储量并评价其碳汇功能提供了重要的方法。

各国科学家采用了大量的森林清查资料，对森林生态系统碳通量/储量和碳汇/源已有很多的估计值，但基于不同方法所计算的结果之间存在较大的差异，这主要是由复杂的陆地碳循环过程中大量的不确定性和数据缺乏造成的，而缺乏大尺度生态系统格局和过程的定量、动态观测是限制碳循环研究进展的主要障碍，因此，生态系统碳循环研究需要进行大尺度监测和多尺度融合。本章还分析了毛竹、雷竹林时空演变特征，并综合 Landsat TM 数据和 MODIS 数据，实现了大范围毛竹林分布提取及碳储量准确估算，为进行大尺度竹林生态系统碳循环时空演变研究奠定了基础。

主要参考文献

陈芸芝, 陈崇成, 汪小钦, 凌飞龙 . 2004. 多源数据在森林资源动态变化监测中的应用 . 资源科学,

26(4): 146-152.

崔瑞蕊, 杜华强, 周国模, 徐小军, 董德进, 吕玉龙. 2011. 近30a安吉县毛竹林动态遥感监测及碳储量变化. 浙江农林大学学报, 28(112): 422-431.

杜华强, 周国模, 葛宏立, 赵宪文, 崔林丽. 2008. 基于TM数据竹林遥感信息提取方法研究. 东北林业大学学报, 36(3): 35-38.

范渭亮, 杜华强, 周国模, 徐小军, 崔瑞蕊, 董德进. 2010. 模拟真实场景的混合像元分解. 遥感学报, 14(6): 1250-1265.

琚存勇, 邸雪颖, 蔡体久. 2007. 变量筛选方法对郁闭度遥感估测模型的影响比较. 林业科学, 43(12): 33-38.

李小娟, 赵巍. 2007. 一种基于多尺度边缘的图像融合算法. 北京航空航天大学学报, 168(2): 229-232.

林华. 2002. 毛竹林生态系统生物量动态变化规律研究. 林业科技开发, 16(S1): 26-27.

刘建平, 赵时英, 孙淑玲. 2001. 高光谱数据最佳波段选择方法试验研究. 遥感技术与应用, 16(1): 7-13.

吕长春, 王忠武, 钱少猛. 2003. 混合像元分解模型综述. 遥感信息, 3: 55-58.

彭晓鹃, 邓孺孺, 刘小平. 2004. 遥感尺度转换研究进展. 地理与地理信息科学, 20(5): 6-10.

王惠文, 吴载斌, 孟洁. 2006. 偏最小二乘回归的线性与非线性方法. 北京: 国防工业出版社.

邬建国. 2007. 景观生态学——格局、过程、尺度与等级. 2版. 北京: 高等教育出版社.

徐小军, 杜华强, 周国模, 董德进, 范渭亮, 崔瑞蕊. 2011. Erf-BP混合像元分解及在森林遥感信息提取中应用. 林业科学, 47(2): 30-38.

周觅. 2010. 遥感信息及其尺度问题进展研究. 中国信息界, (12): 96-97.

朱连超, 殷敬华, 温松明, 张彦立. 2007. 高分子科学实验中异常数据的判别与剔除. 高分子材料科学与工程, 23(2):5-8.

Boardman J W, Kruse F A. 2011. Analysis of imaging spectrometer data using-dimensional geometry and amixture-tunedmatched filtering approach. IEEE Transactions on Geoscience and Remote Sensing, 49: 4138-4152.

John R J. 2007. 遥感数字影像处理导论. 陈晓玲, 龚威, 李平湘等译. 北京: 机械工业出版社.

Lazraq A, Cléroux R, Gauchi J P. 2003. Selecting both latent and explanatory variables in the PLS1 regression model. Chemometrics and Intelligent Laboratory Systems, 66: 117-126.

Xu X J, Du H Q, Zhou G M, Ge H L, Shi Y J, Zhou Y F, Fan W L, Fan W Y. 2011. Estimation of aboveground carbon stock of moso bamboo (*Phyllostachys heterocycla* var. *pubescens*) forest with a Landsat Thematic mapper image. International Journal of Remote Sensing, 32: 1431-1448.

第九章

基于涡度相关的竹林生态系统碳通量监测

碳通量监测是森林生态系统碳循环研究的重要内容之一，其监测方法有清查法、同化箱测定法、遥感反演法和微气象学方法等。其中，微气象学方法中的涡度相关技术（eddy covariance technique）是对大气与森林、草地或农田间进行非破坏性的 CO_2、H_2O 和热量通量测定的一种技术（Baldocchi et al.，1988），它是通过测定和计算物理量（如温度、CO_2 和 H_2O 等）的脉动与垂直风速脉动的协方差求算湍流输通量的。因该技术在观测和求算通量的过程中几乎没有假设，具有坚实的理论基础，而成为唯一能直接测量生物圈与大气间能量与物质交换通量的标准方法，也是国际通量观测网（FLUXNET）的标准方法，并被广泛地应用于陆地生态系统 CO_2 的吸收与排放的测定中（Grace et al.，1995；Goulden et al.，1996；Black et al.，1996；Berbigier et al.，2001）。该技术的进步使得长期的定位观测成为可能（Wofsy et al.，1993；Berbigier et al.，2001）。

　　涡度相关技术可直接对大范围土壤 - 植被 - 大气间的 CO_2/H_2O 和能量通量，以及生态系统碳水循环的关键过程进行长期连续定位观测，所获取数据可用于量化和对比分析研究区域森林生态系统碳通量特征及其对环境变化的响应。

9.1　涡度相关原理

　　一般情况下，在白天因植被吸收固定 CO_2，其冠层内的 CO_2 浓度低，而冠层上部的 CO_2 浓度高，因此在起源于上部的高浓度 CO_2 的涡与起源于下部的低浓度 CO_2 的涡进行湍流交换时，CO_2 向下传输；相反，在夜间因植被和土壤呼吸作用会使植被冠层内的 CO_2 浓度升高，湍流交换使 CO_2 向上输送。当仅考虑物质和能量在垂直方向上的湍流输送时，CO_2 通量定义为在单位时间内湍流运动作用通过单位截面积输送的 CO_2 量。CO_2 的垂直湍流通量 F_C 可以表示为

$$F_C = \omega \rho_d c = \overline{\rho_d \omega' c'} + \overline{\rho_d \omega c} \qquad (9\text{-}1)$$

式中，ω 为三维风速的垂直分量（m·s⁻¹）；ρ_d 为干空气密度（g·m⁻³ 或 µmol·mol⁻¹）；c 为 CO_2 质量混合比；上划线表示平均；撇号表示脉动，即瞬时值与平均值的偏差，因此 ω' 为垂直风速脉动，c' 为大气的 CO_2 质量混合比的脉动。

对于平坦均一的下垫面，可以认为面 $\overline{\omega} \approx 0$，因此 CO_2 通量可以简化为用 ω' 和 c' 的协方差（$\overline{\rho_d \omega' c'}$）来表示。但是在实际的观测过程中，通常的 CO_2 分析仪直接测定的是 CO_2 在空气中的密度 ρ_c（g·m⁻³ 或 µmol·mol⁻¹），而 CO_2 密度可以用 $\rho_c = \rho_d c$ 计算得到。则 F_C 可以表示为

$$F_C = \overline{\rho_d \omega' c'} \approx \overline{\omega' \rho_c'} \qquad (9\text{-}2)$$

利用微气象学方法测定的陆地与大气系统间的 CO_2 通量与生态系统的总初级生产力（gross primary productivity，GPP）、净初级生产力（net primary productivity，NPP）、净生态系统生产力（net ecosystem productivity，NEP）和净生物群系生产力（net biome productivity，NBP）概念是相对应的，在某些条件下生态系统 CO_2 通量与其中的某个概念是一致的。通常条件下，CO_2 通量相当于 NEP 或 NBP。在不考虑人为因素和动物活动影响的自然陆地生态系统中，决定陆地与大气系统间 CO_2 交换的生理生态学过程主要是植物的光合作用和生物的呼吸作用，因此，通过对 CO_2 通量的长期测定，可以准确评价某种生态系统 CO_2 的源/汇关系。

9.2 竹林通量观测站

9.2.1 通量观测站概况

毛竹林通量站点位于安吉山川乡毛竹现代科技园区，观测塔高 40 m，地理位置 30°28′34.5″ N，119°40′25.7″ E，海拔 380 m，下垫面坡度 2.5°～14.0°，坡向北偏东 8°，研究区毛竹林为粗放式经营，林下有极少量灌木和草本植物。山川乡森林总面积为 4251 hm²，其中竹林面积为 2155 hm²，占森林总面积的 50.7%。属亚热带季风气候，年均气温 16.6℃，平均最低气温（1 月）为 3.0℃，平均最高气温（7 月）为 29.0℃，≥10℃ 积温为 4934.1℃，年均日照时数 2021 h，研究区受山峰遮挡，日照时数略低，年均降水量 1270 mm，并由北至南递增，6 月和 8 月降雨最多，有明显的梅雨季节。月平均相对湿度均在 70.2% 以上，年均无霜期为 210 d。观测站点全年盛行东北风和西北风。

雷竹林通量站点位于浙江省临安市太湖源镇青云乡，观测塔高 20 m。地理

位置 N30° 18′ 169″，E119° 34′ 104″，地处亚热带北缘。太湖源镇全镇总面积243 km²，耕地面积 2.73 万亩，山林面积 27.34 万亩，其中竹林、经济林面积达11 万亩，森林覆盖率 78%。试验区土壤为红壤中的红黄壤。区域多年平均气温16.4℃，月平均气温在 4.2 ～ 28.4℃ 变化；年平均降水量 1613.9 mm，降水日 158d，无霜期年平均为 237 d，全年日照时数 1847.3 h，受台风、寒潮和冰雹等灾害性天气影响，6 月中下旬进入梅雨期，10 ～ 30 d 不等。受辐射条件的控制，平均气温以冬季 1 月最低，以后逐月升高，在 7 月达到全年的最高值后又逐渐降低。气温的年较差较大，四季分明，夏季炎热（5 ～ 9 月），春秋季温暖（3 月、4 月、10 月、11 月），冬季寒冷（12 月～次年 2 月）。

毛竹林和雷竹林通量观测塔及其所在位置如图 9-1 所示。

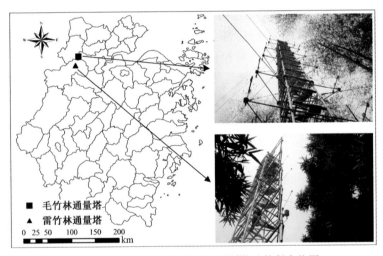

图 9-1　毛竹林和雷竹林通量观测塔及其所在位置

9.2.2　通量观测系统

安吉通量站与太湖源通量站利用通量观测系统和常规气象要素观测系统对毛竹林和雷竹林生态系统植被大气间 CO_2、水和能量通量进行长期观测。以开路涡度相关观测系统（OPEC 系统）作为 CO_2 通量长期观测的主要技术手段，以 7 层CO_2 廓线系统（PROFILE 系统）和常规气象要素观测系统（RMET 系统）为辅助观测手段。

OPEC 系统在安吉、临安分别安装于冠层以上的距地面 38 m 和 17 m 处（大约为冠层高度的 3 倍），OPEC 系统主要由开路红外 CO_2/H_2O 气体分析仪（LI-7500，LI-COR Inc., USA）、三维超声风速仪（CAST-3, Campbell Scientific Inc., USA）

和数据采集器（CR1000, Campbell Scientific Inc., USA）构成。原始采样频率为 10 Hz，数据传输给数据采集器（CR1000, Campbell Scientific Inc., USA）进行存储，同时根据涡度相关原理在线计算并存储 30 min 的 CO_2 通量（F_C）、潜热通量（LE）和显热通量（HS）等统计量。所有 10 Hz 的原始数据均利用数据采集器 CR1000（CR1000, Campbell Scientific Inc., USA）记录并储存，同时记录、计算并储存平均周期为 30 min 的通量数据，全部数据均由计算机进行实时下载。

9.2.3　二氧化碳廓线观测系统

CO_2 廓线观测系统由红外 CO_2/H_2O 气体分析仪（LI-840, LI-COR Inc., USA）、数据采集器（CR1000, Campbell Scientific Inc., USA）及气体采集管路系统与校正控制系统构成，仪器每 3 h 自动进行 CO_2 的零值与跨度值校准。气体样品通过管道抽入分析仪进行分析后，通过数据采集器直接下载到计算机保存。储存数据同样为 30 min 平均值。采样抽气管是由铝管外涂一层高密度聚乙烯、最外部包一层乙烯聚合物组成，其内部铝管可以防止抽气样中 CO_2 的扩散，同时保证管道内部直径的一致。安吉二氧化碳廓线观测系统吸气口分别安置在塔的 1 m、7 m、11 m、17 m、23 m、30 m 和 38 m 7 个高度，太湖源吸气口分别安装于 1 m、5 m、7 m、9 m、13 m、17 m 和 19 m 7 个高度。气体分析仪及数据采集和控制系统均安装在塔基处的系统控制箱内。

9.2.4　常规气象观测系统

常规气象观测系统梯度分层。测定要素包括总辐射、净辐射、光合有效辐射、空气温度/湿度、风速/风向、降水量、土壤温度/含水量、土壤热通量等。净辐射（CNR4, Kipp & Zonen Inc., USA）和光合有效辐射传感器在安吉和太湖源分别安装在 38 m 和 17 m 高度正南方向的支臂上。空气温度-湿度传感器（HMP45C, Vaisala Inc., Finland）安装在防辐射罩（41002, R.M. Young Inc., USA）内，观测高度安吉分别为 1 m、7 m 和 38 m，太湖源分别为 1 m、5 m 和 17 m。风速传感器（010C, met One Instruments Inc., USA）安装在通量塔 1 m、7 m 和 11 m 三个高度上，太湖源通量站安装在 1 m、5 m 和 17 m 三个高度上，与温度湿度传感器相同高度。红外温度传感器（SI-111, Campbell Scientific Inc., USA）安吉通量站分别安装于冠层以上（23 m）和地表以上（2 m），太湖源通量站分别安装于 5 m、1.5 m 进行测定。利用温度传感器（109, Campbell Scientific Inc., USA）分别测定 5 cm、50 cm、100 cm（安吉与太湖源相同深度）处土壤温度。利用两个土壤热通量板（HFP01, Hukseflux Inc., USA）测定 3 cm、5 cm（安吉与太湖源相同深度）处土壤热通量。所有常规气象要素数据利用一个 CR1000 数据采集器（CR1000, Campbell Scientific Inc., USA）和一个配有 25 通道的多路复用器的 CR23X 数据采集器（AM25T, Campbell Scientific Inc., USA）采集并储存。

9.2.5　无线模块数据传输系统

三套观测系统通过串口分别连接一个无线模块、W3100 系列工业级 CDMA/GPRS 路由器、内置手机卡，利用移动信号将数据传输回实验室。通过远程的计算机还可以对三套观测系统进行实时监控，更改程序命令等。

9.2.6　其他辅助观测系统

9.2.6.1　生态系统本底资料调查及动态观测

为了配合通量站的长期观测研究，准确评价生态系统的 CO_2、H_2O 和能量通量，进而分析生态系统碳、水循环过程和控制机理，为评价生态系统碳源、碳汇特征提供重要的辅助信息，以通量观测塔为中心建立了 30 m×30 m（安吉），6 m×6 m（太湖源）的永久标准样地。并于 2010 年 5 月、2011 年 11 月进行了两次测树指标调查与生物量测定。并对样地内雷竹年龄分布做了统计，计算每年间伐和留养新竹的数量及竹笋的收获量。

9.2.6.2　单叶光合与呼吸作用的测定

采用美国 LI-COR 公司的 LI-6400 便携式光合作用测定系统（LI-COR, USA, 1995）对竹林单叶光合作用与呼吸作用进行测定。测定时，仪器根据参考气体与叶室气体 CO_2 及 H_2O 浓度差、气体流速、温度、叶面积等参数计算光合作用、呼吸作用速率、蒸腾速率与水分利用效率等多项生理生态参数，如净光合速率、呼吸速率、蒸腾速率、气孔导度、胞间 CO_2 浓度等。该仪器能同时自动记录主要环境要素，包括大气 CO_2 浓度、大气湿度、叶面温度、大气温度、光合有效辐射强度等；同时，该仪器具有直接测定光合速率对光合有效辐射的响应曲线及光合速率对 CO_2 浓度的响应曲线的独特功能，即在设定的环境 CO_2 浓度、光合有效辐射强度及气温和相对湿度条件下，它能测定一系列不同光强、不同 CO_2 浓度条件下的光合速率，根据测定数据拟合产生光合速率对光响应曲线、光合速率对 CO_2 浓度的响应曲线，进而可以得到表观初始光能利用率、光补偿点、光饱和点、最大光合速率（P_{max}）、羧化效率、CO_2 补偿点、CO_2 饱和点等变量。采用不离体方式进行测定，测定部位为林冠上、中、下三层的受光叶与遮阴叶，每次测定设三组重复。每季度每个树种分别测定一套完整数据（包括光合速率对光合有效辐射的响应曲线、光合速率对 CO_2 浓度的响应曲线及光合作用日变化曲线）。测定一般在晴天全天进行。

9.2.6.3 叶面积指数测定

采用 TRAC 植物冠层分析仪（Trac Group Inc., Canada）及 LAI-2000 植物冠层分析仪（LI-COR Inc., USA）每月测定一次标准地内叶面积指数（LAI），分别选择晴天（TRAC）和多云或阴天（LAI-2000）来观测。

9.3 数据处理方法

9.3.1 原始数据的倾斜校正

在复杂地形和高大植被条件下，应用涡度相关技术进行通量测定，由于地球引力作用，顺着山坡走向大气会发生汇流、漏流现象，此时平均垂直风速并不为零，需要选择坐标变换方法进行倾斜校正，即通过选择适当的坐标轴系统，将超声风速仪的笛卡儿坐标系转换为自然风或流线型坐标系，从而使通量测定满足涡度相关技术的基本假设条件。在山地森林或地表面凹凸程度较大的林地进行测定时，倾斜校正主要是通过选择适当的坐标轴系统，进行坐标轴变换来实现的。

Tanner 和 Thurtell（1969）最早提出了倾斜校正的基本坐标变换途径，包括两次坐标轴旋转（double coordinate rotation, DR）和三次坐标轴旋转（triple coordinate rotation, TR），将超声风速计的笛卡儿坐标系转换为自然风（natural wind）或流线型（streamline）坐标系。通常使坐标系 x 轴与平均水平风方向平行，从而使平均侧风速度和平均垂直风速度为 0（所谓的二次坐标轴旋转），并且使相应的平均侧风应力也为 0（三次坐标轴旋）。坐标轴变换的基本过程如图 9-2 所示。两次坐标轴旋转和三次坐标轴旋转具体的旋转过程可以通过矩阵运算来实现。第一次旋转，以 z 轴为中心进行旋转使平均侧风等于 0，实际应用中定义此转角为 yaw 角 γ。第二次旋转，以 y 轴为中心轴进行旋转，使平均垂直风等于 0，实际应用中定义此旋转角为 pitch 角 α。最后以 x 轴为中心进行旋转，使侧向风 $w'v'$ 为 0，实际应用中定义此旋转角为 roll 角 β。

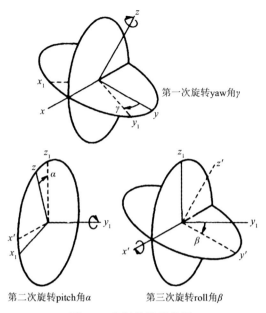

第一次旋转yaw角γ

第二次旋转pitch角α　　　　第三次旋转roll角β

图 9-2　坐标旋转示意图

坐标轴旋转倾斜角 α、β 和 γ 的定义改自 Wilczak 等（2001）。原始坐标轴为 x、y、z，旋转后坐标轴为 x'、y'、z'，中间过程坐标轴为 x_1、y_1、z_1

9.3.2　缺失数据的插补

涡度相关技术所采集的通量数据一般是半小时的平均数据，然后经过计算与处理得到每天和一年的数据。在通量观测实践中，由于观测系统自身的运行故障、系统校正、雨天等特殊天气条件及各种来源的噪声污染等原因，通量观测的有效数据缺失是不可避免的，一年中能用于分析与计算的数据量仅有 60% 左右，因而要想获得连续完整的时间系列数据，就需要依靠数据插补方法进行插补。气象数据缺失的插补一般用重复变量观测方法来进行，如光合有效辐射的缺失观测值可以通过建立观测站点的光合有效辐射与总辐射的关系来插补；饱和水汽压差（VPD）、气温与相对湿度之间的关系等也可以用于插补其中某项的缺失值。较短时间内的气象数据尤其是温度和湿度的缺失，如 2 ~ 3 个半小时观测值的插补可以用其随时间的线性变化过程进行内插。通量数据的插补方法主要有三种：平均日变化插值法、特定气象条件下的查表法和非线性回归法。三种方法各有优缺点。对三种方法的相关研究表明：使用平均日变化插值法得到的年 NEE 与根据特定的气象条件查表法得到的结果差异在 $-45 \sim 200 \ \mathrm{g\ C \cdot m^{-2}}$，用特定气象条件下的查表法与非线性回归法得到的年 NEE 差异在 $-30 \sim 150 \ \mathrm{g\ C \cdot m^{-2}}$。不同的插补方法在不同的研究区域和气象条件下效果不同。

（1）平均日变化插值法最大的不确定性在于所取的平均时间段的长度不同，一般而言为 4 ~ 15 d，但是通量数据常常在 3 ~ 4 d 出现一个峰值，4 d 的观测值是不足以计算平均变化的。

（2）特定气象条件下的查表法按季节建立通量与气象因子的相关关系，其需要先确定气象因子，如光合有效辐射和温度的步长，然后按缺失通量数据所对应的特定温度或辐射值进行线性内插。除上述因子外，生态系统净碳交换量 NEE 还受到土壤、叶片季节性生长、水分有效性和站点下垫面均一性等其他因子的影响，冠层 CO_2 交换光响应曲线也会受到云量的影响，因此特定气象条件下的查表法需要考虑的因素更多。

（3）非线性回归法是建立不同时间段通量与相关的控制因子之间的回归关系，如对不同季节的白天和晚上的关系分别进行模拟，而且其能选择的温度响应函数与光响应曲线方程很多，也包含了树叶、树干和土壤的综合过程，如夜晚的呼吸。

在本研究中太湖源通量数据首先进行数据的非线性回归方法插补，发现白天 NEE 与光合有效辐射的关系并不明显，随光合有效辐射增加 NEE 没有明显渐进的过程；夜间 NEE 和土壤温度的相关系数只有 0.3。因此采用平均日变化插值法插补无效数据。

9.4　毛竹林生态系统碳通量监测分析

9.4.1　CO_2 通量月平均日变化特征

图 9-3 所示为 2011 年毛竹林 CO_2 通量月平均日变化。NEE 变化呈 "U" 形曲线。NEE 值的正、负分别代表生态系统 CO_2 通量是排放还是吸收。冬季日照较短，NEE 正负临界点出现较晚，由负变正的临界点出现较早，夏季则相反；两个 NEE 正负临界点的出现时间表现出明显的季节性差异，这可能与日照长度有关。白天 5:00 ~ 7:00，CO_2 交换量迅速下降为负值，表明此时毛竹的光合同化量大于呼吸消耗量；17:00 ~ 18:00，NEE 逐渐变为正值，表明呼吸作用释放的 CO_2 开始超过了光合吸收量。其中，11 月至次年 2 月、5 ~ 6 月白天 CO_2 通量峰值较小，为 $-0.495 ~ -0.303$ mg·m^{-2}·s^{-1}，3 ~ 4 月、7 ~ 10 月白天 CO_2 通量峰值较大，为 $-0.596 ~ -0.521$ mg·m^{-2}·s^{-1}。这种阶段性的变化受到光合有效辐射、温度、土壤含水量及植物自身生长特性等多种因子的影响。

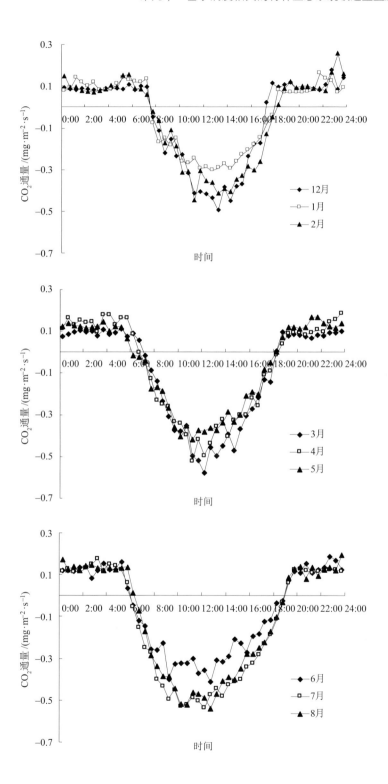

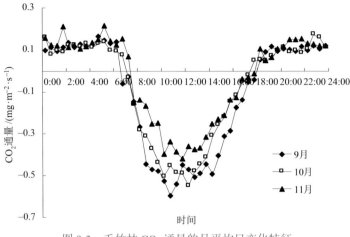

图 9-3　毛竹林 CO_2 通量的月平均日变化特征

9.4.2　CO_2 通量不同季节的日变化

将一年 4 个季节中每个季节的三个月的平均日变化再次进行平均，得出 4 个季节的平均日变化。由图 9-4 可以看出，毛竹林 CO_2 通量的季节变化非常明显。在数值上夏季 > 春季 > 秋季 > 冬季，4 个季节都为碳汇。夜间，夏季的碳排放量最大，冬季最小，据此可推断，毛竹林生态系统生物呼吸可能与温度有着密切的关系。其中冬季 NEE 由正转负出现的时间点最迟，由负转正的时间点最早，并且白天的固碳量在数值上也最小。夏季则与冬季变化完全相反，白天固碳量在数值上也大于其他季节。其中 10:00 左右固碳量达到最大值，随后开始减小，在 13:00 左右又出现一个峰值，说明毛竹在夏季高温状态下有明显的"午休"现象。

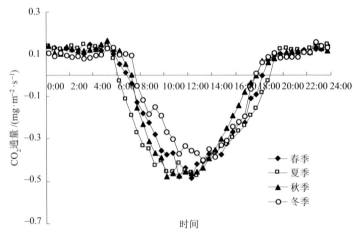

图 9-4　不同季节 CO_2 通量的日变化特征

9.4.3 毛竹林净生态系统交换量（NEE）月变化

由图 9-5 可以看出，逐月 NEE 为 $-99.33 \sim -23.49\ \mathrm{g\ C \cdot m^{-2} \cdot 月^{-1}}$，表现为双峰型曲线，在 3 月和 7 月分别出现了峰值。总生态系统交换量（GEE）为 $-191.481 \sim -90.9636\ \mathrm{g\ C \cdot m^{-2} \cdot 月^{-1}}$，表现为双峰型曲线。春、夏、秋、冬各季节 NEE 占全年 GEE 的比例分别为：25.1%、31.5%、24.5% 和 18.9%。全年的生态系统呼吸（RE）为 $63.4 \sim 92.1\ \mathrm{g\ C \cdot m^{-2} \cdot 月^{-1}}$，夏季较高，冬季较低，呈单峰型曲线变化。总体生态系统呼吸的季节波动幅度不大，这与鼎湖山常绿阔叶林的变化相似 [$(94.6 \pm 23.4)\ \mathrm{g\ C \cdot m^{-2} \cdot 月^{-1}}$]。

毛竹林全年 RE、NEE 和 GEE 分别为 $932.55\ \mathrm{g\ C \cdot m^{-2} \cdot a^{-1}}$、$-668.40\ \mathrm{g C \cdot m^{-2} \cdot a^{-1}}$ 和 $-1600.95\ \mathrm{g\ C \cdot m^{-2} \cdot a^{-1}}$，明显大于帽儿山落叶松人工林的计算结果（$718 \sim 725\ \mathrm{g\ C \cdot m^{-2} \cdot a^{-1}}$、$263 \sim 264\ \mathrm{g\ C \cdot m^{-2} \cdot a^{-1}}$ 和 $981 \sim 989\ \mathrm{g\ C \cdot m^{-2} \cdot a^{-1}}$）。站点之间处理方法的不同，也会对 CO_2 通量的结果有一定的影响。

毛竹林逐月 NEE 均表现为碳汇，这与北方落叶阔叶林、北方落叶林、寒温带落叶林等生态系统的情况不同。春季 NEE 开始负向增大，随着温度升高，毛竹开始发笋，生态系统呼吸作用增强；6 月，毛竹笋爆发式生长完成，抽出新叶，光合作用吸收 CO_2，但 6 月进入梅雨天气，导致 NEE 并未迅速增加，6 月底出梅后，PAR 迅速增强，在新旧毛竹的共同作用下，7 月 NEE 迅速增大，达到了全年的最大值（$-99.33\ \mathrm{g\ C \cdot m^{-2} \cdot 月^{-1}}$）。

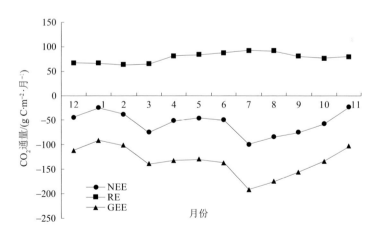

图 9-5 毛竹林全年 NEE、RE 和 GEE 累积量的月变化特征

9.4.4 冠层碳储量变化特征

在大气湍流垂直作用较弱时，毛竹林生态系统呼吸释放的 CO_2 可能无法全部

被输送到探头的观测高度。部分 CO_2 通量被储存在毛竹林冠层的大气之中。对于森林等高大植被，在小时尺度上冠层空气储存项（Fs）对 NEE 具有重要的影响。冠层内的 CO_2 储存量（Fs）采用单层 CO_2 浓度变化计算：

$$Fs = \frac{\Delta C(z)}{\Delta t}\Delta z \tag{9-3}$$

式中，Δt 为数据采集的时间间隔，本研究取 1800 s；$\Delta C(z)$ 为高度 z 处 CO_2 的浓度；Δz 为 CO_2 浓度监测高度，本研究取 38 m。

9.4.4.1　冠层 CO_2 储存量日变化

土壤和植物呼吸释放的一部分 CO_2，在大气湍流作用较弱时，将被储存在植被冠层的大气之中。本研究利用式（9-3）对 3 倍冠层高度（38 m）的冠层 CO_2 储存量进行计算，并选取一年中碳汇最高的 7 月和碳汇最低的 11 月作对比。同时计算每一天的储存量，得出全年的储存情况。

由图 9-6 可以看出，7 月和 11 月的 Fs 变化范围分别是 $-0.12 \sim$ 0.07 $mg \cdot m^{-2} \cdot s^{-1}$ 和 $-0.13 \sim 0.08$ $mg \cdot m^{-2} \cdot s^{-1}$。7 月白天储存量变化不明显，中午出现一个明显的峰值，11 月白天和夜间储存量波动比较明显。毛竹冠层的储存通量对短时间尺度 NEE 的影响较大，对 NEE 的日变化也有明显的影响。

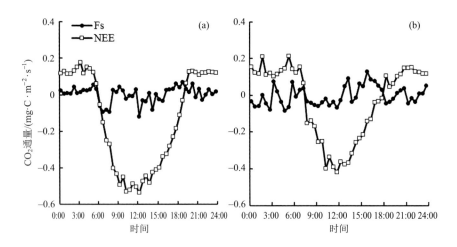

图 9-6　CO_2 储存量（Fs）和 NEE 的日变化

（a）7 月；（b）11 月

9.4.4.2　冠层碳储量年变化

图 9-7 显示毛竹林全年 Fs 的逐日动态，其变化在 0 值上下波动，全年 Fs 总

量为 -0.95 mg $\cdot$ m^{-2} $\cdot$ a^{-1}。夏季日变化幅度较大，峰值也出现在夏季，负的最大值出现在 8 月 12 日，为 -2.24 mg $\cdot$ m^{-2} $\cdot$ d^{-1}，正的最大值出现在 8 月 8 日，为 2.37 mg $\cdot$ m^{-2} $\cdot$ d^{-1}。

冠层 CO_2 储存量对年尺度上毛竹林碳吸收整体特征不会造成明显的影响，因为在年尺度上冠层 CO_2 通量储存量的累加值近似等于 0（Massman and Lee, 2002），剔除不合理的数据后，有效数据的天数占全年的 83.5%。

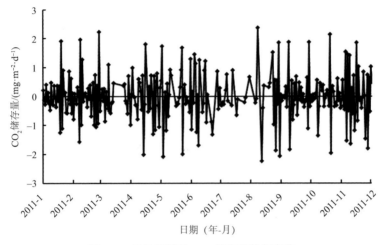

图 9-7 毛竹林冠层 CO_2 储存量的年变化

9.4.5 毛竹林碳收支能力

生态系统碳交换通量与碳固定和排放速率之间，根据选定的研究界面和对象能够相互直接转化，将"土壤 - 植被 - 大气"看作一个连续的整体，研究生态系统气体交换过程中的碳收支，在数值上 RE 可等同于生态系统碳排放速率，GEE 即为生态系统固碳速率，NEE 为生态系统净固碳速率。NEE 与 GEE 的比值，定义为生态系统碳固定效率（ECSE），即 ECSE=NEE/GEE。

如图 9-8 所示，毛竹林的固碳效率全年为正值，变化范围 22.8% ～ 53.8%，平均值为 40.2%，表明全年为碳汇。冬季固碳效率较低，随后逐渐上升，3 月固碳效率为全年最高值 53.8%，4 月固碳效率下降明显，如前所述，毛竹开始发笋，呼吸增强，使得 GEE 增加，从而固碳效率下降；6 月新笋长新叶，增加固碳能力，7 月固碳效率明显上升；夏季由于生态系统呼吸作用也加强，导致固碳效率变化不明显；11 月出现明显的谷值，并为全年最低，因为 11 月为防止冬雪压断毛竹，进行人工钩梢处理，使 NEE 大大降低。

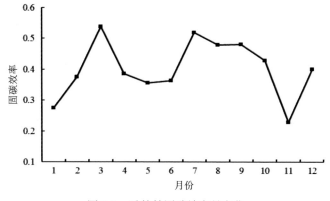

图 9-8　毛竹林固碳效率月变化

9.4.6　毛竹林生态系统碳通量小结

通过对毛竹林 2011 年全年碳通量数据计算，得出月平均日变化，不同季节日变化，月累积量 NEE、RE 和 GEE 的变化特征及毛竹固碳效率，研究结果如下。

（1）毛竹林全年的 CO_2 通量过程具有明显的季节变化，4 个季节都为碳汇，在数值上夏季 > 春季 > 秋季 > 冬季。7 月最高，11 月最低，并且 NEE 符号的变化时刻存在明显的差异。由负转正的时刻相对较集中，发生在 17:00～18:00，通量符号由正转负在日出的 1～1.5 h。其中冬季 NEE 由正转负出现的时间点最迟，由负转正的时间点最早，并且白天的固碳量在数值上也最小。夏季则与冬季变化完全相反，白天固碳量在数值上也大于其他季节。

（2）2011 年全年，RE、NEE 和 GEE 分别为 932.55 g C·m^{-2}·a^{-1}、−668.40 g C·m^{-2}·a^{-1}、−1600.95 g C·m^{-2}·a^{-1}。RE 为 63.4～92.1 g C·m^{-2}·月$^{-1}$，夏季较高，冬季较低；逐月 NEE 为 −99.33～−23.49 g C·m^{-2}·月$^{-1}$，表现为双峰型曲线。春、夏、秋、冬各季节 NEE 占全年 GEE 的比例分别为 25.1%、31.5%、24.5%、18.9%。

（3）毛竹冠层的储存通量对短时间尺度 NEE 的影响较大，对 NEE 的日变化也有明显的影响。7 月和 11 月的 Fs 分别是 −0.12～0.07 mg·m^{-2}·s^{-1} 和 −0.13～0.08 mg·m^{-2}·s^{-1}。逐日冠层储存量在 0 值上下波动，有不明显的周期性变化，整体上夏季日变化幅度较大，峰值也出现在夏季，正的最大值出现在 8 月 8 日，为 2.37 mg·m^{-2}·d^{-1}；负的最大值出现在 8 月 12 日，为 −2.24 mg·m^{-2}·d^{-1}，全年 Fs 总量为 −0.95 mg·m^{-2}·a^{-1}。

（4）毛竹林的碳利用效率全年为正值，变化范围 22.8%～53.8%，平均值为 40.2%，即表明全年为碳汇，年净固定 CO_2 量为：24.309 t·hm^{-2}·a^{-1}。冬季固碳效率较低，3 月固碳效率为全年最高值 53.8%，4 月固碳效率下降明显；6 月新笋长新叶，增加固碳能力，7 月固碳效率明显上升；夏季由于生态系统呼吸也加强，导致固碳效率变化不明显；11 月出现明显的谷值，并为全年最低。

9.5　雷竹林生态系统碳通量监测分析

9.5.1　雷竹林生态系统碳通量的日变化特征

图 9-9 对比分析了太湖源雷竹林生态系统 2010 年 10 月～ 2011 年 9 月观测的净生态系统交换量的月平均日变化过程。可以看出，净生态系统交换量的日变化都具有非常明显的季节特征，冬季最低，夏季最高。一日之内在日出以前、日落以后通量值为正，白天的通量值为负，该生态系统在夜间由于植被呼吸作用表现为碳源，白天由于光合作用具有碳汇功能。从各个月的通量日变化可以发现，在 8:00 和 18:00 左右，通量符号发生转变的时刻有突变现象，这主要是由于大气稳定度变化所引起的，并且春秋季早于冬夏季。中午以前通量逐渐增强，一般在 11:30 ～ 14:00 达到日内瞬时最大值，之后碳通量逐渐减小。2010 ～ 2011 年净生态系统交换量在 1 d 之内表现出碳汇功能（即出现负值）的时间一般从 7:00 持续至 17:30。

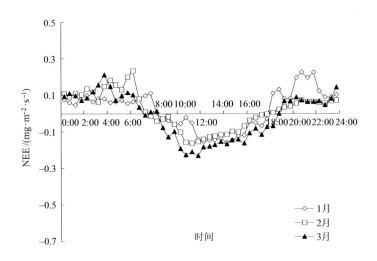

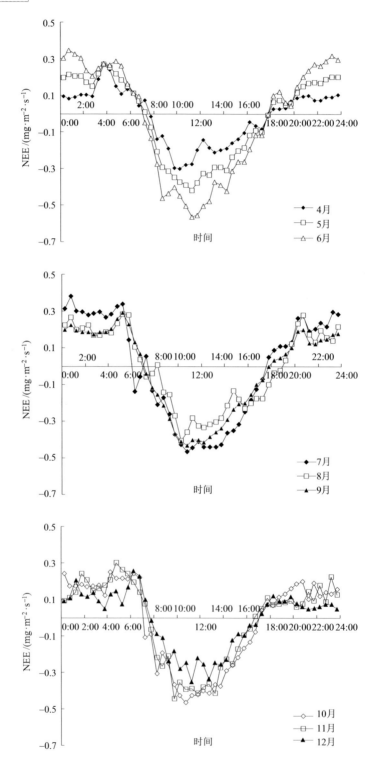

图 9-9　2010 年 10 月～ 2011 年 9 月太湖源雷竹林净生态系统交换量（NEE）月平均日变化

从通量的日瞬时最大值看，冬季覆盖的月份为 12 月～次年 3 月，生长缓慢，土壤呼吸作用加大，总体为碳源，最大值出现在生长旺盛季节的 5～6 月，为 $-0.26 \sim -0.14$ mg $CO_2 \cdot m^{-2} \cdot s^{-1}$，10～11 月该值一般为 $-0.56 \sim -0.41$ mg $CO_2 \cdot m^{-2} \cdot s^{-1}$。净生态系统 CO_2 交换量的日累积值平均为 -1.266 mg $CO_2 \cdot m^{-2} \cdot s^{-1}$，其中日最大值为 2011 年 6 月 19 日的 -5.6 mg $CO_2 \cdot m^{-2} \cdot s^{-1}$。在所研究的一年内，273 d 为碳汇，其余为碳源。全年碳汇量 126.303 g C $\cdot m^{-2} \cdot a^{-1}$，小于文献中有关毛竹固碳能力的报道，为较弱的碳汇，说明雷竹全年除冬季外都有一定的碳汇能力。

比较雷竹林 NEE 月平均日变化与雷竹单片叶光合速率日变化的关系可以看出，在 6:00 后随着 PAR 的增强，雷竹开始通过光合作用获取 CO_2；与此同时，NEE 开始呈现负值，从而表明其从大气中吸收 CO_2。单叶光合速率基本在 11:00 前后达到峰值，而 NEE 则在稍后的 12:30 前后达到一天中的最大值。18:00 前后，由于 PAR 低于林木光补偿点而停止了光合作用，NEE 开始呈现正值，从而表明其向大气中排放 CO_2。由此可见，净生态系统 CO_2 交换量的日变化基本取决于林木光合作用的日变化。

9.5.2　雷竹林生态系统碳通量的季节变化特征

陆地生态系统与大气碳交换通量在不同时间尺度上（如日、季节、年度和年代）有不同的变化特征。图 9-10 为太湖源雷竹林生态系统 2010 年 10 月～2011 年 9 月测定的日累积净生态系统交换量（NEE）、生态系统呼吸（RE）和总生态系统交换量（GEE）的季节变化过程。显而易见，净生态系统交换量取决于生物学通量，即生态系统呼吸和总生态系统交换量之间的微小差异。三者均具有非常明显的季节变化过程，在冬季覆盖和夏季高温时数值较低，而在春秋的生长旺盛季节数值较高。从图 9-10 中还可以看到，在 2011 年夏季（7～8 月）的高温时期，生态系统总交换量由峰值开始下降，生态系统呼吸量呈现上升趋势，达到全年峰值，净生态系统交换量明显下降，使其成为微弱的碳汇，生态系统呼吸大大降低了雷竹的碳汇能力。这主要是由于夏季高温潮湿造成总生态系统交换量呈更为显著的下降趋势，导致二者之差显著减小。净生态系统交换量和总生态系统交换量的下降主要是气孔因素和非气孔因素共同作用的结果。

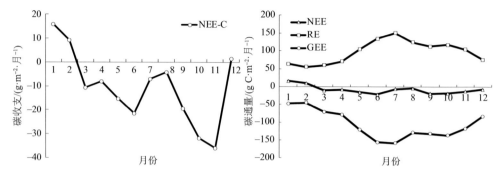

图 9-10　全年各月累积净生态系统交换量（NEE）、生态系统呼吸（RE）和总生态系统交换量
（GEE）变化过程

　　7～8 月受高温影响有明显"午休"现象，CO_2 通量一般在 10:00～11:00 达到峰值，之后降低，9～11 月适宜的水热条件使碳吸收持续增加，可为竹笋萌发积蓄有机物。7～8 月虽然有较强的初级生产力，但由于呼吸过程排放的碳也比较大，碳净吸收低于 5～6 月和 9～11 月，这在很多类型的生态系统普遍存在，在竹类系统也进一步得到了验证。12 月进入冬季开始覆盖增温，人为经营措施干扰使得 NEE 开始减小。

　　雷竹林覆盖月份为 12 月～次年 3 月，出笋是在 1～3 月，竹笋在适宜的水热条件下爆发性生长，竹笋出土呼吸加大，同时覆盖后土壤和覆盖物分解呼吸大大超出覆盖前的土壤呼吸，有研究表明覆盖后是覆盖前的 5～10 倍（周国模等，2010），造成冬季 CO_2 排放不降。土壤呼吸、覆盖物呼吸，以及植物呼吸均与土壤温度密切相关，1 月温度降低，生态系统呼吸随之降低。6 月 GEE 与 RE 同时上升，出现峰值，新竹不断增强的光合作用吸收了一定 CO_2，同时生态系统呼吸达到了较大值，造成 NEE 不为最高值。9 月 GEE 与 RE 同时开始下降时，NEE 开始增加，并在 11 月达到全年的最高峰值。在春季 NEE 随 GEE 与 RE 的升高而增加，在秋季 NEE 随 GEE 与 RE 的下降而增加，出现两个峰值。由此可见人工高效经营下，温度是主要的影响因子，光照次之。雷竹喜湿怕涝，在受水分胁迫时人们会及时人工补水排涝，水分影响这里先不考虑。

　　基于涡度相关技术对太湖源雷竹林生态系统进行 CO_2 通量长期观测的最主要目的之一就是要准确量化其碳吸收能力。从 NEE、RE、GEE 的季节变化特征分析中可以发现，太湖源雷竹林生态系统全年基本上处于碳汇状态。2010 年 10 月至 2011 年 9 月观测的 NEE、RE、GEE 分别为 -126.303 g C · m^{-2} · a^{-1}、1108.845 g C · m^{-2} · a^{-1}、-1235.15 g C · m^{-2} · a^{-1}。由此可见，人工高效经营下的太湖源雷竹林具有一定碳汇能力。

9.5.3　雷竹林碳收支能力

图 9-11 为雷竹林的固碳效率月变化。从图 9-11 中可看出，雷竹林生态系统的碳利用效率从 1 月开始为负值，是极强的碳释放，冬季雷竹虽然有一定的光合能力，但生态系统呼吸大大超过光合生产的净积累量；3 月开始，变为正值，转为固碳，并保持在 10%～16%；夏季 7～8 月固碳能力下降，碳排放的比例增加，进入秋季达到峰值，生态系统气体交换过程有 33% 被固定下来，全年固碳效率为 11%。

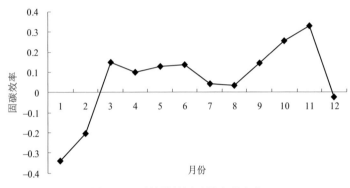

图 9-11　雷竹林的固碳效率月变化

冬季覆盖技术是雷竹高效经营的核心，覆盖的主要作用是增加土壤温度。从图 9-12 中可看出：在 12 月～次年 2 月地表 5 cm 土壤温度明显高出空气温度，平均温度都维持在 10℃ 以上，这就加大了生态系统的呼吸，同时冬季光合有效辐射为全年最低，形成冬季月份碳源。

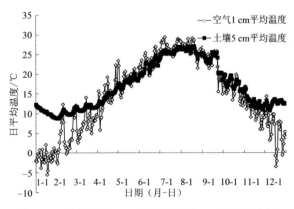

图 9-12　全年土壤 5 cm 温度与空气 1 m 温度的比较

全年土壤温度为 9 ～ 26℃，波动范围不大，夜间 NEE 可以代表生态系统呼吸，即包括植物暗呼吸、土壤微生物呼吸及凋落物分解的 CO_2 排放，最高呼吸为 0.6 ～ 0.7 mg·m^{-2}·s^{-1}。全年的土壤 5 cm 温度与经摩擦风速筛选后夜间 NEE 关系并不明显，将各个温度下的夜间 NEE 做平均处理可以发现，生态系统夜间 NEE 与土壤 5 cm 成一定的指数关系（图 9-13），这与之前有关文献报道的研究结果较一致（Lloyd and Taylor, 1994；Falge et al., 2001）。相关系数不大可能有两个原因：首先，冬季的覆盖增温措施干扰了土壤自然的呼吸，使温度变化范围减小，生物菌肥的使用加大了呼吸；其次，温度升高使植物自养呼吸增加，生态系统呼吸也随之增加。

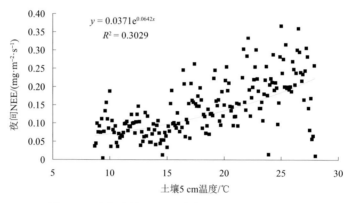

图 9-13 全年土壤 5 cm 温度与夜间 NEE 的散点图

此外，假定雷竹光合能力不变，无覆盖时近地 1 m 空气温度与土壤 5 cm 温度相差不大。用 1 m 处空气温度代替无覆盖的 5 cm 土壤温度，根据与夜间 NEE 的指数方程模拟无覆盖的生态系统呼吸。以温度为影响因子比较无覆盖与有覆盖的碳排放，表 9-1 模拟结果说明覆盖后分别增加 21.56 g、26.52 g、22.73 g 的排放。比较图 9-12，若雷竹林无覆盖，则可少排放 CO_2，相应冬季月份可由碳源转为碳汇。

表 9-1 模拟雷竹覆盖与无覆盖碳排放比较

月份	覆盖 / (g·m^{-2}·月$^{-1}$)	无覆盖 / (g·m^{-2}·月$^{-1}$)	增加排放 / (g·m^{-2}·月$^{-1}$)
12	60.61	39.05	21.56
1	52.06	25.54	26.52
2	60.99	38.26	22.73

表 9-2 是雷竹林的高投入高产出的统计表。在单位面积上加大投入来提高产出，能使其在春节前后上市，并且连年高产量出笋。计算一下碳平衡：雷竹每株

干重以 3 kg 计算、地上部分碳密度参照周国模等（2010）的研究毛竹碳密度以 500 g·kg^{-1} 计算、竹笋收获以 1500 kg、含水 90% 计算，则可产出 525 kg 碳，其中固定在生态系统中的为 85 kg 碳。根据物质循环与平衡，假定一年内竹林碳储量不变，相差 440 kg 碳，应由覆盖物施肥等外加碳源提供。

表 9-2　高效经营投入产出（以亩计算）

月份	投入系统		产出系统	
	施肥 /kg	覆盖物（稻草、砻糠）/kg	老竹（干重）/kg	竹笋（鲜重）/kg
2	25			500
3～5	100		900	850
7～8	100			
11	2000	500		
12～次年 1	150	9000		150

覆盖物投入的有机碳比例及砻糠收回，稻草则腐烂入土，这期间对竹林生态系统碳库的影响都还不甚清楚。目前覆盖物对雷竹林碳储量影响、雷竹土壤有机质转化的研究文献还很少见，初步估计，每年每公顷投入覆盖的稻草及砻糠等有机物料共 100 t 左右，大量的有机质输入对土壤有机碳库的组成分解及转化应产生重要影响（姜培坤等，2002；姜培坤和徐秋芳，2005；蔡荣荣等，2007）。

9.5.4　雷竹林生态系统碳通量小结

（1）2010 年 10 月～2011 年 9 月，雷竹固碳量为 −126.303 g C·m^{-2}·a^{-1}，生态系统呼吸 1108.845 g C·m^{-2}·a^{-1}，生态系统总初级生产力 1235.15 g C·m^{-2}·a^{-1}。月最大固碳量为 11 月的 35.89 g C，月最大碳排放量为 1 月的 16.06 g C。日尺度上，通量符号转变发生在 5:30～7:00，即日出后 30 min 以后，碳吸收峰值一般在 11:00～12:30，秋冬季比春夏季有所滞后，夜间碳排放变化较平缓。

（2）人工经营的雷竹林生态系统全年各月碳通量平均日变化趋势明显。月最大固碳量为 11 月的 35.89 g C，月最大碳排放量为 1 月的 16.06 g C。日尺度上，通量符号转变发生在 5:30～7:00，即日出后 30 min 以后，碳吸收峰值一般在 11:00～12:30，秋冬季比春夏季有所滞后，夜间碳排放变化较平缓。

（3）雷竹林碳源汇变化不稳定，12 月至次年 2 月呈现为碳净排放，5 月和 11 月出现 NEE 高峰，但全年整体为碳汇，年净固定 CO$_2$ 量为 4.631 t·hm^{-2}·a^{-1}。温度是影响碳通量的主要因子，与生态系统呼吸存在明显的指数关系，冬季覆盖通过投入有机碳，提高地温，增大了生态系统呼吸，对雷竹林的碳汇有一定积极的意义。

主要参考文献

蔡荣荣, 黄芳, 孙达, 杨芳, 庄舜尧, 周国模, 曹志洪. 2007. 集约经营雷竹林土壤有机质的时空变化. 浙江林学院学报, 24(4): 450-455.

姜培坤, 徐秋芳. 2005. 施肥对雷竹林土壤活性有机碳的影响. 应用生态学报, 16(2): 253-256.

姜培坤, 周国模, 徐秋芳. 2002. 雷竹高效栽培措施对土壤碳库的影响. 林业科学, 38(6): 6-11.

周国模, 姜培坤, 徐秋芳. 2010. 竹林生态系统中碳的固定与转化. 北京: 科学出版社.

Baldocchi D D, Hincks B B, Meyers T P. 1988. Measuring biosphere‐atmosphere exchanges of biologically related gases with micrometeorological methods. Ecology, 69: 1331-1340.

Berbigier P, Bonnefond J M, Mellmann P. 2001. CO_2 and water vapour fluxes for 2 years above Euroflux forest site. Agricultural and Forest Meteorology, 108: 183-197.

Black T A, Den Hartog G, Neumann H, Blanken P, Yang P, Nesic Z, Chen S, Russel C, Voroney P, Staebler R. 1996. Annual cycles of CO_2 and water vapor fluxes above and within a boreal aspen stand. Global Change Biology, 2: 219-230.

Falge E, Baldocchi D, Olson R, Anthoni P, Aubinet M, Bernhofer C, Burba G, Ceulemans R, Clement R, Dolman H. 2001. Gap filling strategies for defensible annual sums of net ecosystem exchange. Agricultural and Forest Meteorology, 107: 43-69.

Goulden M L, Munger J W, Fan S M, Daube B C, Wofsy S C. 1996. Exchange of carbon dioxide by a deciduous forest: response to interannual climate variability. Science, 271: 1576-1578.

Grace J, Lloyd J, McIntyre J, Miranda A C. 1995. Carbon dioxide uptake by an undisturbed tropical rain forest in southwest Amazonia, 1992 to 1993. Science, 270: 778-780.

Lloyd J, Taylor J. 1994. On the temperature dependence of soil respiration. Functional Ecology, 8: 315-323.

Massman W J, Lee X. 2002. Eddy covariance flux corrections and uncertainties in long-term studies of carbon and energy exchanges. Agricultural and Forest Meteorology, 113: 121-144.

Tanner C B, Thurtell G W, 1969. Anemoclinometer measurements of Reynolds stress and heat transport in the atmospheric surface layer, ECOM-66-G22-F. Fort Huachuca, AZ.

Wilczak J M, Oncley S P, Stage S A. 2001. Sonic anemometer tilt correction algorithms. Boundary-layer Meteorology, 99: 127-150.

Wofsy S C, Goulden M L, Munger J W, Fan S M, Bakwin P S, Daube B C, Bassow S L, Bazzaz F A. 1993. Net exchange of CO_2 in a mid-latitude forest. Science, 260: 1314-1317.

第十章

竹林分布格局及碳收支模型模拟与预测

气温、降水等是全球气候变化重要的气候因子,当它们的条件和格局发生变化时,就会在一定程度上影响物种的分布状况。作为我国亚热带森林中具有较强碳汇潜力和重要经济价值的竹林,尤其是毛竹林,其潜在分布范围变化与气候环境变化之间的关系,对模拟竹林生态系统碳循环并积极应对气候变化具有重要意义。

物种的空间分布及其模拟是保护生物学、生物地理学和生态系统生态学的主要研究内容。在传统的物种调查方法不能满足大尺度物种分布特征格局模拟和预测需要的背景下,综合应用地理信息系统、统计学及生态学的物种空间分布模型应运而生,并在近年得到了长足发展,成为模拟和预测区域物种空间分布特征的有效工具。按照模型采用的数据,物种分布模型可以分为仅采用物种存在数据的模型和既采用物种存在又采用物种不存在数据的模型,包括线性模型、多元线性、逻辑回归、广义线性模型、广义加性模型、判别分析、分类与回归树分析、基因算法及人工神经网络模型等。以上这些方法需要物种出现和未出现的数据来建立物种与环境因子之间的统计关系,然而,如果物种不存在,则数据较难获取,即便存在,其不确定性也比较大,传统统计学模型解决这一难题的方法是生成不存在的物种数据。

自 20 世纪 80 年代以来,研究人员提出了一系列仅采用物种分布数据的物种分布模型,如 BIOCLIM、DOMAIN、生态位因子分析(environment niche factor analysis, ENFA)、支持向量机(support vector machine,SVM)等(Busby, 1986;Carpenter et al., 1993;Hirzel et al., 2002;Guo et al., 2005),这些方法已经在生态学研究中得到成功应用。按照预测物种分布的机理,物种分布模型可以分为过程模型和统计模型。过程模型是通过运用详细的观测参数模拟物种与环境因子之间的相互作用过程来实现(Sutherst and Maywald, 1985;Yonow et al., 2004)。过程模型可以用来检验理论假说、预测重要的生态学参数,但由于观测数据的缺乏,以及由于生态学机理知识的缺失,过程模型无法满足自然保护和管理的及时需要(Carpenter et al., 1993)。统计模型是以环境空间检测样点与已知样点之间的相似性为依据来模拟物种分布，当研究的空间尺度较大且缺少详细观测数据时，统计模型就可以用来研究物种的潜在分布范围。

在碳收支模拟方面，国内外科学家开发了众多适用于植被 NPP 等估算的碳循环模型，其中最为经典的模型是国际上最早用环境变量估算全球净初级生产力的 Miami 模型（Lieth, 1972）、Thornthwaite 模型（Lieth and Box, 1972），以及由日本学者发展的 Chikugo 模型（Uchijima and Seino, 1985）；随后，Forest-BGC 模型（Running and Coughlan, 1988）、BIOME-BGC 模型（Running and Hunt, 1993）、CASA 模型（Potter et al., 1993）、Sim-CYCLE（Ito and Oikawa, 2002）等相继出现；而 20 世纪末，由加拿大陈镜明等在 Forest-BGC 基础上开发的 BEPS 模型成为当今 NPP 估算最为著名的模型之一（Liu et al., 1997；Chen et al., 1999）。我国学者先后从国外引进和改良了 CASA、GLO-PEM、CENTRY、IBIS 等多个陆地生态系统碳循环模型，同时也自主开发了适用于中国陆地生态系统的 AVIM2、Agro-C、FORCCHN、DCTEM 等模型，构建了 ChinaFLUX 研究平台，对当前及未来气候变化下中国陆地生态系统碳循环及其演变问题进行了模拟预测研究（高艳妮等，2012）。

集成生物圈模拟器（integrated biosphere simulator，IBIS）是由美国威斯康星大学全球环境与可持续发展中心（SAGE）的 Foley 等于 1996 年开发的，其最初的目标是致力于提高对全球生物圈过程的理解和研究人类活动对它们的潜在影响（Foley et al., 1996）。IBIS 是一个综合的陆地生物圈模型，属于新一代动态全球植被模型（dynamic global vegetation model，DGVM），它考虑了植被组分和结构对环境变化的响应，并且在一个集成框架内实现了陆表水热过程、陆地生物地球化学循环和植被动态的模拟，描述了陆面过程，包括土壤、植被与大气之间的能量、水分和动量交换；冠层生理，包括冠层光合与导度；植被物候，包括萌发与衰亡；植被动态过程，包括植被类型间的竞争；陆面碳平衡，包括净初级生产力水平、组织周转、土壤碳和有机质分解（Foley et al., 1996）。模型中各个过程可在不同的时间尺度上进行，从 1 h 至 1 年，便于将生态的、生物物理的及植物生理的过程等发生在不同时间尺度上的过程有机整合起来（Foley et al., 1996；Kucharik et al., 2000）。

本章将在模拟不同气候情景下我国竹林分布格局的基础上，采用改进的 IBIS 模型模拟中国竹林碳收支，并分析气候变化对于碳收支的影响。

10.1 我国竹林分布格局历史模拟及变化预测

10.1.1 技术流程

物种分布模型中采用的物种数据可以是野外观测数据，也可以是自然博物馆或标本馆的标本数据，而数据采集方法既可以是随机采样，也可是分层采样。环境变量即影响物种分布的生境因子，包括对物种有直接或间接影响的各种因素（Guisan and Zimmermann, 2000）。按照作用特征，环境因子可分为三大类：①限制因子，指控制物种生理生态特征的因素，包括温度、水分和土壤组成；②干扰因子，指扰动环境系统的所有的因素，包括自然与人为引起的各类扰动因素；③资源因子，指可以被生物吸收的所有因素，包括能量和水分等。

物种分布模型的建立步骤如下：概念化，数据准备，模型拟合，空间预测和模型的验证评价。物种分布模型的研究经历了以下三个阶段：第一阶段采用经验数据，运用非空间统计的定量化方法分析物种与环境的关系；第二阶段以专家知识为基础，模拟物种分布；第三阶段为空间精确性统计与经验模型相结合的模拟物种分布。

我们将以 2000 年左右我国竹类和毛竹实际分布区域为基础，基于我国历史气候数据及 IPCC 发布的未来气候情景变化模式数据，利用多种物种分布模型模拟并预测我国自 1951 年起 150 年以内竹类和毛竹的分布及变化情况。技术流程参见图 10-1。

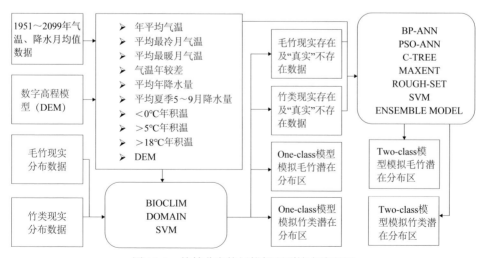

图 10-1 竹林分布格局模拟预测技术流程图

10.1.2　研究数据及处理

基于物种分布模型的竹林分布模拟需要气象数据、数字高程模型、毛竹林现实分布及竹类现实分布等 4 类数据。首先，通过我国植被图获取竹类和毛竹现实分布范围的数字化图，并栅格化得到模型模拟所需要的样点数据；然后，将 1951 ～ 2000 年历史气候数据及 2001 ～ 2099 年气候变化情景模式 A2、B1 数据集中的气温和降水数据加工为 9 个具有生物指示意义的气候指标，这 9 个气候指标和我国数字高程模型一起组成模拟竹类与毛竹分布的 10 个预测因子，该指标在 1951 ～ 2000 年每 10 年取平均，2001 ～ 2099 年每 20 年取平均，共得到 10 个时段，用于历史及未来的物种分布模拟；最后，采用物种分布模型模拟竹类与毛竹历史及未来空间分布，模拟时，先利用单物种模型进行模拟，再根据模拟结果生成竹类和毛竹现实存在及"真实"不存在的样点，用于后续多物种模型模拟，最终对单物种模型及多物种模型进行模型集成，分析毛竹潜在分布区及其分布质心变化。

10.1.2.1　竹类与毛竹样本

本研究使用的物种现实空间分布数据包括我国竹类和毛竹数据集。竹类源于中国科学院植物研究所绘制的 1 : 100 万植被图，该植被图基本反映了 20 世纪八九十年代植被分布状况（中国科学院中国植被图编辑委员会，2001）。该数据集中标识有竹类或毛竹分布的区域均视为适宜竹类或毛竹分布地区。所得到的竹类及毛竹数据均为矢量格式，因此需对其进行栅格转换，转换后得到的竹类与毛竹分布区栅格单元数据分别如图 10-2 和图 10-3 所示。

图 10-2　我国竹类分布区栅格化　　　　图 10-3　我国毛竹分布区栅格化

10.1.2.2　气候数据

本研究使用的历史气象数据来源于我国 1951 ～ 2000 年 670 个气象站点实

测气温和降水的每天数据，对原始数据进行异常值剔除合成气温与降水月均值数据，然后结合我国数字高程模型（DEM），利用 ANUSPLIN 软件包进行空间插值。

2001 ～ 2099 年的历史及未来气候原始数据来源于 IPCC 数据中心发布的 CGM3 的 A2 和 B1 情景模式数据，原数据为 GRIB 格式。气候变化情景模式 A2 描述了具有区域性外向型经济的异质性世界，人均经济增长和技术革新比其他气候变化情景模式要慢，全球 CO_2 浓度由 2000 年的 380 ppm 增加到 2080 年的 700 ppm，同时温度增加了 2.8 K；而气候变化情景模式 B1 描述了一个相对平衡发展的世界，全球人口同 A1 模式一样在 21 世纪中叶达到顶峰后减少，但社会向着服务和信息的经济及清洁和资源节约型技术迅速发展，CO_2 含量从 2000 年的 380 ppm 增加到 2080 年的 520 ppm，温度升高了 1.8 K。数据格式由 GRIB 格式转化为文本格式，提取中国区域的数据点，结合中国的 DEM，利用 ANUSPLIN 软件包进行空间插值。降水量单位为 $mm \cdot d^{-1}$，温度单位为 ℃。

10.1.3　研究方法

10.1.3.1　气候数据插值方法

气候数据插值采用刘志红等 2008 年发表在《气象》的《专用气候数据空间插值软件 ANUSPLIN 及其应用》一文中所提供的方法。

10.1.3.2　模型预测因子

气候条件在限制竹类及毛竹生长、分布方面有重要影响，而影响毛竹造林成活、成林的还包括立地类型、土壤条件、母竹种植年龄和经营管理措施等。

毛竹为阳性树种，喜温湿，怕严寒、积水、大风、大雪和干旱，尤忌春旱。毛竹分布区多位于气候温暖、雨水充沛、高光强的中亚热带季风气候区。年均温度为 15 ～ 21℃，≥ 10℃ 积温 4500 ～ 7500℃。最热月均温度 26 ～ 29℃，最冷月均温度 1 ～ 12℃，极端最低温度为 −14℃，无霜日 210 ～ 330 d，年降水量 750 ～ 2000 mm，年相对湿度为 80%。对毛竹生长发育来说起关键作用的是降水，特别是在初植阶段，若遇到气温急剧变化或干旱持续超过三个月，毛竹生长将受到严重影响，甚至死亡。而清明节前后（发笋期）降水量为 400 ～ 600 mm，最适宜毛竹水分要求。毛竹超越自然分布南缘，即冬季高温，春季干旱，不利于毛竹休眠越冬和春笋发育，而限制北移的气候条件主要是降水量少且分布不均匀，蒸发量大，旱期长，冬季酷寒和强风袭击。

毛竹生长适应平原、盆地、丘陵、高原和山地等各种地貌类型，在丘陵、山地成片分布，而在平原、台地多零星栽植。最适宜毛竹生长的是在海拔 500 ～ 800 m 以下的低山地带的山谷、山麓、山腰等土层深厚的缓坡地段。地形条件不同，常引起土壤、气候等生态因子的变化，从而影响毛竹的生长发育。山脊地带土层浅薄，干燥贫瘠，易遭风害，不利于毛竹生长；高山地区因强风作用且气候干燥、土地贫瘠，平原、洼地由于容易积水，均不宜种植毛竹，尤其在背向海洋气流的山坡，常有"三寒"冻害，在迎风面，毛竹屡因雪压而倒地。

本研究采用 9 个具有明显生物学意义的气候预测变量，包括平均夏季 5 ～ 9 月降水量、平均年降水量、气温年较差、平均最暖月气温、平均最冷月气温、<0℃ 年积温、>18℃ 年积温、>5℃ 年积温和年平均气温，如图 10-4 所示。另外，我国 DEM 作为立地条件限制因子也加入到模型预测中，共 10 个模型预测因子。

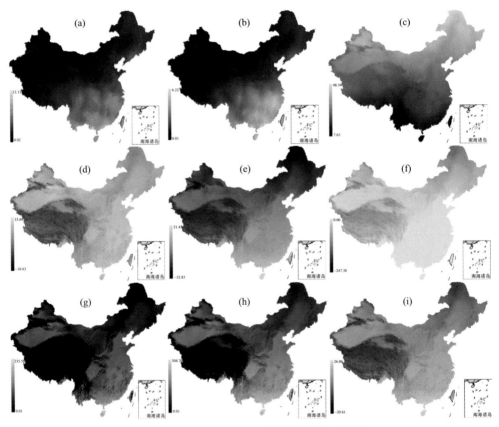

图 10-4　1991 ～ 2000 年模型预测因子示意图

（a）平均夏季 5 ～ 9 月降水量；（b）平均年降水量；（c）气温年较差；（d）平均最暖月气温；（e）平均最冷月气温；
（f）<0℃ 年积温；（g）>18℃ 年积温；（h）>5℃ 年积温；（i）年平均气温

10.1.3.3　物种分布模型

为有效模拟和预测我国竹类和毛竹在历史与未来气候情景模式下的潜在分布

区，本研究共使用 10 种物种分布预测模型，包括 BIOCLIM、DOMAIN、SVM
（one-class 和 two-class）、BP-ANN、PSO-ANN、C-tree、MaxEnt、Rough-set 及集
成模型，对研究对象进行模拟、比较和分析。

10.1.3.4 模型验证方法

为比较模型的预测质量，研究中对 BIOCLIM、DOMAIN、SVM、BP-ANN、
PSO-ANN、C-tree、MaxEnt、Rough-set 模型的验证采用现实存在数据及假设"真
实"不存在数据，通过 MODECO 软件自动随机选取训练数据和检验数据集，对
模型预测能力进行评价。

1）真阳性率

真阳性率（true positive rate, TPR），又称为灵敏度（sensitivity，SEN），指实
际有病而按该筛检试验的标准被正确地判为有病的百分比。它反映筛检试验发现
患者的概率，初期主要用于医学疾病诊断。Engler 等（2004）将这一指标引入物
种分布模型的评价中。在物种分布模型评价中，TPR 指实际有物种分布，而且按
照该模型试验的标准，被正确地判断为有该物种分布的百分比。理论上讲，一个
好的模型的预测结果不仅应当有较高的真阳性率，而且应当有较高的真阴性率。
当仅有物种分布数据时，无法估计真阴性率，只有借助真阳性率这一指标对物种
分布预测结果的优劣性作出评价。由于 BIOCLIM 模型、DOMAIN 模型和 SVM
法输入数据仅为温性及寒温性针叶林存在数据，无法计算 Kappa 值，因此采用真
阳性率（TPR）评价这三类模型的预测精度。

2）Kappa 值法

对生成了拟不存在数据的 GLM 模型，采用 Kappa 指标对预测结果进行评价。
Kappa 值的评估标准为：Kappa<0.4，失败；0.4 ～ 0.55，一般；0.55 ～ 0.7，好；
0.7 ～ 0.85，很好；>0.85，非常好。

3）ROC 曲线

受试者工作特征曲线（receiver operating characteristic curve, ROC）这一方
法早期用于描述信号和噪声之间的关系，比较雷达之间性能的差异。Fielding 和
Bell（1997）将这一方法用到了对生态模型的评估中。这一方法不依赖于阈值，
更加适合于对不同模型结果的比较评价。这一方法计算不同阈值正确模拟存在的
百分率和正确模拟不存在的百分率，然后将其分别在 y 轴和 x 轴上表示，通过比
较曲线和 45° 线（表示物种处于随机分布状态）之间的面积（area under the ROC
curve，AUC）确定模型的精度。AUC 值越大表示其分布与随机分布的差别越大，
环境因子与物种分布模型之间的相关性越大，即模型预测效果越好。

该方法的评价标准为：AUC 处于 0.50 ～ 0.60，失败；0.60 ～ 0.70，较差；

0.70 ～ 0.80，一般；0.80 ～ 0.90，好；0.90 ～ 1.0，非常好。

10.1.4　研究结果及分析

10.1.4.1　历史与未来气候数据分析

为了了解和对比历史数据及不同情景模式下未来气候数据的年际变化趋势，在全国范围内规则选取 10 个采样点，分别对历史气候数据、A2 情景和 B1 情景气候数据集中的气温和降水月均值进行数据采集。采样点分布如图 10-5 所示，详细信息参见表 10-1，气温与降水数据分别如图 10-6 和图 10-7 所示。

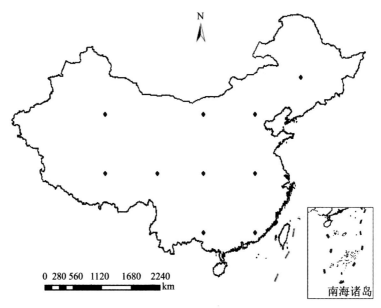

图 10-5　气候数据验证点示意图

对于气温数据集而言，B1 模式下 2001 ～ 2099 年气温变化相对较为平衡，极端气温值较少，升温幅度较缓，而 A2 模式下极端高温与低温比较明显，且升温趋势显著。对于降水数据集而言，总体上 A2 模式下极端高值降水天气出现频率显著高于历史数据与 B1 模式数据，表明 A2 模式下未来气候极端天气相对频繁，可能会对物种分布产生部分影响。

表 10-1　气候数据验证点经纬度信息

编号	纬度 /(°N)	经度 /(°E)
1	45.0155	124.405
2	40.7655	115.99

编码	纬度 / (°N)	经度 / (°E)
3	32.1805	115.99
4	23.8505	115.99
5	40.7655	107.575
6	32.3505	107.49
7	23.8505	107.49
8	32.2655	99.0745
9	40.6805	90.4895
10	32.1805	90.5745

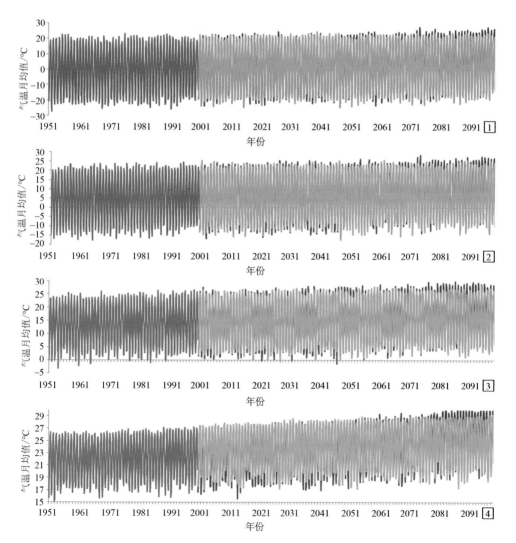

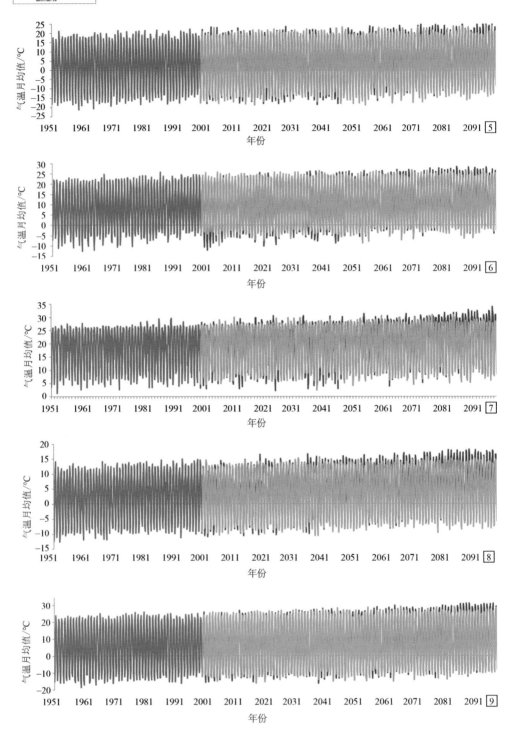

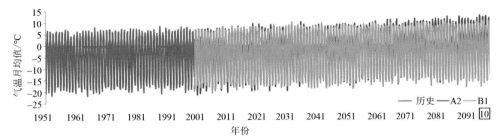

图 10-6　气候数据验证点位历史数据（1951～2000 年）及 A2、B1（2001～2099 年）气候情景变化模式下气温月均值变化

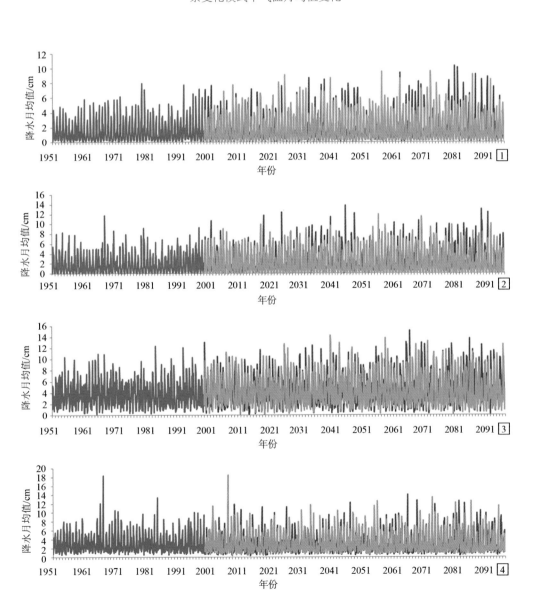

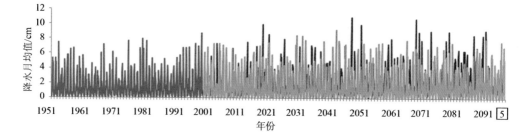

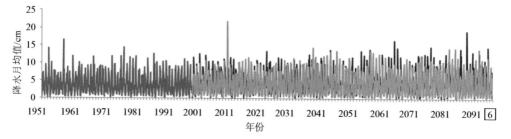

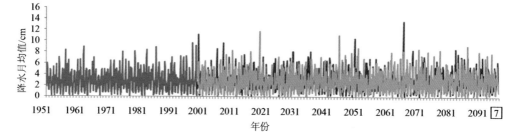

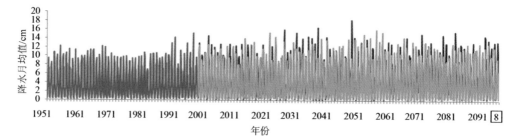

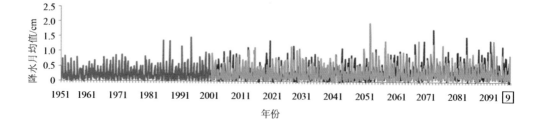

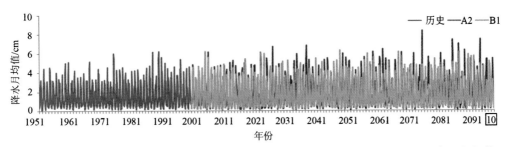

图 10-7　气候数据验证点位历史数据（1951～2000 年）及 A2、B1（2001～2099 年）气候情景变化模式下降水月均值变化

10.1.4.2　单类别 SVM 模型竹类和毛竹模拟预测结果与评价

利用我国竹类和毛竹现实存在分布数据和 1991～2000 年模型预测因子，基于 BIOCLIM、DOMAIN 和 SVM（one class）模型分别模拟竹类和毛竹的潜在分布区。通过统计模拟结果、计算真阳性率和 AUC（如图 10-8 和图 10-9 所示）对模型进行评价与比较，并分析基于仅存在物种样点的模型模拟竹类和毛竹潜在分布区历史与未来年际变化状况。

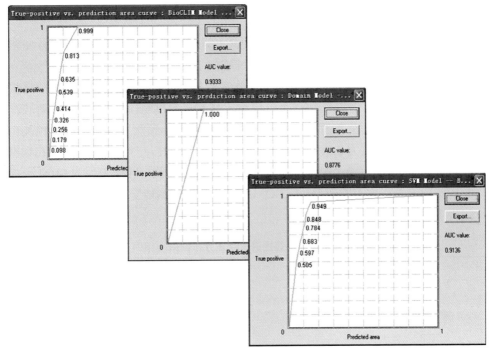

图 10-8　竹类潜在分布区预测模型真阳性率与预测面积关系曲线

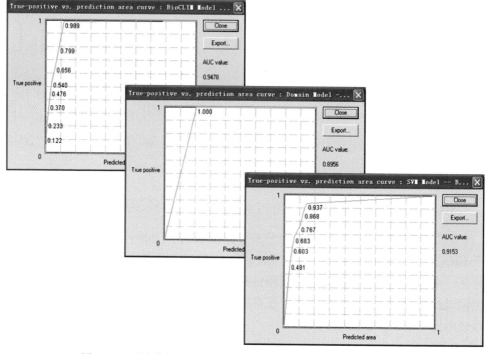

图 10-9   毛竹潜在分布区预测模型真阳性率与预测面积关系曲线

表 10-2 列出了三个模型基于我国竹类实际存在数据模拟 1991～2000 年潜在分布区的结果统计。对比模拟结果可以看出，DOMAIN 模型具有最高的预测正确率，但同时预测面积也最大，导致 AUC 值在三个模型中最低；而 BIOCLIM 模型预测正确率最低，但相应预测面积较小，具有最高的 AUC 值，表明具有较高的预测效率；相比前两者而言，SVM 模型具有较高的预测正确率，同时预测范围较为合理，AUC 值为 0.9136，表明模型模拟表现较好，对于仅对竹类存在数据的模拟较为适用。表 10-3 中毛竹的模拟结果与竹类相似，同样表现为 SVM 模型具有较好的表现，而 BIOCLIM 与 DOMAIN 分别在预测精度和预测效率上表现出一定程度的不足。

表 10-2   使用竹类实际存在数据进行潜在分布模拟（1991～2000 年）

	BIOCLIM	DOMAIN	one-class SVM
像元数	10 305	32 533	20 146
预测面积	74.454	235.051	145.555
TPR	0.634	0.998	0.947
AUC	0.933 3	0.877 6	0.913 6

表 10-3 使用毛竹实际存在数据进行潜在分布模拟（1991～2000 年）

	BIOCLIM	DOMAIN	one-class SVM
像元数	8 467	27 574	19 560
预测面积	61.174	199.222	141.321
TPR	0.656	1.000	0.937
AUC	0.947 8	0.895 6	0.945 3

图 10-10 为基于 BIOCLIM、DOMAIN 和 one-class SVM 模型对 1951～2099 年我国竹类和毛竹潜在分布区模拟结果。

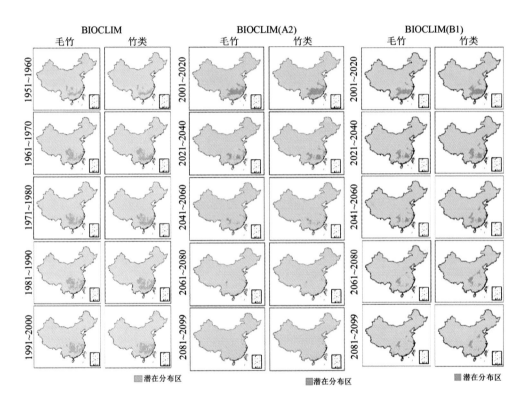

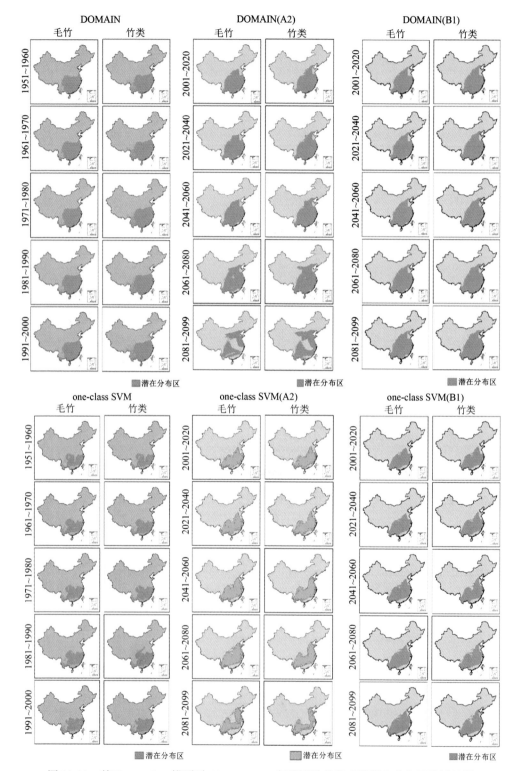

图 10-10 基于 one-class 模型对 1951 ～ 2099 年我国竹类和毛竹潜在分布区模拟结果

由图 10-10 可以得到基于不同模型竹类和毛竹在历史气候及不同的未来气候变化情景模式下潜在分布范围的空间发展趋势。各时期基于不同模型竹类和毛竹的潜在分布范围模拟的统计结果表明：对于竹类而言，BIOCLIM、DOMAIN 和 one-class SVM 模型在历史气候数据条件下具有相似的模拟趋势，均表现为 1951～2000 年潜在分布面积增加，表明在这 50 年中我国气候变化条件向着有利于竹类生长的方向发展，适宜竹类生长的范围有所增加；但潜在分布面积基数及增加程度有所不同，DOMAIN 模型预测面积最大，SVM 模型次之，这与模型本身性质有关。

在未来气候情景模式下，DOMAIN 模型和 one-class SVM 模型具有较为相似的预测趋势，其中 B1 模式下竹类潜在分布范围在 2000～2099 年呈现显著增加趋势，而 A2 模式在 2081～2099 年表现出急剧下降，但较当前条件仍表现出潜在分布区面积增加；增加的幅度同样有所差异，这也是由于模型本身性质造成的。对于 BIOCLIM 模型，A2 和 B1 模式 2000 年后竹类潜在分布范围均表现为下降趋势，其中 A2 情景模式下下降程度更为显著，并在 2081～2099 年分布范围接近于零。总体而言，B2 情景模式下竹类生长更为稳定，更有利于竹类生态系统发展。

造成模型间预测结果差异显著的原因主要是模型预测机理不同，BIOCLIM 模型对模拟潜在分布区的限制条件更为严格，模型对气候条件变化非常敏感，导致预测范围波动明显。模型预测的不确定性和对于预测因子数据集的敏感性是一种普遍现象，需根据多模型间模拟效果比较及专家知识对预测结果进行修正。

基于 BIOCLIM、DOMAIN 和 one-class SVM 模型的毛竹历史与未来潜在分布范围的预测结果与竹类较为接近，其潜在分布范围参见图 10-10。三个模型对毛竹的模拟结果与竹类模拟结果主要差别表现在历史气候数据条件下 1991～2000 年毛竹潜在分布范围均较之前有所下降。

10.1.4.3 双类别 SVM 模型竹类及毛竹模拟预测结果与评价

1）随机选取竹类和毛竹"真实"不存在样点数据

为提高模拟精度，应用多模型比较预测结果，除使用仅物种存在数据模型外，还使用基于物种存在与不存在样点的 two-class 物种分布模型来模拟并预测我国竹类和毛竹的历史与未来潜在分布区。

在建模过程中通常采用的方法是随机产生虚拟的物种分布不存在数据（pseudo-absence）作为"真实"的物种不存在数据，然而，无物种分布记录的地区不等于物种绝对不适宜生存，可能由于历史、生态或其他原因，适合生长区的物种受到破坏而消失。因此虚拟分布不存在数据可能会影响模型的预估能力，尤其是对物种分布记录较少的稀有物种的影响更大，对于广布种影响可能较小，广布种大量的物种分布存在数据可能会抵消错误选择的物种分布不存在数据的影响。

　　SVM、DOMAIN 等模型的优点是只利用物种分布存在数据，并且在预测变量较少时，可以有效模拟物种的潜在分布。通过前面章节对不同 one-class 模型的比较分析与评价研究，我们发现 one-class SVM 对于竹类和毛竹具有最佳的模拟效果，因此我们把 SVM 模型所模拟的竹类和毛竹潜在分布区作为"真实"的物种分布范围，在此分布范围之外随机选取一定数量的"真实"物种不存在数据，并将该数据输入到后续 two-class 模型中，进行当前潜在分布的模拟和未来潜在分布的预测。随机选取的"真实"不存在数据数量与现实存在物种样本数量一致，其分布信息参见图 10-11 和图 10-12。

　　　　• 竹类"真实"不存在地区样点
　　　　• 竹林样点

图 10-11　随机选取竹类"真实"不存在地区样点

2）模型评价

　　利用我国竹类和毛竹现实存在分布数据和 1991～2000 年模型预测因子，基于 BP-ANN、PSO-ANN、C-tree、Rough-SET、MaxEnt 和 two-class SVM 模型分别模拟竹类和毛竹的潜在分布区。通过统计模拟结果、计算真阳性率和 Kappa 对模型进行评价与比较，并分析基于现实存在和假设"真实"不存在物种样点模型模拟的竹类和毛竹潜在分布区历史与未来年际变化状况。

图 10-12 随机选取毛竹"真实"不存在地区样点

    表 10-4 列出了 6 个模型基于我国竹类实际存在数据模拟 1991 ~ 2000 年潜在分布区的结果,可以看出,C-tree 同时具有最高的分类准确率和 Kappa 系数,表明 C-tree 模型对竹类分布预测具有最佳的模拟效果,two-class SVM 模型次之,此外 BP-ANN 和 MaxEnt 模型预测准确率及 Kappa 系数同样分别在 0.95 和 0.9 以上,表明模拟效果较优。表 10-5 结果表明:对于毛竹的模拟而言,6 种模型均表现出较高的预测准确率,其中 two-class SVM、PSO-ANN 和 C-tree 模型准确率均达到 100%,其他模型也均在 0.95 以上,但 Kappa 系数有所差异,C-tree 模型仍是 Kappa 系数最高的模型,表明其预测能力最优,其次是 Rough-set 模型和 MaxEnt 模型。综合而言,C-tree 模型较为适合对竹类和毛竹潜在分布区的模拟。

表 10-4 使用竹类实际存在数据与"真实"不存在数据进行潜在分布模拟(1991 ~ 2000 年)

	two-class SVM	BP-ANN	PSO-ANN	Rough-set	C-tree	MaxEnt
像元数	26 472	23 697	20 579	14 676	22 391	23 983
预测面积	191.26	171.211	148.683	106.034	61.775	173.277
TPR	0.982	0.956 3	0.863	0.899	0.997	0.969
Kappa 系数	0.929	0.918 8	0.827	0.899	0.981	0.917

表 10-5　使用毛竹实际存在数据与"真实"不存在数据进行潜在分布模拟（1991～2000 年）

	two-class SVM	BP-ANN	PSO-ANN	Rough-set	C-tree	MaxEnt
像元数	28 648	22 453	30 387	13 207	19 687	18 606
预测面积	206.982	162.223	219.546	95.420 575	142.239	134.428
TPR	1.000 0	0.952 4	1.000 0	0.984 1	1.000 0	0.994 7
Kappa 系数	0.920 6	0.915 3	0.899 5	0.984 1	0.989 4	0.973 5

3）模型预测结果

基于 1991～2000 年历史气候数据，利用竹类与毛竹实际存在与"真实"不存在数据分别对 two-class SVM、BP-ANN、PSO-ANN、Rough-set、C-tree 和 MaxEnt 模型进行建模训练，并将其应用于 1951～1990 年历史气候数据及 2001～2099 年未来气候情景模式 A2、B1 各时段中，模拟及预测我国竹类和毛竹潜在分布范围。预测结果见图 10-13，可以看出不同 two-class 物种分布模型模拟结果中竹类与毛竹潜在分布区主体相对一致，而边缘分布差异较为显著，表明不同模型间模型本身性质有一定差异，建立的判别规则与置信度存在差异。

对各模型所预测的不同时段竹类和毛竹潜在分布区面积进行分析。对于竹类而言，除 PSO-ANN 模型外，各模型对于竹类在历史气候条件下所模拟的潜在分布区都呈现出增加趋势，增加的波动性、幅度有所差异。在未来气候情景模式下，仅 Rough-set 模型表现出竹类潜在分布面积减小的趋势，其他模型均表现为增加趋势；其中 BP-ANN、PSO-ANN、MaxEnt 和 SVM 模型所在气候情景模式 B1 条件下预测的 2001～2080 年竹类潜在分布范围高于 A2 情景模式，且分布区增加显著，C-tree 模型在 B1 情景模式下模拟的竹类潜在分布区小于 A2 情景模式，且未表现出明显增幅。对于毛竹而言，各模型对历史气候条件模拟有所差异，其中 C-tree、BP-ANN 和 Rough-set 模型所模拟的潜在分布范围呈减小趋势，其他模型表现为分布区扩大；各模型整体模拟未来趋势与竹类相似，仅 Rough-set 模型表现出未来潜在分布区显著下降，其他模型在未来气候模式下均表现为潜在分布范围扩大。总体而言，MaxEnt、PSO-ANN 和 SVM 模型在 B1 情景模式下模拟的竹类潜在分布区大于 A2 情景模式，其他模型则表现出相反趋势，同时各模型也存在两种气候模式下交替占优的现象。同 one-class 模型相比，two-class 模型对于竹类和毛竹潜在分布范围的预测异质性更为显著，这与加入了物种"真实"不存在分布数据有关，两种物种信息较单物种信息更为复杂，模型所建立的预测规则也相对更复杂，因此导致预测结果合理性及可解释性有所下降。

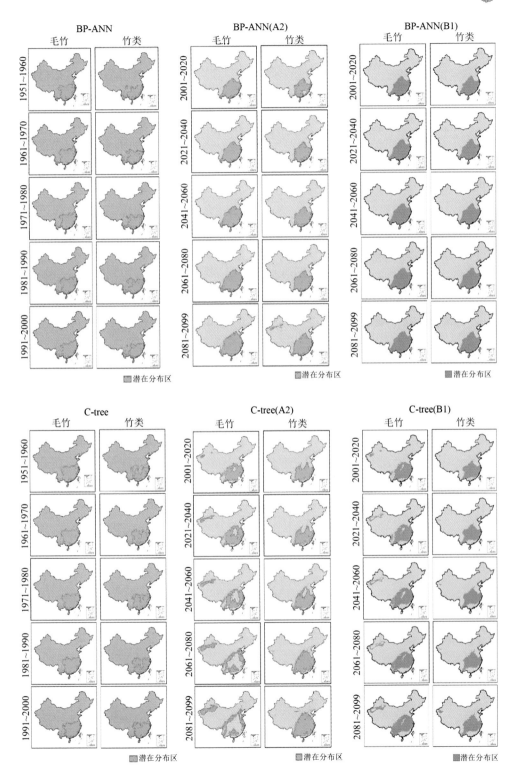

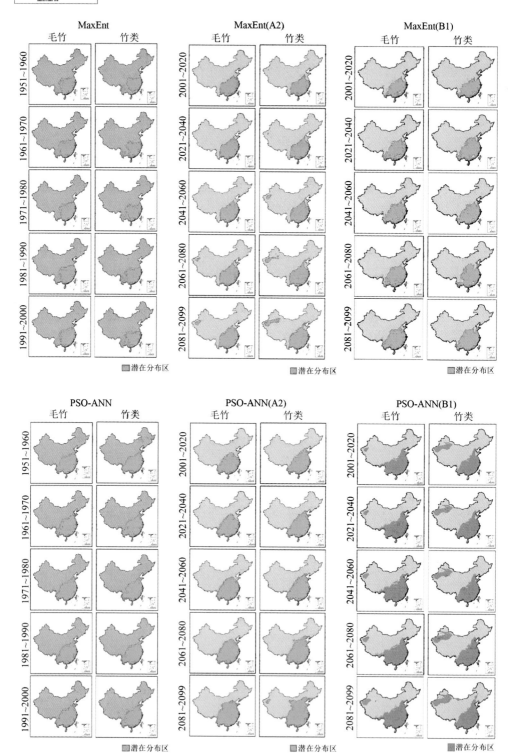

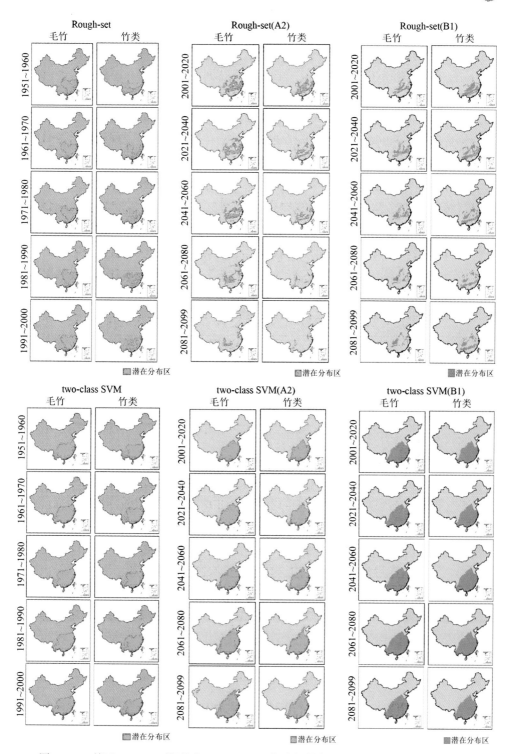

图 10-13　基于 two-class 模型对 1951 ～ 2099 年我国竹类和毛竹潜在分布区模拟结果

10.1.4.4 模型集成

基于上述 6 种 two-class 物种分布模型，我们使用模型集成技术，以模型模拟效果（真阳性率）为权值对 6 种模型模拟结果进行集成，得到历史与未来情景模式气候条件下毛竹和竹类潜在分布可能性，并按 0 ~ 60%、60% ~ 80% 和大于 80% 三个梯度分析潜在分布范围的空间变化趋势，结果参见图 10-14 ~ 图 10-16。

结果表明，对于竹类而言，在历史气候条件下，竹类潜在分布范围总体呈现增长趋势，在增长过程中存在一定的波动；在未来气候情景模式下，竹类同样表现为潜在分布范围扩大，但不同情景条件下有所差异，在 A2 模式下，竹类潜在分布区显著增加，特别是在 2060 年以后，增加趋势较为明显，而对于 B1 模式，竹类潜在分布范围扩大相对平稳，基本延续了 1960 ~ 2000 年的增长趋势，也表明不同气候模式对于竹类分布影响的差异。

对于毛竹而言，历史气候及未来气候情景模式 B1 条件下毛竹潜在分布区都存在下降趋势，特别是在 B1 模式下 2001 ~ 2040 年，毛竹潜在分布区锐减，之后略有回升。而对于气候模式 A2，毛竹潜在分布区表现为波动上升，表明该气候条件下环境更适宜竹类的生长与扩张。对于毛竹而言，潜在分布范围变小可能是与 two-class 模型各自性质有所差异有关，预测结果的不一致性导致模型预测重合范围降低。

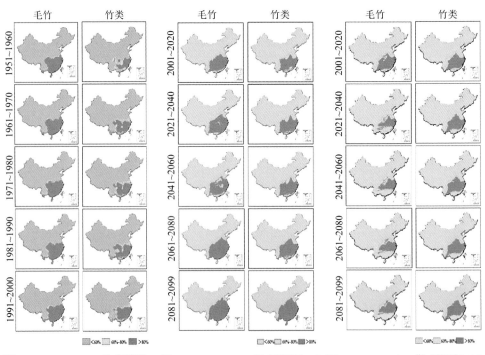

图 10-14　two-class 集成模型　图 10-15　two-class 集成模型（A2）图 10-16　two-class 集成模型（B1）

10.1.4.5　物种潜在分布区质心迁移分析

基于集成模型对竹类和毛竹潜在分布范围的可能性预测，我们选取存在可能性大于 80% 的地区为高可信度潜在分布区，并求得各时段竹类和毛竹潜在分布区的分布质心，以此表现在历史气候条件下与未来气候情景模式下潜在分布范围的空间变化过程。

1）竹类

基于集成模型模拟竹类潜在分布可能性大于 80% 区域的质心迁移状况见图 10-17，结果表明：在历史气候条件下，竹类潜在分布范围质心总体表现为向我国西北方向移动，经度变化范围在 2° 左右，而纬度变化范围在 20′ 左右，表明我国内陆地区气候条件向着适宜竹类生长方向变化。在 A2 和 B1 气候情景模式下，质心向西北迁移表现较为显著，向西和向北均有 1° 左右的迁移，且迁移方向性清晰，表明未来气候模式下我国西部及北方地区会有更多适宜竹类生长的环境形成。

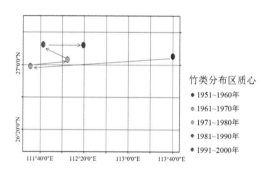

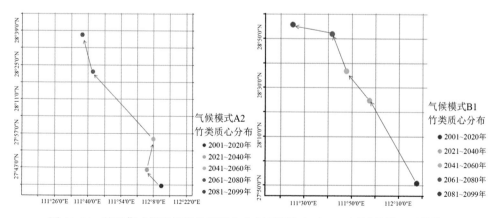

图 10-17　基于集成模型模拟竹类潜在分布可能性大于 80% 区域的质心迁移状况

2）毛竹

基于集成模型模拟毛竹潜在分布可能性大于 80% 区域的质心迁移状况见图 10-18。在历史气候条件下，毛竹潜在分布区的质心迁移并不显著，经纬度迁移分为均在 15′ 左右，并且迁移方向不明显，2000 年与 1951 年两时段相比毛竹潜在分布质心有向东南方向移动趋势，但幅度较小，可以表明过去 50 年中我国毛竹潜在分布范围基本上无变动。在未来气候情景模式 A2 条件下，毛竹潜在分布区质心迁移与竹类类似，主要表现为向西北方向移动，但迁移幅度同样较小，向北及向西均在 0.5° 左右。而在 B1 气候情景模式下，毛竹潜在分布范围向着东北方向迁移，并且向北迁移较显著，在 1.5° 左右，向东迁移在 1° 左右。总体而言，在未来气候条件下，毛竹分布范围是向北方扩展的，表明未来北方气候会向着适宜毛竹生长的方向发展。

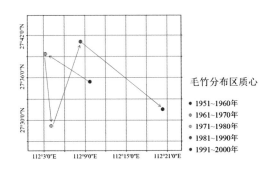

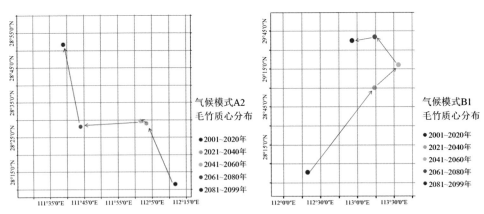

图 10-18　基于集成模型模拟毛竹潜在分布可能性大于 80% 区域的质心迁移状况

10.2 我国竹林碳收支状况历史模拟及变化预测

10.2.1 IBIS 模型及其模块

前文基于物种分布模型模拟并预测了我国竹类和毛竹在历史气候条件及未来气候变化情景模式下潜在分布区年际变化及质心迁移情况。在此基础上，通过 IBIS 模型模拟我国竹类 NPP 和 NEP，并分析气候变化对于碳收支的影响。IBIS 模型可以分为 5 个大的模块，基本框架如图 10.19 所示。

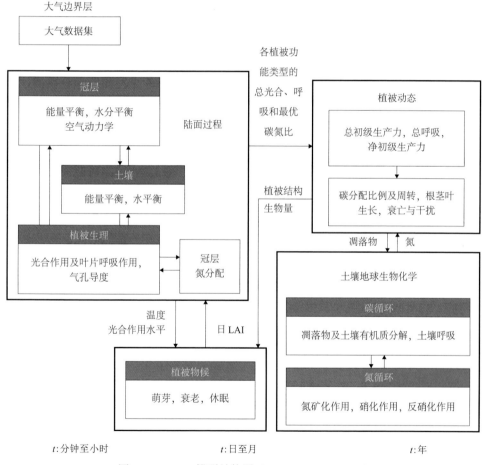

图 10-19 IBIS 模型结构图（Kucharik et al., 2000）

10.2.1.1 IBIS 的陆面过程模块

IBIS 模型中陆面过程模块基于 Thompson 和 Pollard 提出的陆表传输模型

LSX（Pollard and Thompson, 1995；Thompson and Pollard, 1995a, 1995b），用于模拟"土壤-植被-大气"之间的能量、水分、碳和动量平衡。该模块采用两层植被模型（树木层和灌草层）、6层土壤模型和三层雪过程模型描述土壤及冠层的温度及冠层空间的温度和比湿。为反映日尺度上动量、能量及水汽的交换，陆面过程时间步长设为60 min。

太阳辐射传输基于二流模型对可见光和近红外部分的直射和散射部分分别进行计算模拟。与LSX模型相比，IBIS模型没有考虑冠层的阴叶和阳叶之分，具体计算采用了Sellers等（1996）所提出的二流近似方法。红外辐射计算中将每一个植被层看作半透明的平面，冠层的发射率依赖于冠层叶密度。冠层内部湍流通量和风速计算基于简单的空气运动扩散模型，冠层上方及冠层之间采用简单的对数廓线，模型采用一个经验的线性风速方程计算地表与下层冠之间的湍流传输（Kucharik et al., 2000）。

模型中蒸散发为土壤表面蒸发（包括冰雪表面的蒸发与升华）、冠层截留水分蒸发（包括水与雪）和冠层蒸腾三个过程消耗水量之和。蒸腾速率取决于冠层导度水平，其中冠层导度对每一种植被类型独立计算（Kucharik et al., 2000）。IBIS建立了一个多层的土壤模型来模拟土壤水热交换的日变化与季节变化。模型中将土壤分为6层，从上至下各土壤层厚度分别为0.1 m、0.15 m、0.25 m、0.5 m、1.0 m和2.0 m，一共为4 m。在每个时间步长上，IBIS模型对各层土壤的温度、含水量及土壤中以冰形式存在的含水量（Pollard and Thompson, 1995；Foley et al., 1996）进行计算和模拟。模型采用Richard方程对土壤入渗过程进行计算，水分垂直方向的运动采用Darcy定律进行模拟（Campbell and Norman, 1998）。土壤水的收支主要取决于下渗、地表蒸发和植被蒸腾汲水等过程，而这些过程受土壤质地和土壤有机质含量的影响。以下就LSX中的基本水文过程作简单说明，其他具体过程及方程原理详见参考文献（Pollard and Thompson, 1995；Thompson and Pollard, 1995a, 1995b）。

1）土壤湿度计算

土壤中各层液态水及固态水的含量计算基于以下的Richard方程：

$$\frac{\partial \theta}{\partial t} = \frac{\partial}{\partial t}\left(D(\theta)\frac{\partial \theta}{\partial z}\right) - ST(z,t) \tag{10-1}$$

式中，θ 是土壤体积含水量；t 是时间；D 是扩散系数；z 为垂向深度，向上为正；ST为植物根系汲水项。ST项表达为植被蒸腾（P）的方程。植被蒸腾（P）计算方程如下（Pollard and Thompson, 1995）：

$$E_u = \frac{\rho s_u}{(1 + r_u s_u)}(1 - f_u^{wet})(q_{sat}(T_u) - q_{12})LAI_u \tag{10-2}$$

$$E_l = \frac{\rho s_l}{(1 + r_l s_l)}(1 - f_l^{wet})(q_{sat}(T_l) - q_{34})LAI_l \tag{10-3}$$

$$P = E_u + E_l \tag{10-4}$$

式中，下标 u 和 1 分别代表上冠层叶和下冠层叶，E_u 和 E_l 为单位叶面积蒸腾水量，单位为 $kg \cdot m^{-2} \cdot s^{-1}$；$\rho$ 为近叶表面空气密度，单位为 $kg \cdot m^{-3}$；f_u^{wet} 和 f_l^{wet} 分别表示上下冠层由于截留（水和雪）而形成的湿叶比例；T_u 和 T_l 分别表示上下冠层叶面温度（K）；S_u 和 S_l 为上下冠层与大气之间的水热传输系数（$m \cdot s^{-1}$）；r_u 和 r_l 表示上下冠层单位叶面积上的气孔阻抗水平（$m \cdot s^{-1}$）；q_{sat}（T）表示当前温度及气压状况下的饱和比湿（$kg \cdot kg^{-1}$）；q_{12} 和 q_{34} 分别为上下冠层间空气的比湿（$kg \cdot kg^{-1}$）；LAI_u 和 LAI_l 表示上下冠层的叶面积指数。

2）植被根系汲水

IBIS 模型中植被根系汲水量对于每一层土壤而言，用如下方程计算（Li et al., 2005）：

$$S_i = PF_i \tag{10-5}$$

式中，S_i（$m \cdot s^{-1}$）为第 i 层土壤植被根系汲水量，P 为植被蒸腾量（$m \cdot s^{-1}$）；F 为汲水比例，表示为植物根系分布情况和可获取土壤水分的状况的方程。如果根区的土壤剖面分为 n 层，则对于第 i 层植物根系汲水比例由如下公式计算：

$$F_i = \frac{R_i W_i}{\displaystyle\sum_{j=1}^{n} R_j W_j} \tag{10-6}$$

式中，R_i 为第 i 层的根生物量比例，W 为土壤可获取水分因子，表达为

$$W = \frac{1.0 - \exp(e\theta_a)}{1.0 - \exp(e)} \tag{10-7}$$

式中，e 为植物生理过程水分胁迫因子（模型中取 -5.0）；θ_a 为实际土壤有效含水量，表达为

$$\theta_a = \frac{\theta - \theta_w}{\theta_f - \theta_w} \qquad (10\text{-}8)$$

式中，θ 为土壤当前含水量（$m^3 \cdot m^{-3}$），θ_w 为凋萎点系数（$m^3 \cdot m^{-3}$）；θ_f 为田间持水量（$m^3 \cdot m^{-3}$）。根生物量比例用下述方程计算：

$$R_i = Y_i - Y_{i-1} \qquad (10\text{-}9)$$

式中，Y 为从地表至第 i 层土壤的根系比例累积量，用渐近方程表示（Gale and Grigal, 1987）：

$$Y = 1 - \beta^d \qquad (10\text{-}10)$$

式中，d 表示土壤深度（cm）；β 表示根系分布如指数分布，高的 β 值（如 $\beta=0.99$）表示深层土壤根系所占的比例较高，低的 β 值（如 $\beta=0.9$）表示表层土壤根系所占的比例高。就 β 的取值，Jackson 建立了一个全球植物根系研究的数据库，提供了不同生态区的近似 β 值（Jackson et al., 1996）。总的水分胁迫因子 a，是决定气孔导度的一个重要因子，从而影响到蒸腾速率 P，用以下方程表示：

$$a = \sum_{i=1}^{n} R_i W_i \qquad (10\text{-}11)$$

3）土壤水热通量及径流计算过程

IBIS 中土壤水下渗过程基于 Darcy 定律（Pollard and Thompson, 1995）。地表径流在降水满足填洼之后产生，模型中设定了一个最大填洼深度。基本计算过程为：超过洼地部分的水量即刻产生径流；填洼与地表径流的分配；在下渗率、土壤冰含量、洼地水量和洼地冰量分配蒸发、凝结量；洼地水的下渗计算；计算土壤热通量，其中土壤温度的变化受降雨温度和径流温度的影响；调整由于下渗和蒸腾蒸发之后的土壤湿度值；设定各层之间的传导系数，以及由于水的流动而引起的热通量，计算各层土壤之间的水热通量；对上层洼地的冰/水量的调整，如果有洼地的液态水温度小于冰点温度，则冻结部分水为洼地冰含量，如果有洼地的冰温度大于冰点温度，则融化部分冰为洼地液态水含量。

4）气象模拟器

对于陆面过程而言，往往需要逐日的或逐时的数据，这样的数据难以获取，尤其是长时间序列的数据。IBIS 模型以 60 min 为步长计算地表与大气之间的能量与水汽交换过程，模型利用 Richardson 等提出的气象模拟器基于月气象数据来模拟计算出逐日或逐时的气象数据，用于驱动模型（Richardson, 1981；Richardson and Wright, 1984；Geng et al., 1986）。逐时风速利用 EPIC 气象模拟器模拟，每天的降水或降雪事件的起止时间通过随机变量产生。

10.2.1.2 IBIS 的冠层生理模块

包括光合作用和气孔导度调节等在内的植被生理过程，直接控制着植被冠层和大气之间的水汽和二氧化碳交换。IBIS 模型中主要基于 Farquhar 等（1982）提出的机理性冠层光合作用模型及 Ball-Berry 半机理性气孔导度模型（Ball et al., 1987）来对植被冠层生理过程进行模拟，指出植被光合作用表达为光照、叶面温度、叶内二氧化碳浓度及 Rubisco 酶羧化效率等之间相互关系的方程，气孔导度表达为光合速率、二氧化碳浓度及水汽压等之间相互关系的方程。

IBIS 模型中采用的 Farquhar 模型指出，C3 植物叶子通过光合作用最终同化 CO_2 的速率受到以下因子的控制：在光反应中，由于光照条件对电子传输速率的影响而产生的光限制和用于光合作用的 Rubisco 酶系统动力学对同化速率的限制。单位叶面积上的总光合速率 A_g（mol $CO_2 \cdot m^{-2} \cdot s^{-1}$）取两个限制值中的最小值，用下式表达（Kucharik et al., 2000）：

$$A_g \approx \min (J_E, J_C) \tag{10-12}$$

式中，J_E 为受光反应中光照条件对电子输送速率限制的同化速率，用如下关系表达（Kucharik et al., 2000）：

$$J_E = a_3 Q_p \left(\frac{Ci - \Gamma_*}{Ci + 2\Gamma_*} \right) \tag{10-13}$$

式中，Q_p 为叶子吸收的光合有效辐射（PAR）通量密度（mol quanta $\cdot m^{-2} \cdot s^{-1}$），$a_3$ 表示 C3 植物同化 CO_2 光量子能量传输转换固有的效率；Ci 为叶子胞间 CO_2 浓度（mol $\cdot$ mol^{-1}）；Γ_* 为总光合速率的补偿点（mol $\cdot$ mol^{-1}）。

J_C 为受暗反应中 Rubisco 酶总量和它的活性限制的同化速率，用如下关系式表达（Kucharik et al., 2000）：

$$J_C = \frac{V_m (Ci - \Gamma_*)}{Ci + K_c \left(1 + \dfrac{[O_2]}{K_o} \right)} \tag{10-14}$$

式中，V_m 为 Rubisco 的最大羧化速率（mol $CO_2 \cdot m^{-2} \cdot s^{-1}$），$K_c$ 和 K_o 分别为对 CO_2 和 O_2 的米凯斯 - 门顿常数（mol $\cdot$ mol^{-1}），O_2 是叶子内部叶绿体中 O_2 的浓度。在 IBIS 模型中，为简单起见，Rubisco 的最大羧化速率按照以下植被功能类型指

定为不同的常数：落叶阔叶林、常绿阔叶林、落叶针叶林、常绿针叶林、灌丛及 C3 和 C4 草地（Kucharik et al., 2000）。

对于 C4 植物类型，IBIS 模型中采用 Collatz 等（1991）提出的模型，植物总光合速率受到三个限制量的控制，用如下关系式表达：

$$A_{\mathrm{g}} \approx \min (J_{\mathrm{l}}, J_{\mathrm{e}}, J_{\mathrm{c}}) \tag{10-15}$$

式中，J_{l} 为光合速率光限制因子：

$$J_{\mathrm{l}} = a_4 Q_{\mathrm{p}} \tag{10-16}$$

式中，a_4 表示 C4 植物同化 CO_2 光量子能量传输转换固有的效率。

J_{e} 为光合速率 Rubisco 酶限制因子：

$$J_{\mathrm{e}} = V_{\mathrm{m}} \tag{10-17}$$

J_{c} 为低 CO_2 浓度条件下光合速率的 CO_2 浓度限制因子：

$$J_{\mathrm{c}} = k \mathrm{Ci} \tag{10-18}$$

光合作用的同时进行呼吸作用，模型中叶子呼吸作用消耗量参数化与叶子的羧化率成比例（Collatz et al., 1991）：

$$R_{\mathrm{leaf}} = \gamma V_{\mathrm{m}} \tag{10-19}$$

R_{leaf} 为叶子呼吸作用消耗（mol $CO_2 \cdot \mathrm{m}^{-2} \cdot \mathrm{s}^{-1}$）；$\gamma$ 为比例系统系数，C3 植物取值为 0.015；C4 植物取值为 0.025。

净同化速率则表示为

$$A_{\mathrm{n}} = A_{\mathrm{g}} - R_{\mathrm{leaf}} \tag{10-20}$$

同时模型中对植物茎和根维持呼吸速率计算表达为（Kucharik et al., 2000）：

$$R_{\mathrm{stem}} = \beta_{\mathrm{stem}} \lambda_{\mathrm{stem}} C_{\mathrm{stem},i} f(T_{\mathrm{stem}}) \tag{10-21}$$

$$R_{\mathrm{root}} = \beta_{\mathrm{root}} \lambda_{\mathrm{stem}} C_{\mathrm{root},i} f(T_{\mathrm{soil}}) \tag{10-22}$$

式中，R_{stem} 和 R_{root} 分别为植物茎和根维持呼吸速率，C_{stem} 和 C_{root} 为茎和根的碳含量，β 为 15℃ 条件下维持呼吸系数，对于茎取值为 0.0125 a^{-1}（Amthor, 1984；Ryan et al., 1995），对于细根部取值为 1.25 a^{-1}。λ_{stem} 为茎生物量的木质部比例，$f(T)$ 为 Arrenhius 温度方程（Kucharik et al., 2000）：

$$f(T) = e^{E_0\left(\frac{1}{15-T_0} - \frac{1}{T-T_0}\right)}$$ （10-23）

式中，T 为温度，即茎秆温度和根区的土壤温度；E_0 为温度敏感因子；T_0 为参考温度值，设为绝对零度（−273.16℃）。

每个植被类型的净碳收支通过对所有的碳通量过程进行累加，包括总光合速率和维持呼吸。年净第一性生产力（NPP）通过下式计算（Kucharik et al., 2000）：

$$NPP = (1-\eta) \int (A_g - R_{leaf} - R_{stem} - R_{root})\, dt$$ （10-24）

式中，A_g 为总冠层光合速率，η 为生长呼吸所消耗碳的比例，取值为 0.30。

模型气孔导度的模拟基于 Ball-Berry 模型（Ball et al., 1987）：

$$g_{s,h_2o} = \frac{mA_n}{C_s} h_s + b$$ （10-25）

式中，g_{s,h_2o} 为叶气孔导度（mol $H_2O \cdot m^{-2} \cdot s^{-1}$），$C_s$ 为叶表面 CO_2 浓度（mol $\cdot$ mol^{-1}），h_s（%）为叶面相对湿度，m、b 分别为气孔导度与光合速率线性关系中的斜率和截距（mol $H_2O \cdot m^{-2} \cdot s^{-1}$）。

依据 Collatz 等（1991）所提出的关系，将光合作用模型和气孔导度模式通过周围空气、叶边界层和气腔之间的水汽及 CO_2 扩散作用结合起来，并以此来计算冠上加冠层顶部的叶子的净光合速率。冠层内部的净光合速率的计算根据冠层内吸收的光合有效辐射（APAR）按比例计算。冠层 APAR 的剖面以二流近似计算冠层内辐射的削减规律，可以表示为关于叶面积指数的简单指数方程，通过积分以得到整个冠层的光合速率。冠层平均气孔导度作类似的计算（Kucharik et al., 2000）。

10.2.1.3 IBIS 的植被物候模块

植被物候模块以天为时间步长，采用 Botta 提出的算法进行物候参数化，描述不同季节气候条件下特定植被类型的生理物候特征行为（Botta et al., 2000）。例如，对于冬季落叶植物，主要依据积温和气温阈值来确定植株的萌芽和落叶时间，对于干旱落叶植物，主要依据其植株冠层的平均净光合速率来确定，如果 10 日平均净光合速率值变化为负值，则植株落叶。

10.2.1.4　IBIS 的植被动态模块

IBIS 模型将植被覆被看作植被功能类型（plant functional type，PFT）的集合，不同的植被功能类型具有不同的生物量和 LAI 特征。植被功能类型的定义主要基于植物的几个重要的特征，包括植株基本形态（树或灌木或草）、叶特性（常绿或落叶）、叶形态（阔叶或针叶）、生理特性（C3 或 C4 途径）。各个植被功能类型的地理分布取决于一系列简单的气候限制因子，如最低温限制、积温限制等（Foley et al., 1996；Kucharik et al., 2000）。在同一个模拟栅格中，多种植被功能类型可以同时存在，并且树木和灌草丛在水分和光照的获取上级别各不相同，各植被功能类型之间对水分和光照两种资源是相互竞争的关系（Foley et al., 1996；Kucharik et al., 2000）。属于同一植株基本形态的植被功能类型之间的竞争取决于由于叶特性（常绿或落叶）、叶形态（阔叶或针叶）、生理特性（C3 或 C4 途径）的不同而产生的不同的年碳收支情况。每一种植被功能类型包括根、茎、叶三个生物量碳库。

10.2.1.5　IBIS 的土壤地球生物化学模块

IBIS 土壤地球生物化学模块是基于 Century 模型（Parton et al., 1987, 1993）及 Verberne 等（1990）的工作构建起来的，用来模拟地面凋落物及地下各个碳库之间的碳氮分解、流动和交换过程。

10.2.2　IBIS 模型改进

10.2.2.1　新增加碳库 cpstore 和 crstore

cpstore 和 crstore 分别代表植物地上和地下碳的储存量，不属于根、茎、叶。其作用是：从夏天（如 6 月）开始积累，秋天或年底按果实、籽粒、块根、块茎来收获，可以只收获一部分（如 90%）。第二年开春时，储存的碳（包括氮）直接转化为新叶、新根等。夏天又开始积累。修改后的 IBIS 模型碳循环可简要由图 10-20 表示。

10.2.2.2　竹生长的假设

竹子有大量的根储藏，早春萌生。所以假设竹子夏天以后所积累的碳都储存在根里，并且不进行年底的根收获。春天时（3 月），地下储存的碳要快速转变成地上的生物量。这时按一比例系数（现为 30%）进行收获，即为竹笋生产量。不收获的部分将变为新竹子。至少在 6 月前将根储存的碳归零。夏季开始，竹子在生长的同时又开始进行根储存的积累（碳氮）。年底进行竹林间伐（目前设置

30%的间伐量）不动用地下储存，直接从地上的 cbiow 和 cbiol 中减除。

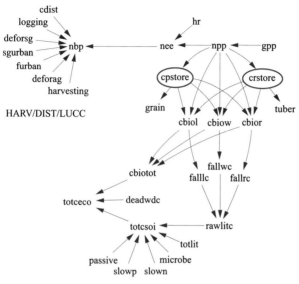

图 10-20　修改后的 IBIS 碳循环模型

10.2.2.3　新增加的参数

在 PARAMSVEG 中每一个 PFT 都设如下参数。

R1PSTORE：从 6 月开始，每月 NPP 的 x%（可以是 0～100%）将分配到地上 C 储存库。

R1RSTORE：从 6 月开始，每月 NPP 的 x%（可以是 0～100%）将分配到地下 C 储存库。

R2PSTORE：从 1 月开始，如果温度、水分可以允许植物生长，则每天有 X% 的地上碳储存变成新叶和新茎。

R2RSTORE：从 1 月开始，如果温度、水分可以允许植物生长，则 X% 的地下碳储存变成新地上生物量，按收获系数（如 REMROOT）收获即为竹笋量。其余变成新叶、新茎。

AUFERT：对农地的自动人工施肥相对比例，即如果作物需要 100 份 N，则 X%（0～100%）的 N 由系统外肥料提供，土壤只提供（100–X）% 的 N。土壤缺氮时效果明显。

FERTTREE：对非农地的人工施肥相对比例（0～1）。

REMROOT：地下碳储存库收获系数（0～1）（对竹子来说就是多大比例是竹笋，其余长成新竹子）。

REMSHOOT：地上碳储存库收获系数（0～1）（水果、粮食籽粒等）。

THINING：间伐强度（0～1），即年底X%的生物量被收获（竹子约30%）。

10.2.3　竹类 NPP 和 NEP 模拟预测结果

10.2.3.1　竹类潜在分布区模拟 NPP 与 NEP 年际变化

竹类多年平均 NPP 和 NEP 变化如图 10-21 所示，1950～2000 年，四川盆地、江西、浙江地区一直保持着较高的 NPP，竹类在上述地区有着广泛的分布，是竹类资源的主要产区。随着未来气候变化的影响，传统的 NPP 高值地区将不再保持高的 NPP。随着降雨量和温度的增加，竹类的分布逐渐北移，NPP 最高值地区由传统的四川盆地、江西、浙江，转移至江苏、安徽两省的长江以北地区。从 1950～2000 年 NEP 的变化可以看出，竹类在南方地区，尤其是闽南地区、台湾地区是主要的碳汇区域，在未来气候变化的影响下，竹类潜在分布北移的同时，主要碳汇区域也在北移。闽南和台湾地区的碳汇能力在下降，而陕西、河南等中原地区将成为竹类碳汇的主要地区。

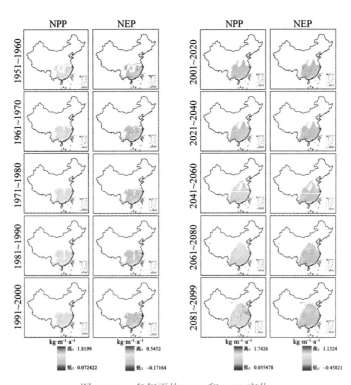

图 10-21　多年平均 NPP 和 NEP 变化

多年平均 NPP 在历史上一直处于缓慢增长的状态，NPP 一直维持在

0.8 kg·m^{-2}·a^{-1} 左右。在 2020 年以后 NPP 的增长速率加快，这可能主要是在降水和温度增加的促进下，竹林冠层的碳同化速率加快的结果。在模拟结束时竹林 NPP 达到了 1.2 kg·m^{-2}·a^{-1}，并仍然保持继续增加的趋势。NEP 在 1990 年以前一直保持缓慢增长，而 1990 年以后略有下降，基本维持在 0.15 kg·m^{-2}·a^{-1} 水平，在 2020 年以后 NEP 有了较大幅度的增长，在 2060 年以后达到最高，0.31 kg·m^{-2}·a^{-1}，之后 NEP 开始出现下降。NEP 在快速上升以后出现的下降，应该是由于温度和降水持续增加，同样会促进异养呼吸作用，当异养呼吸不断增强时，NEP 的水平将出现下降。

10.2.3.2　潜在生物量变化

竹类潜在分布区模拟 NPP 与 NEP 年际变化如图 10-22 所示。从历史变化来看，竹类生物量在中国东南大部分地区维持在 0.2 kg·m^{-2}，潜在分布区中，西南地区的生物量明显低于东南部地区。生物量的最大值主要分布于广西境内，约 0.45 kg·m^{-2}。从全国范围内来看，1950 ～ 2000 年竹类生物量呈现缓慢增加趋势，而随着未来气候条件的变化，竹类的生物量将出现大幅度的增加，主要生物量分布高值区域将出现转移。长江流域将成为竹类生物量高值分布的主要区域。江苏、浙江的沿海地区将成为竹类生物量最高值区域，其平均生物量将达到 0.5 kg·m^{-2} 以上。

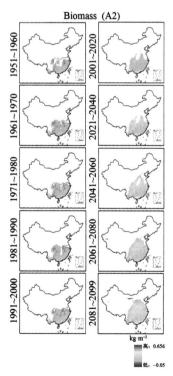

图 10-22　竹类潜在分布区模拟 NPP 与 NEP 年际变化

主要参考文献

高艳妮, 于贵瑞, 张黎, 刘敏, 黄玫, 王秋凤. 2012. 中国陆地生态系统净初级生产力变化特征：基于过程模型和遥感模型的评估结果. 地理科学进展, 31(1): 109-117.

刘志红, Li L T, Tim R M, Van N T G, 杨勤科, 李锐. 2008. 专用气候数据空间插值软件 ANUSPLIN 及其应用. 气象, 34(2): 92-100.

中国科学院中国植被图编辑委员会. 2001. 1 ∶ 100 万中国植被图集. 北京：科学出版社.

Amthor J S. 1984. The role of maintenance respiration in plant growth. Plant, Cell and Environment, 7: 561-569.

Ball J T, Woodrow I E, Berry J A. 1987. A model predicting stomatal conductance and its contribution to the control of photosynthesis under different environmental conditions, Progress in Photosynthesis Research. Berlin: Springer.

Botta A, Viovy N, Ciais P, Friedlingstein P, Monfray P. 2000. A global prognostic scheme of leaf onset using satellite data. Global Change Biology, 6: 709-725.

Busby J R. 1986. A biogeoclimatic analysis of *Nothofagus cunninghamii* (Hook.) Oerst. in southeastern Australia. Australian Journal of Ecology, 11: 1-7.

Campbell G S, Norman J M. 1998. An introduction to environmental biophysics. New York: Springer-Verlag.

Carpenter G, Gillison A, Winter J. 1993. DOMAIN: a flexible modelling procedure for mapping potential distributions of plants and animals. Biodiversity and Conservation, 2: 667-680.

Chen J M, Liu J, Cihlar J, Goulden M L. 1999. Daily canopy photosynthesis model through temporal and spatial scaling for remote sensing applications. Ecological Modelling, 124: 99-119.

Collatz G J, Ball J T, Grivet C, Berry J A. 1991. Physiological and environmental regulation of stomatal conductance, photosynthesis and transpiration: a model that includes a laminar boundary layer. Agricultural and Forest Meteorology, 54: 107-136.

Engler R, Guisan A, Rechsteiner L. 2004. An improved approach for predicting the distribution of rare and endangered species from occurrence and pseudo‐absence data. Journal of Applied Ecology, 41: 263-274.

Farquhar G D, Von Caemmerer S. 1982. Modelling of photosynthetic response to environmental conditions//Farquhar G D, Von Caemmerer S. Physiological plant ecology II. Berlin: Springer: 549-587.

Fielding A H, Bell J F. 1997. A review of methods for the assessment of prediction errors in conservation presence/absence models. Environmental Conservation, 24: 38-49.

Foley J A, Prentice I C, Ramankutty N, Levis S, Pollard D, Sitch S, Haxeltine A. 1996. An integrated biosphere model of land surface processes, terrestrial carbon balance, and vegetation dynamics.

Global Biogeochemical Cycles, 10: 603-628.

Gale M R, Grigal D F. 1987. Vertical root distributions of northern tree species in relation to succession status. Canadian Journal of Forest Research, 17: 829-834.

Geng S, de Vries F W P, Supit I. 1986. A simple method for generating daily rainfall data. Agricultural and Forest Meteorology, 36: 363-376.

Guisan A, Thuiller W. 2005. Predicting species distribution: offering more than simple habitat models. Ecology Letters, 8: 993-1009.

Guisan A, Zimmermann N E. 2000. Predictive habitat distribution models in ecology. Ecological Modelling, 135: 147-186.

Guo Q H, Kelly M, Graham C H. 2005. Support vector machines for predicting distribution of Sudden Oak Death in California. Ecological Modelling, 182: 75-90.

Hirzel A H, Hausser J, Chessel D, Perrin N. 2002. Ecological‐niche factor analysis: how to compute habitat‐suitability maps without absence data? Ecology, 83: 2027-2036.

Ito A, Oikawa T. 2002. A simulation model of the carbon cycle in land ecosystems (Sim-CYCLE): a description based on dry-matter production theory and plot-scale validation. Ecological Modelling, 151: 143-176.

Jackson R B, Canadell J, Ehleringer J R, Mooney H A, Sala O E, Schulze E D. 1996. A global analysis of root distributions for terrestrial biomes. Oecologia, 108: 389-411.

Kucharik C J, Foley J A, Delire C, Fisher V A, Coe M T, Lenters J D, Young‐Molling C, Ramankutty N, Norman J M, Gower S T. 2000. Testing the performance of a dynamic global ecosystem model: water balance, carbon balance, and vegetation structure. Global Biogeochemical Cycles, 14: 795-825.

Li K Y, Coe M T, Ravindranath N H. 2005. Investigation of hydrological variability in West Africa using land surface models. Journal of Climate, 18: 3173-3188.

Lieth H. 1972. Computer mapping of forest data. Proc. 51 Annual Mtg. American Sect: Society American Forests, 13: 53-79.

Lieth H, Box E. 1972. Evapotranspiration and primary productivity: CW thornthwaite memorial model. Climatalog, 25: 37-46.

Liu J, Chen J M, Cihlar J, Park W M. 1997. A process-based boreal ecosystem productivity simulator using remote sensing inputs. Remote Sensing of Environment, 62: 158-175.

Parton W J, Schimel D S, Cole C, Ojima D. 1987. Analysis of factors controlling soil organic matter levels in Great Plains grasslands. Soil Science Society of America Journal, 51: 1173-1179.

Parton W J, Scurlock J M O, Ojima D S, Gilmanov T G, Scholes R J, Schimel D S, Kirchner T, Menaut J C, Seastedt T, Garcia Moya E. 1993. Observations and modeling of biomass and soil organic matter dynamics for the grassland biome worldwide. Global Biogeochemical Cycles, 7: 785-809.

Pollard D, Thompson S L. 1995. Use of a land-surface-transfer scheme (LSX) in a global climate model: the response to doubling stomatal resistance. Global and Planetary Change, 10: 129-161.

Potter C S, Randerson J T, Field C B, Matson P A, Vitousek P M, Mooney H A, Klooster S A. 1993. Terrestrial ecosystem production: A process model based on global satellite and surface data. Global Biogeochemical Cycles, 7: 811-841.

Richardson C W. 1981. Stochastic simulation of daily precipitation, temperature, and solar radiation. Water Resources Research, 17: 182-190.

Richardson C W, Wright D A. 1984. WGEN: A model for generating daily weather variables. Washington, USA: US Department of Agriculture, Agricultural Research Service.

Running S W, Coughlan J C. 1988. A general model of forest ecosystem processes for regional applications I. Hydrologic balance, canopy gas exchange and primary production processes. Ecological Modelling, 42: 125-154.

Running S W, Hunt E R. 1993. Generalization of a forest ecosystem process model for other biomes, BIOME-BGC, and an application for global-scale models//Running S W, Hunt E R. Scaling physiological processes: Leaf to globe. California: Academic Press: 141-158.

Ryan M G, Gower S T, Hubbard R M, Waring R H, Gholz H L, Cropper Jr W P, Running S W. 1995. Woody tissue maintenance respiration of four conifers in contrasting climates. Oecologia, 101: 133-140.

Sellers P J, Tucker C J, Collatz G J, Los S O, Justice C O, Dazlich D A, Randall D A. 1996. A revised land surface parameterization (SiB2) for atmospheric GCMs. Part II: The generation of global fields of terrestrial biophysical parameters from satellite data. Journal of Climate, 9: 706-737.

Sutherst R W, Maywald G. 1985. A computerised system for matching climates in ecology. Agriculture, Ecosystems & Environment, 13: 281-299.

Thompson S L, Pollard D. 1995a. A global climate model (GENESIS) with a land-surface transfer scheme (LSX). Part I: Present climate simulation. Journal of Climate, 8: 732-761.

Thompson S L, Pollard D. 1995b. A global climate model (GENESIS) with a land-surface transfer scheme (LSX). Part II: CO_2 sensitivity. Journal of Climate, 8: 1104-1121.

Uchijima Z, Seino H. 1985. Agroclimatic evaluation of net primary productivity of natural vegetations (1) chikugo model for evaluating net primary productivity. Journal of Agricultural Meteorology, 40: 343-352.

Verberne E L J, Hassink J, Willigen P D, Groot J J R, Van Veen J. 1990. Modelling organic matter dynamics in different soils. Netherlands Journal of Agricultural Science, 38: 221-238.

Yonow T, Zalucki M P, Sutherst R W, Dominiak B C, Maywald G F, Maelzer D A, Kriticos D J. 2004. Modelling the population dynamics of the Queensland fruit fly, Bactrocera (Dacus) tryoni: a cohort-based approach incorporating the effects of weather. Ecological Modelling, 173: 9-30.

第十一章
经营对竹林生态系统碳平衡的影响

森林资源经营管理技术是提升森林质量、增加森林固碳能力的重要措施之一。竹林是我国南方重要的经济林，为增加经济效益，人们采取除去林下杂草灌木、施肥、翻耕、覆盖等集约经营措施，提高竹笋、竹材产量。与保持天然状态的粗放经营竹林相比，集约经营的竹林如毛竹林尽管在一定程度上增加乔木层的固碳能力，但土壤有机质矿化加剧，土壤 CO_2 排放增强，从而使竹林土壤碳储量下降，削弱了毛竹林生态系统在减缓气候变暖中的作用。再如，以冬季地表增温覆盖和施肥为核心的雷竹早产集约栽培技术使本来在 3～4 月出土的春笋提前到 1 月以前出笋，出笋旺期刚好处在春节期间，实现了竹笋的反季生产，提高了笋价，而且产量大幅度增加，经济收益大幅度提高。然而，许多农户很少揭去或不揭去覆盖物以便补充雷竹地土壤一年来消耗的大量营养，结果造成了土壤可溶性碳和有机碳总量增加，刺激了土壤微生物代谢，使微生物活动碳源和氮源失衡、土壤碳氮比失调。因此，研究不同经营措施对竹林生态系统碳平衡的影响对构建竹林系统固碳减排技术具有重要意义。

11.1　不同经营类型毛竹林碳积累动态

11.1.1　研究方法

11.1.1.1　定位试验布置与生物量的测定

研究区概况见第二章 2.1。在研究区设置集约和粗放经营类型毛竹林标准地各一个，其标准地所属林分在调查起始年要求为新竹留养年。标准地面积 20 m×20 m，两个标准地的毛竹林分布在同一山坡的坡中位，坡度一致，均为 18°。在两个标准地内按不同年龄毛竹进行每木调查，根据每木调查的结果，计算出标准地内各年龄毛竹的平均胸径和高度，在两种经营类型中，分别在 1、3、

5 年三个年龄段选择标准竹枝。1 年生新竹分别在 2003 年 4 月 26 日、6 月 26 日、8 月 26 日、10 月 26 日、12 月 26 日和 2004 年 2 月 26 日、4 月 26 日这 7 个时段进行调查。每一时间段在其周围相应立地选择标准样竹各一株，两类型共选择 14 株样木伐倒作生物量测定，用于计算新竹一年间碳积累量。3 年生和 5 年生竹，分别在 2003 年 4 月 26 日和 2004 年 4 月 26 日这两个时段进行调查，并选择标准样竹，两类型共选择 4 株样木伐倒，用于计算老竹在一年间的碳积累量。其野外生物量测定、取样、室内分析方法同第五章 5.2。

11.1.1.2 林下植被生物量的测定

由于集约经营的毛竹林内基本没有林下植被，故在粗放经营毛竹林标准地对角线离 4 个角各 1 m 处和标准地中心设置 2 m×2 m 小样方 5 个，收集每个小样方全部灌木、杂草，作生物量测定，同时选典型混合样品。

11.1.1.3 年凋落物的测定

在两种不同经营类型毛竹林样地内各设置 1 m×1 m 的尼龙网收集器 5 个，每两个月收集凋落物一次，每种类型各收集 6 次，测定干质量。将各月的凋落物混合，取混合样品进行测定作为最终结果。

11.1.1.4 凋落物分解样的采集、布设

于竹林落叶期采集新凋落叶，自然风干后分装于 12 个网眼 1 mm×1 mm、大小为 30 cm×40 cm 的尼龙网袋中，每袋中凋落叶干重 31～51 g。在所设置的两种不同经营类型样地上随机选点模拟自然状态平放分解样袋 6 只，每隔两个月进行取样，每种类型各取样 6 次，每次随机抽取一个样袋中的分解残物供分析用。

11.1.1.5 分析样品中碳含量的测定方法与碳储量的计算

将所采集的分析样品准确称量后，先在 105℃ 杀青 30 min，后在 70℃ 下烘干称量，高速粉碎机粉碎待用，植物样品中碳含量测定采用重铬酸钾外加热氧化法（中国土壤学会，1999）。碳储量是根据单位面积林分干物质质量（生物量）乘以其碳含量而求得。

11.1.2 结果与分析

11.1.2.1 不同经营类型毛竹林新竹碳积累的动态变化

从表 11-1 中可知，2003 年 4～10 月的短短 6 个月中，集约经营和粗放经营两种类型毛竹林新竹（1 年生）毛竹积累的碳储量分别达 10.1117 t·hm^{-2} 和

5.6131 t·hm^{-2}，已分别占全年碳储量的 88.8% 和 92.6%。

通过一年的生长（至 2004 年 4 月），碳储量分别达 11.3890 t·hm^{-2} 和 6.0563 t·hm^{-2}。集约经营毛竹林新竹积累的碳量是粗放经营的 1.88 倍。这主要是由于集约经营毛竹林分新竹株数远远大于粗放经营。

表 11-1　不同经营类型毛竹林 1 年生毛竹碳积累动态

经营类型	器官	碳积累量 /（t·hm^{-2}）						
		2003-4	2003-6	2003-8	2003-10	2003-12	2004-2	2004-4
集约经营	叶	0	0.1644	0.4906	0.1521	0.2416	0.2467	0.1290
	枝	0	0.7188	0.9266	1.1869	1.2826	0.9780	1.2926
	秆	1.5471	3.1624	5.9099	7.3122	7.4304	7.4381	8.1499
	蔸	0.1392	0.3436	0.3535	0.6007	0.5068	0.5480	0.7833
	根	0	0.4758	0.7350	0.8598	0.8260	0.8274	1.0343
	合计	1.6863	4.8650	8.4156	10.1117	10.2874	10.0382	11.3890
粗放经营	叶	0	0.1319	0.2885	0.2498	0.1393	0.0995	0.0340
	枝	0	0.4898	0.4652	0.7542	0.5494	0.4094	0.5250
	秆	0.8115	1.7898	3.4519	3.7349	4.0431	4.5321	4.7277
	蔸	0.0741	0.1114	0.2447	0.2851	0.3699	0.2918	0.3431
	根	0	0.2039	0.2916	0.5890	0.5011	0.4112	0.4266
	合计	0.8856	2.7269	4.7418	5.6131	5.6028	5.7439	6.0563

1 年生毛竹不同器官碳储量的分布比例与器官的生物量相关。1 年生毛竹碳储量在不同器官的分布以竹秆最大，占其总碳储量的 71.6% ～ 78.0%，然后依次是竹枝 > 竹根 > 竹蔸 > 竹叶（图 11-1）。1 年生毛竹中，竹秆和竹枝的碳储量在 10 月 26 日前随时间的推延呈直线上升，此后增加十分缓慢。林分中竹叶的碳储量在 10 月 6 日至 12 月 26 日达到最大值，此后呈下降趋势。这主要是由于林分内竹叶凋落而引起。2004 年 2 月 26 日的碳积累量比 2003 年 12 月 26 日下降，是在集约经营毛竹林进行了钩梢所致。

11.1.2.2　不同经营类型毛竹林老竹碳积累的动态变化

老竹指的是在原有林地上生长的毛竹，本研究区内两种经营类型老竹的年龄分别为 3 年生和 5 年生，其功能除为自身生长积累物质外，主要是为新竹生长提供营养。经过一年的生长，毛竹各器官碳密度有所增加，但是生长积累速度非常缓慢，无论秆、枝、叶、根、蔸等各器官都表现出相同的缓慢生长趋势，这些器官以秆的碳积累量绝对量最大，以叶的碳积累量相对量最大。从表 11-2 可以看出，在集约经营类型中：老竹一年间碳积累量相对增量为 3.10%，其秆、枝、叶、根、蔸各器官碳积累量相对增量分别为 4.32%、1.09%、4.71%、0.53%、0.79%。

粗放经营类型中：老竹一年间碳积累量相对增量为 2.79%，其秆、枝、叶、根、蔸各器官碳积累相对增量分别为 3.40%、0.76%、4.06%、0.82%、1.93%。相对于 1 年生毛竹（新竹）的碳积累量（表 11-1），两种不同经营类型毛竹林分中的老竹，在一年间的碳增量显得非常少，只分别占新竹的 5.69% 和 6.95%。在这有限的碳积累中，也主要是由竹秆贡献的，分别为 84.20% 和 80.18%。

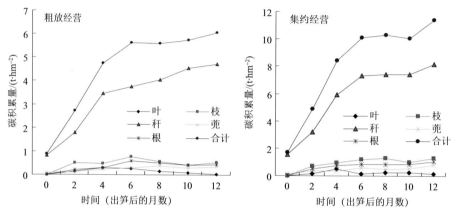

图 11-1　集约经营和粗放经营的 1 年生毛竹林的碳积累动态

表 11-2　不同经营类型毛竹林老竹一年间碳积累

经营类型	年龄	叶	枝	秆	根	蔸	合计
粗放经营	3 年碳储量 / (t·hm⁻²)	0.5651	0.3115	5.6203	0.8874	0.4585	7.8503
	4 年碳储量 / (t·hm⁻²)	0.5883	0.3122	5.6488	0.8948	0.4621	7.9137
	积累量 / (t·hm⁻²·a⁻¹)	0.0232	0.0007	0.0285	0.0074	0.0036	0.0634
	5 年碳储量 / (t·hm⁻²)	0.5301	0.7778	5.2676	1.5822	0.4876	8.6535
	6 年碳储量 / (t·hm⁻²)	0.5514	0.7853	5.6088	1.5951	0.5024	9.0515
	积累量 / (t·hm⁻²·a⁻¹)	0.0213	0.0076	0.3412	0.0129	0.0147	0.3980
	总增量 / (t·hm⁻²·a⁻¹)	0.0445	0.0083	0.3697	0.0203	0.0183	0.4611
	相对增量 /%	4.06	0.76	3.40	0.82	1.93	2.79
集约经营	3 年碳储量 / (t·hm⁻²)	0.4431	0.4497	5.7919	2.0934	0.7346	9.5214
	4 年碳储量 / (t·hm⁻²)	0.4642	0.4548	5.9940	2.1045	0.7376	9.7641
	增量 / (t·hm⁻²·a⁻¹)	0.0211	0.0051	0.2021	0.0111	0.0030	0.2427
	5 年碳储量 / (t·hm⁻²)	0.6801	1.0694	6.8550	2.1084	0.6447	11.3683
	6 年碳储量 / (t·hm⁻²)	0.7119	1.0808	7.1986	2.1194	0.6526	11.7743
	增量 / (t·hm⁻²·a⁻¹)	0.0318	0.0114	0.3436	0.0110	0.0079	0.4060
	总增量 / (t·hm⁻²·a⁻¹)	0.0529	0.0165	0.5457	0.0221	0.0109	0.6481
	相对增量 /%	4.71	1.09	4.32	0.53	0.79	3.10

11.1.2.3 不同经营类型毛竹林下植被及年凋落物量碳素积累的动态变化

毛竹林林下植被 C 含量的测定结果如表 11-3 所示。从表 11-3 可以看出，由于采取了集约经营，林下没有任何植被，因而集约经营毛竹林中林下植被 C 积累量为 0，而粗放经营毛竹林中保存较好的林下灌林，其 C 积累量达 0.5459 t·hm^{-2}·a^{-1}。毛竹林叶凋落物全年均会发生，但其数量随着季节和竹子自身的生长特点而变化。集约经营毛竹林凋落物主要由竹叶组成，凋落物总量为 3.0486 t·hm^{-2}·a^{-1}，这与傅懋毅等（1989）研究结果相似，而粗放经营毛竹林凋落物则由竹叶和林下植物组成，其总量为 6.114 t·hm^{-2}·a^{-1}，两者相差 1 倍左右。其原因是粗放经营毛竹林分中灌木也产生了大量的凋落物。因此两种经营类型毛竹林凋落物量碳素积累也存在着较大的差异，结果如表 11-3 所示。

表 11-3　毛竹林林下植被及凋落物一年间碳积累量

经营类型	林下植被 / (t·hm^{-2}·a^{-1})		凋落物 / (t·hm^{-2}·a^{-1})	
	生物量	碳积累量	生物量	碳积累量
集约经营	0	0	3.049	1.173
粗放经营	1.162	0.546	6.114	2.156

11.1.2.4 不同经营类型毛竹林凋落物分解速率及分解释放碳量

凋落物的分解速率影响森林生态系统中碳向大气的释放速率，从而影响森林生态系统中的碳储量。凋落物的分解速率取决于凋落物的组成和林下的温度及水分条件。从图 11-2 所示的凋落物模拟分解的动态变化来看，放置在林下的凋落物随着时间的推移而缓慢分解，一年后，集约经营和粗放经营毛竹林下凋落物的剩留率分别为 60.0% 和 56.6%，说明粗放经营林下凋落物分解速率比集约经营的要快。造成这两者之间分解速率差异的有两方面原因：其一是不同管理模式下毛竹林下温度和水分条件的差异，粗放经营林林下水分比较充足，温度适宜，因而有利于凋落物的分解。其二是凋落物组成不同，集约经营毛竹林下的凋落物全部都是竹叶，其 C/N 比较高，比较难于分解，而粗放经营毛竹林下的凋落物除了竹叶，还有大青、青冈栎、乌饭、木荷、杨桐等树木的叶片及杂草，其林下的凋落物的 C/N 较低，有利于微生物分解。本研究的结果与曹群根等（1997）研究结果相似。根据以上的分解率推算，集约经营和粗放经营毛竹林中凋落物每年向大气中释放的碳量分别为 0.469 t·hm^{-2}·a^{-1} 和 1.035 t·hm^{-2}·a^{-1}，后者是前者的 2.21 倍。经过一年的分解，两种林分凋落物分解过程中碳储量见表 11-4。

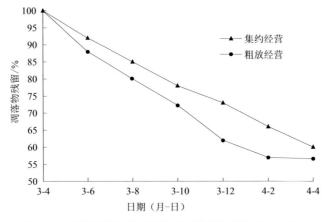

图 11-2 不同管理模式下毛竹林下凋落物分解的动态变化

表 11-4 不同经营类型毛竹林凋落物在其分解过程中碳储量的变化

经营类型	碳储量 / $(t \cdot hm^{-2})$						
	2003-4	2003-6	2003-8	2003-10	2003-12	2004-2	2004-4
集约经营	1.1725	1.0787	0.9966	0.9145	0.8559	0.7738	0.7035
粗放经营	2.1558	1.8971	1.7246	1.5306	1.3366	1.2288	1.1210

11.1.2.5 不同经营类型毛竹林分一年间固碳量

由表 11-5 可知，集约经营增强了毛竹林乔木层的固碳能力，特别是新竹的固碳能力，集约经营毛竹林分生态系统（植被部分）在一年间新增固碳量是粗放经营的 1.56 倍。集约经营改变了碳素在毛竹林分中的空间分布，主要表现为新竹、老竹其乔木层固碳增加，而林下植被和凋落物固碳减少，凋落物的分解速度也减慢。

表 11-5 不同经营类型毛竹林分一年间固碳量

经营类型	一年间碳积累量 / $(t \cdot hm^{-2})$					
	新竹	老竹	林下植被	凋落物	凋落物分解	合计
集约经营	11.3890	0.6481	0.0000	1.1725	− 0.4690	12.7496
粗放经营	6.0563	0.4211	0.5459	2.1558	− 1.0348	8.1443

11.1.3　小结

集约经营毛竹林碳积累量在一年间可达 12.7496 t·hm^{-2}，其中新竹一年间积累 11.3890 t·hm^{-2}，老竹（3、5 年生）一年间积累 0.6481 t·hm^{-2}，凋落物一年间积累 1.1725 t·hm^{-2}，凋落物分解一年间释放 0.4690 t·hm^{-2}。粗放经营毛竹林碳积累量在一年间为 8.1443 t·hm^{-2}，其中新竹一年间积累 6.0563 t·hm^{-2}，老竹（3、5 年生）一年间积累 0.4211 t·hm^{-2}，林下植被一年间积累 0.5459 t·hm^{-2}，凋落物一年间积累 2.1558 t·hm^{-2}，凋落物分解一年间释放 1.0348 t·hm^{-2}。

集约经营使单位面积毛竹林株数增加，使其固碳能力也显著提高。集约经营毛竹林年固碳能力是粗放经营的 1.56 倍。同时集约经营使毛竹林分中的碳素分布发生了改变，如集约经营毛竹林分林下植被稀少，凋落物减少，这是否会引起生物多样性改变有待于进一步研究。

集约经营与粗放经营相比，其乔木层碳积累前者比后者高，林下层碳积累后者比前者高。由于竹秆的用途广，使用寿命长，CO_2 能长时间固定，因此，集约经营仍将是一种适宜推广的经营类型。

11.2　不同经营类型毛竹林土壤碳呼吸与碳排放动态

采用封闭式静态箱/气相色谱法，在浙江杭州临安市青山镇对集约经营毛竹林、粗放经营毛竹林和常绿阔叶林土壤的 CO_2 排放通量进行了一年（2008 年 6 月～2009 年 5 月）的连续测量，以阐明常绿阔叶林改为毛竹林土壤呼吸的变化，以及集约经营措施（施肥、翻耕）对毛竹林土壤呼吸的影响。

11.2.1　研究方法

11.2.1.1　试验地概况

研究区设在浙江省临安市青山镇（见第二章 2.1.1）。研究期间（2008 年 6 月～2009 年 5 月），该地区的降雨和气温变化规律如图 11-3 所示，集约经营毛竹林、粗放经营毛竹林和常绿阔叶林林地土壤的主要理化性质如表 11-6 所示。

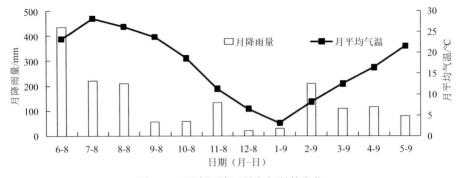

图 11-3　研究区降雨量和气温的变化

表 11-6　三种林地土壤基本理化性质（0～20 cm）

林地类型	pH	有机碳 /（g·kg⁻¹）	全氮 /（g·kg⁻¹）	C/N
集约经营	4.41	19.0	2.13	9
粗放经营	4.45	22.2	1.53	15
常绿阔叶林	4.77	21.7	1.32	17

常绿阔叶林种类组成乔木层以苦槠（*Castanopsis sclerophylla*）、石栎（*Lithocarpus glaber*）为主，平均胸径 20.4 cm，树高 10.0 m，郁闭度 0.6，灌木以微毛柃（*Eurya hebeclados*）、马银花（*Rhododendron ovatum*）为主，平均高 1.5 m，盖度 80%。

粗放经营毛竹林不进行劈山、除草、施肥、垦复等人工措施，林下植被保存较好，毛竹平均胸径 9.6 cm，密度 2300 株·hm⁻²。林下以郁香野茉莉（*Styrax odoratissimus*）、山胡椒（*Lindera glauca*）、高粱泡（*Rubus lambertianus*）为主，共有 65 种。高度 1.5 m，盖度 90% 灌木、草本层生物量 5547.4 kg·hm⁻²。

集约经营毛竹林，每年进行松土垦复，7 月进行施肥，施肥品种和施肥量为：尿素，450 kg·hm⁻²；过磷酸钙，450 kg·hm⁻²；氯化钾，150 kg·hm⁻²，肥料地表撒施，撒施后深翻一次，翻耕深度为 30～35 cm。毛竹平均胸径 10.1 cm，密度 3100 株·hm⁻²。林下以耳草（*Hedyotis chrysotricha*）、董菜（*Viola prionantha*）为主，共 23 种。高度 0.1 m，盖度 10%。草本层生物量 110.9 kg·hm⁻²。

11.2.1.2　研究方法

采用静态箱/气相色谱法测定三块林地的土壤呼吸，在每块样地中各选择 4 个点。在每块样地中各选择 4 个点，在试验开始前一个月埋入静态箱底座。采样箱为组合式，即由底座、顶箱组成，均用 PVC 板做成。底座上方有水封凹槽（槽宽 5 cm，深 5 cm），顶箱封顶。采集气体时，将采集箱插入底座凹槽中，用蒸馏水密封，分别于关箱后 0 min、10 min、20 min、30 min，用注射器抽样 60 mL 注入气袋，密封，带回实验室用气相色谱仪分析其浓度，检测器为离子火焰化检测器（FID）。在 2008 年 6 月至 2009 年 5 月期间，每隔 20 d 左右于每天 9:00 ～ 10:00 采集测定土壤 CO_2。本试验设置了切断根系和保留根系两组处理进行试验。切除根系处理的具体操作是 2008 年 1 月在选定的 100 cm×100 cm 小样方，四周插入 4 块 60 cm×60 cm 的硬塑料板，即插入深度为 60 cm 进行挖壕断根处理（壕沟深度达基岩或根系分布层以下）。

土壤含水量用烘干法测定，土壤温度用曲管温度计测定。土壤水溶性碳分析采用文献（Jiang et al., 2006）介绍方法。土壤 pH 用电位法测定；有机质的测定采用重铬酸钾容量法；全氮的测定用凯氏法。

11.2.1.3　计算方法

1）CO_2 气体排放速率的计算

$$F_{CO_2} = \rho_1 \times (dc/dt) \times V/A \times 273/(273+t) \qquad (11\text{-}1)$$

式中，F_{CO_2} 为 CO_2 排放速率，单位是 $mg\ CO_2 \cdot m^{-2} \cdot h^{-1}$；$\rho_1$ 为标准状态下 CO_2 的密度；dc/dt 为气体浓度随时间的变化率；V 为采样箱的有效空间体积；A 为采样箱所覆盖的土壤表面积；t 为采样时的温度。

土壤呼吸累积 CO_2 排放量的计算：

$$M = \sum (F_{i+1} + F_i)/2 \times (t_{i+1} - t_i) \times 24 \qquad (11\text{-}2)$$

式中，M 为土壤累积呼吸量排放量；F 为 CO_2 排放速率；i 为采样次数；t 为采样时间。

土壤呼吸 CO_2 排放通量与温度呈指数关系 $y=ae^{kT}$ 时，则温度效应系数 Q_{10} 可用下式计算：

$$Q_{10} = ae^{k(T+10)}/ae^{kT} = e^{10k} \qquad (11\text{-}3)$$

2）竹林碳平衡的计算

毛竹林生态系统的植被固定 CO_2 的计算公式为

$$Ta = NI + L + Rp \qquad (11\text{-}4)$$

式中，Ta 为毛竹林生态系统群落生产同化 CO_2 总量，也是系统 CO_2 总收入量；

NI 为植被年固定 CO_2 净增量；L 为年凋落物层中储存的 CO_2 转化量；Rp 为植被年呼吸释放 CO_2 量。

毛竹林生态系统 CO_2 支出的计算公式为

$$O=Rp+Rl+Rs \qquad (11\text{-}5)$$

式中，O 为毛竹林生态系统的 CO_2 支出总量；Rp 为植被年呼吸释放的 CO_2 量；Rl 为年凋落物分解释放的 CO_2 量；Rs 为土壤呼吸所释放的 CO_2 量。

整个毛竹林生态系统的 CO_2 收支公式为

$$\Delta CO_2=Ta-O = NI+L-(Rl+Rs) \qquad (11\text{-}6)$$

式中，ΔCO_2 为整个生态系统 CO_2 的平衡值，即生态系统的净生产量（NEP）。

11.2.2 研究结果

11.2.2.1 土壤呼吸季节变化与比较

集约经营毛竹林（IM）、粗放经营毛竹林（CM）和常绿阔叶林（BL）的土壤呼吸速率呈现相似的季节变化趋势（图 11-4），4 月随着当地气温的回升逐渐升高，7 月达到一年当中最高值，分别为 1.62 g $CO_2 \cdot m^{-2} \cdot h^{-1}$、1.47 g $CO_2 \cdot m^{-2} \cdot h^{-1}$、1.01 g $CO_2 \cdot m^{-2} \cdot h^{-1}$；然后随着气温的下降逐渐降低，12 月～次年 2 月排放速率均较小。全年平均土壤呼吸速率 IM>BL>CM，分别为 0.69 g $CO_2 \cdot m^{-2} \cdot h^{-1}$、0.52 g $CO_2 \cdot m^{-2} \cdot h^{-1}$、0.47 g $CO_2 \cdot m^{-2} \cdot h^{-1}$。根据气体累积排放速率计算公式得到集约经营毛竹林全年释放的 CO_2 的总量为 56.81 t $CO_2 \cdot hm^{-2} \cdot a^{-1}$，显著高于粗放经营毛竹林（38.76 t $CO_2 \cdot hm^{-2} \cdot a^{-1}$）和常绿阔叶林（42.29 t $CO_2 \cdot hm^{-2} \cdot a^{-1}$）（$P<0.05$），粗放经营毛竹林和常绿阔叶林之间没有显著差异。

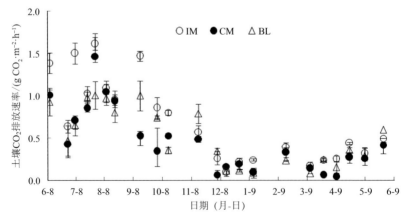

图 11-4　集约经营毛竹林（IM）、粗放经营毛竹林（CM）和常绿阔叶林（BL）土壤呼吸季节变化
图中竖线代表标准误差（$n=4$）

全年土壤 CO_2 的释放主要集中在 6～8 月，这三个月土壤 CO_2 的释放三块林地（IM、CM、BL）分别占全年累积排放的 50%、53% 和 46%。这是由于 6～9 月当地气温最高，月平均气温分别为 23.3℃、28.2℃、26.3℃；6～8 月的降水总量为 919.9 mm，占全年降水总量的 54.7%；丰富的水热条件增加了土壤微生物的活性，促进了土壤微生物的异养呼吸；同时植物生长加速，使根系呼吸增加。全年气温最低的月份为 1 月，12 月～次年 2 月三种林型（IM、CM、BL）的土壤呼吸累积 CO_2 的排放量仅分别占全年的 10%、11% 和 7%，这也是一年中气温最低、降雨量最少的季节（图 11-5、图 11-6）。

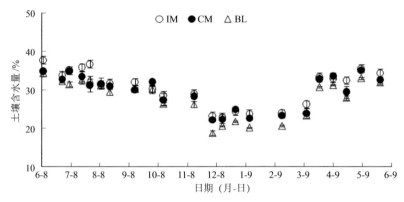

图 11-5　集约经营毛竹林（IM）、粗放经营毛竹林（CM）和常绿阔叶林（BL）土壤水分含量变化规律

图中竖线代表标准误差（$n=4$）

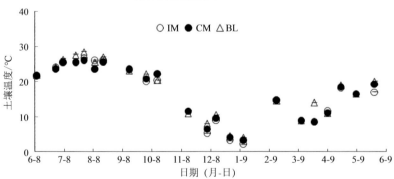

图 11-6　集约经营毛竹林（IM）、粗放经营毛竹林（CM）和常绿阔叶林（BL）土壤 5 cm 深度的温度变化规律

图中竖线代表标准误差（$n=4$）

11.2.2.2　温度、水分和水溶性有机碳对土壤呼吸速率的影响

土壤温度和土壤呼吸速率的季节变化趋势一致（图 11-4、图 11-6），温度

是影响土壤呼吸速率的主要因子之一。三块林地的土壤温度之间没有显著差异（图 11-6）。集约经营毛竹林、粗放经营毛竹林和常绿阔叶林土壤呼吸速率与地下 5 cm 土壤温度相关分析结果表明 [图 11-7（a）]，三块林地土壤呼吸速率与地下 5 cm 土壤温度均呈极显著指数相关（$P<0.01$），R^2 分别为 0.791、0.717、0.594。根据土壤呼吸 CO_2 排放通量与温度指数关系 $y=ae^{kT}$，则温度效应系数 $Q_{10}=e^{10k}$，计算出集约经营毛竹林、粗放经营毛竹林和常绿阔叶林土壤呼吸的温度敏感性指数 Q_{10} 值，分别为 2.46、3.24 和 1.92，这表明温度每升高 10℃，三种林型土壤呼吸速率分别增加 2.46、3.24 和 1.92 倍。

　　集约经营毛竹林、粗放经营毛竹林和常绿阔叶林土壤含水量与土壤温度变化趋势相似（图 11-5、图 11-6），集约经营毛竹林土壤年均含水量为 30.7%，高于粗放经营毛竹林（29.6%）和常绿阔叶林（28.0%）土壤，集约经营毛竹林、粗放经营毛竹林和常绿阔叶林的土壤呼吸速率和土壤含水量之间均存在极显著线性相关关系，R^2 分别为 0.394、0.227 和 0.307[图 11-7（b）]。

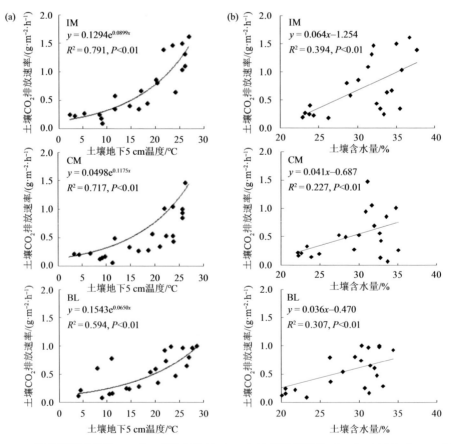

图 11-7　集约经营毛竹林（IM）、粗放毛竹林（CM）和常绿阔叶林（BL）土壤地下 5 cm 深度的温度（a）、土壤含水量（b）和土壤呼吸的关系

集约经营毛竹林、粗放经营毛竹林和常绿阔叶林的土壤水溶性有机碳（DOC）浓度变化规律一致，7 月 DOC 浓度最高，分别为 319 mg·kg^{-1}、207 mg·kg^{-1}、149 mg·kg^{-1}；8 月开始下降，12 月～次年 2 月 DOC 浓度最小，3 月又开始回升（图 11-8）。粗放经营毛竹林土壤 DOC 和土壤呼吸速率之间存在显著相关性（R^2=0.639，P<0.05），而 IM、BL 土壤呼吸速率与 DOC 的季节变化之间无显著相关性（P>0.05）（图 11-9）。

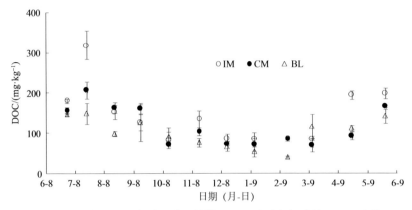

图 11-8　集约经营毛竹林（IM）、粗放经营毛竹林（CM）和常绿阔叶林（BL）土壤 DOC 的变化
图中竖线代表标准误差（n=4）

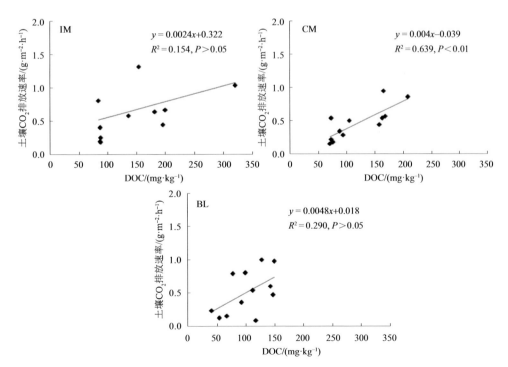

图 11-9　集约经营毛竹林（IM）、粗放经营毛竹林（CM）和常绿阔叶林（BL）土壤 DOC 和土壤呼吸的关系

11.2.2.3 竹林生态系统碳收支

森林生态系统碳平衡包括输入与输出两个过程，输入与输出的差值即为生态系统的净生产量（NEP），若 NEP 为正，表明生态系统是 CO_2 的汇，反之则为 CO_2 源。碳的输入主要是植被对 CO_2 的固定，输出包括群落呼吸、土壤呼吸和凋落物分解释放 CO_2。本研究进行了切断根系土壤呼吸的测定，利用保留根系土壤呼吸和切断根系土壤呼吸的差值来计算根系呼吸，由于根系呼吸、土壤微生物的异养呼吸和土壤总呼吸速率随季节变化的总趋势相似，因此，本研究未给出具体数据。

计算得到集约毛竹林和粗放毛竹林每年固定的 CO_2 转化成碳分别为 12.7496 $t \cdot hm^{-2}$ 和 8.1443 $t \cdot hm^{-2}$，集约毛竹林和粗放毛竹林每年凋落物释放碳量分别为 0.4690 $t \cdot hm^{-2}$ 和 1.0348 $t \cdot hm^{-2}$；集约毛竹林和粗放毛竹林每年以异养呼吸释放的碳量分别为 9.924 $t \cdot hm^{-2}$ 和 6.342 $t \cdot hm^{-2}$；集约毛竹林和粗放毛竹林每年净固碳量分别为 3.4466 $t \cdot hm^{-2}$ 和 1.8023 $t \cdot hm^{-2}$（表 11-7）。

表 11-7　集约毛竹林和粗放毛竹林生态系统碳收支计算（$t \cdot hm^{-2} \cdot a^{-1}$）

	项目	粗放	集约
收入	新生竹固碳量	6.0563	11.3890
	老竹固碳量	0.4211	0.6481
	凋落物生产量	2.1558	1.1725
	林下植被	0.5459	0
支出	凋落物呼吸	1.0348	0.4690
	土壤异养呼吸	6.342	9.924
	收支结余	1.8023	3.4466

11.2.3　小结

毛竹林土壤呼吸的季节变化规律与其他亚热带地区森林土壤呼吸变化一致，而土壤呼吸速率和土壤温度之间的显著相关性也与前人的研究一致（Tang et al.,2006；Yang et al., 2007；Sheng et al., 2010）。竹林土壤 Q_{10} 值高于常绿阔叶林土壤 Q_{10}，表明天然常绿阔叶林改为竹林后显著增加了土壤呼吸对温度的敏感性（Hu et al., 2004；Sheng et al., 2010），而粗放经营毛竹林土壤的 Q_{10} 高于集约经营毛竹林土壤，表明施肥、翻耕、除草等管理措施可能会降低土壤呼吸速率的敏感性，也有研究表明，集约管理可以促进土壤微生物活性和土壤有机质的矿化，从而增加了土壤呼吸对温度的敏感性（Balesdent et al., 1998；McCulley et al., 2007）。

粗放经营毛竹林土壤呼吸速率和 DOC 含量的变化之间存在显著相关性（$R^2=0.638$，$P<0.01$），而集约毛竹林、常绿阔叶林土壤呼吸速率与 DOC 的季节变化之间无显著相关性（$P>0.05$）。集约毛竹林由于人为翻耕、施肥等措施的影响，增加了对土壤的扰动，因此，DOC 对土壤呼吸的影响减弱；常绿阔叶林土壤，凋落物的积累量最高，由凋落物分解导致的土壤 DOC 的变化及 CO_2 的排放，可能是导致 DOC 和土壤呼吸之间相关性不显著的原因。

常绿阔叶林土壤和粗放经营毛竹林土壤 CO_2 排放之间无显著差异，常绿阔叶林改为毛竹林后，土壤呼吸没有发生显著变化，但追求毛竹生长最大化和最大经济效益的集约管理措施却促进了土壤 CO_2 的排放。

集约经营毛竹林碳平衡中土壤异养呼吸量和乔木层净碳吸存量都高于粗放毛竹林，也就是说集约经营毛竹林植被净初级生产力（NPP）和土壤 CO_2 排放量同时增加。因此，开展毛竹林生态系统碳库的循环周期与库存功能研究，建立毛竹林生态系统碳循环动力学模型，分析毛竹林在中国森林碳平衡中的作用和增汇潜力，进而提出毛竹林生态系统碳平衡调控技术措施尤为必要。

11.3 集约经营雷竹林土壤呼吸与碳动态

11.3.1 研究方法

11.3.1.1 研究区域概况

研究区设在浙江省临安市三口乡葱坑村。该地区为浙江省雷竹主产区，属中亚热带温润型季风气候区，气温适中，日照充足，雨量丰沛、四季分明，气候垂直变化明显。地理坐标为 30° 14′ N，119° 42′ E，海拔为 150 m，年平均气温 15.8℃，无霜期 236 d，年平均降水量 1613.9 mm，降水日 158 d。受地形、气候诸因素制约，降水量年内分配不匀，集中于汛期 4～10 月，多梅季暴雨和台风暴雨，夏秋受太平洋副热带高压控制，气温高、雨量少、易伏旱，或伏秋连旱。土壤为发育于粉砂岩的红壤土类，黄红壤亚类，地形以丘陵为主。2009 年该地区月降水量和月平均气温见图 11-10。

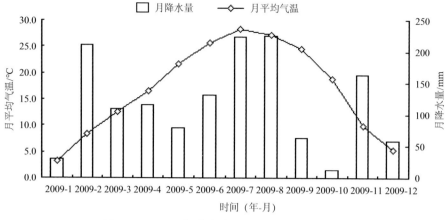

图 11-10 2009 年试验地月平均气温和月降水量

研究区雷竹建园历史 6 年，从 2003 年开始覆盖，立竹密度 2.8 株·m⁻²，立竹平均胸径 3.55 cm。按照当地竹农栽培习惯，在 2008 年 11 月下旬进行雷竹林地表覆盖，地表先盖 10 cm 稻草，再覆盖 20 cm 的竹叶，到 2009 年的 4 月中旬揭去未腐烂的覆盖物。2008 年 11 月中旬、2009 年 5 月中旬和 9 月下旬三次施肥，三次肥料用量比例分别控制在 35%～40%、30% 和 30%～35%，化肥以尿素和复合肥（N：P₂O₅：K₂O=15：15：15）为主，尿素 1.125 t·hm⁻²，复合肥 2.25 t·hm⁻²。施肥后，结合翻耕一次。试验地土壤基本理化性质见表 11-8，覆盖物的理化性质见表 11-9。

表 11-8 试验地土壤基本理化性质

土层 /cm	总孔隙度 /%	土壤容重 /(g·cm⁻³)	pH	有机质 /(g·kg⁻¹)	全氮 /(g·kg⁻¹)	水解氮 /(mg·kg⁻¹)	有效磷 /(mg·kg⁻¹)	速效钾 /(mg·kg⁻¹)
0～20	52.80	1.25	5.03	38.42	1.71	254.24	76.57	96.13
20～40	56.35	1.16	5.24	36.57	1.53	158.90	24.16	150.42
20～60	53.81	1.22	6.05	34.30	0.98	76.272	1.58	70.25

土壤有机质采用重铬酸钾容量法；土壤全氮采用凯氏法；水解氮采用碱解法；有效磷采用 HCl-NH₄F 浸提，钼锑抗法；速效钾采用乙酸铵浸提，火焰光度法（鲁如坤，2000）。

表 11-9 覆盖物基本理化性质

	C 含量 /(g·kg⁻¹)	N 含量 /(g·kg⁻¹)	C/N
竹叶	456.58	22.26	20.51
稻草	423.60	8.64	49.04

11.3.1.2　试验设计与采样分析

1）覆盖物分解试验采用分解管分解法

2008 年 12 月，在 20 m×30 m 的采样区内一次均匀放置 36 个 E 分解管，插入 36 个 F 管，E 分解管是直径为 30 cm 的 PVC 管，E 分解管底部（即靠近地面的一端）用尼龙网包扎，尼龙网孔径为 0.5 mm。先将覆盖物（100 g 稻草和 1000 g 的竹叶，稻草装在管底部，竹叶装在稻草上面）分别装入已编号的 E 分解管中，然后将 E 分解管放置在林地内的经过清除枯枝落叶的地表。在每个 E 分解管下，插入 15 cm 长，直径同为 30 cm 的 PVC 管（F 管，插入土中 15 cm）。插入时，尽量不破坏 F 管内土体。

2）覆盖物不同揭去时间土壤呼吸试验

选择立竹条件基本一致的竹林布置试验，设立三个处理（A、B、C）：① A 处理 3 月 10 日揭去本小区内全部覆盖残余物；② B 处理 3 月 22 日揭去本小区内全部覆盖残余物；③ C 处理 4 月 3 日揭去本小区内全部覆盖残余物。小区面积 10 m×10 m，三次重复。从 2009 年 3 月 10 日开始，每隔 15 d 分别测定各小区的土壤呼吸。在测定开始前，在不同处理雷竹林样地中安放土壤隔离环，土壤隔离环的面积为 484 cm²，并尽可能不扰动地表的凋落物，这样可以避免土壤隔离环安放对土壤表面产生破坏而影响土壤呼吸。经过平衡后，土壤呼吸速率会恢复到隔离环放置前水平，从而避免了由于安置气室对土壤扰动而造成的短期内呼吸速率的波动。

3）不同组分土壤呼吸试验

2008 年 11 月在试验区分别设置切断根系（挖壕沟）、保留根系（不挖壕沟）两种处理，各重复 4 次。切断根系的具体操作是在随机选定的 1 m×1 m 小样方四周挖掘 1 m 深的壕沟后，用 4 块 1 m×1 m 的硬塑料板贴在壕沟周围，后将土回填，以阻止根系内外生长（Bond-Lamberty et al., 2004）；在切断根系的 4 个重复附近各随机选择 4 个 1 m×1 m 的保留根系处理区。因本试验目的是探明一年时间内覆盖措施对土壤呼吸组分的影响，所以 2009 年 11 月到 2010 年 1 月没有再进行地表覆盖。

11.3.1.3　雷竹林覆盖物采集和测定

2009 年 1～12 月，在每个月的 15 日左右，每次采回三个 E 分解管。取回后，仔细把管内剩余的稻草和竹叶取出，分开。并洗净分解剩余稻草和竹叶表面沾的泥沙，分别于 80℃烘干至恒重，称量，获得稻草和竹叶残留质量，计算其分解速率和质量损失率。再把样品烘干磨碎，过 0.149 mm 筛，分为两份：一份用碳氮元素分析仪测定剩余覆盖物的 C、N 元素含量；另一份用固态魔角旋转 - 核磁共振（AVANCE II 300MH）测定有机碳结构。核磁共振测定采用 7 mm CPMAS 探头，观测频率为 100.5 MHz，MAS 旋转频率为 5000 Hz，接触时间为 2 ms，循环延迟时间为 2.5 s。化学位移的外标物为六甲基苯（hexamethylbenzene, HMB，甲基 17.33 ppm）。

11.3.1.4 覆盖林下土壤的采集和测定

从 2009 年 4 月 15 日开始，每月取回 E 分解管的同时，采集 E 分解管下对应的 F 管内 0 ～ 15 cm 土层的土壤样品，每月采集三个样品，带回实验室充分混匀并去掉土壤中可见植物根系和残体后，将土样风干过 2 mm 筛后，同样分为两份。一份继续过 100 目筛后用重铬酸钾外加热法测定土壤总有机碳含量（中国土壤学会，1999）。

另一份用作土壤碳核磁共振分析。土壤碳核磁共振分析的方法为：先称取 8 g 土样于 100 mL 的塑料离心管中，加 50 mL HF 溶液（10% $V \cdot V^{-1}$），盖上离心管盖子，振荡 1 h（120 $r \cdot min^{-1}$），离心 10 min（3000 $r \cdot min^{-1}$），去掉上清液，残余物继续用 HF 溶液处理，重复 8 次，但振荡时间分别为 4 次 1 h，3 次 12 h，1 次 24 h。然后，用重蒸水洗涤残余物 4 次，目的是除去残余的 HF 溶液。具体方法如下：50 mL 重蒸水，振荡 10 min，离心 10 min，去除上清液，重复 4 次。最后将经过 HF 溶液处理的残余物在 40℃ 烘箱中烘干，磨细过 60 目筛子，放在卡口袋中。将上述经 HF 预处理过的土壤样品进行固态魔角旋转 - 核磁共振测定（AVANCE II 300MH）其有机碳结构。测定方法同植物样。

称鲜土 20.00 g（同时测定土壤含水量），水土比为 2：1，用蒸馏水浸提，在 25℃ 下振荡 0.5 h，再在高速离心机中（8000 $r \cdot min^{-1}$）离心 10 min，后抽滤过 0.45 μm 滤膜，抽滤液直接用岛津 TOC-VcpH 有机碳分析仪和 TMN 总氮单元测定土壤水溶性碳、氮。

11.3.1.5 覆盖物不同揭去时间土壤呼吸测定

用美国 LI-COR 公司生产的 LI-8100 土壤呼吸测定仪进行测定。试验于 2009 年 3 ～ 6 月进行。每隔两周在 9:00 ～ 11:00 测定土壤呼吸，2009 年 3 ～ 6 月，共测定了 6 次。在布设土壤隔离环的时候将地面上的草根全部剪除，然后将隔离环压入地面深度大约 5 cm，为减少误差，采用多台 LI-8100 同时进行，每小区做了三次重复。同时，用 LI-8100 红外气体分析仪自带温湿度探头，测定地下 5 cm 的土壤温湿度。

11.3.1.6 不同组分土壤呼吸的测定和土壤的采集分析

土壤呼吸测定采用动态密闭气室红外 CO_2 分析法（IRGA），仪器为美国 LI-

COR 公司生产的 LI-8100。测定时间为 2009 年 1～12 月，每月选择 15 日左右一天的 8:00 进行测定，采用多台 LI-8100 同时进行，每次每小区测定 5 次重复，每次按样地号顺序轮流测定。土壤隔离环永久安放在不同处理雷竹林样地中，从而避免了由于安置土壤隔离环对土壤扰动而造成的短期呼吸速率的波动。覆盖物没有揭去前，测定时要先移开土壤环上的覆盖物，测定结束后，把原来的覆盖物再盖上去，尽量不改变覆盖物的状态；覆盖物揭去之后，就可以直接把气室罩在土壤环上。测定土壤呼吸的同时，用 LI-8100 红外气体分析仪自带温湿度探头测定地下 5 cm 的温湿度，同时测定大气温度和湿度，并采集每小区周边 0～20 cm 土层土壤样品，分析土壤的水溶性碳、氮和总有机碳含量。土壤水溶性有机碳测定方法：称鲜土 20.00 g（同时测土壤含水量），水土比为 2∶1，用蒸馏水浸提，在 25℃下振荡 0.5 h，再在高速离心机中（8000 r·min⁻¹）离心 10 min，后抽滤过 0.45 μm 滤膜，抽滤液直接在岛津 TOC-VcpH 有机碳分析仪上测定土壤水溶性有机碳。土壤水溶性有机氮测定方法：称鲜土 20.00 g（同时测土壤含水量），水土比为 2∶1，用蒸馏水浸提，在 25℃下振荡 0.5 h，再在高速离心机中（8000 r·min⁻¹）离心 10 min，后抽滤过 0.45 μm 滤膜，抽滤液一份直接在岛津 TOC-VcpH 的 TN 单元上测定土壤水溶性总氮；土壤总有机碳采用重铬酸钾外加热法（中国土壤学会，1999）。

11.3.1.7　数据分析

数据处理使用 DPS 系统进行统计分析（Tang and Feng, 1997）。用方差分析和最小显著性差异分析来统计覆盖对分解速率、剩余覆盖物的组成、土壤性质和土壤呼吸速率影响的显著性。用线性回归来确定覆盖材料的分解与土壤有机碳信号强度的关系，碳、氮浓度的关系，土壤呼吸速率和土壤温度之间的关系。使用非线性回归模型来分析稻草分解速率和有机碳的密度。

覆盖植物分解速率 = $(W_i - W_{i+1})/W_i \times 100\%$。$W_i$ 为第 i 次取样时的干质量，W_{i+1} 为 1 个月后的剩余干质量，$i=1,2,\cdots,11$。

覆盖植物质量损失速率（失重率）= $(W_0 - W_i)/W_0 \times 100\%$。$W_0$ 为试验开始时覆盖植物的干质量，W_i 为覆盖后每次取样时的剩余干质量，$i=1,2,\cdots,12$。

温度敏感性指数 Q_{10} 的求解参见 11.2。

11.3.2　研究结果与分析

11.3.2.1　覆盖物分解过程中碳氮含量和结构特征变化

1）覆盖物分解速率动态变化规律

图 11-11 为覆盖物分解速率动态变化。比较竹叶和稻草分解速率可以看出，一年的分解中，竹叶的分解速率平均为 11.89%，稻草的分解速率平均为 8.50%。

1～4月和10～12月稻草分解速率低于竹叶；5～9月稻草分解速率高于竹叶，主要是因为试验设计时，采用双层覆盖法，稻草在下，竹叶在上，稻草层相对温湿度高，且直接接触土壤，便于微生物分解。说明分解速率不仅与覆盖物自身的C/N有关，还受其所在的环境条件影响。

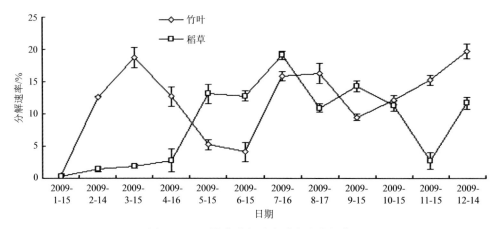

图 11-11　覆盖物分解速率动态变化规律

从一年中两种覆盖物的分解动态过程可以看出（图 11-11），1、2月分解速率较低，其主要是受气候因素影响，这段时间气温低，降水较少，微生物活性低。到7月、8月，竹叶、稻草分解速率分别激增到16.28%和19.09%，是高温多雨的天气加剧了覆盖物的分解，分解速率随温度的升高而增加，与水分的变化呈正相关。11月分解速率略微下降，12月仍然维持在较高的水平。覆盖物的分解是一个复杂的动态变化过程，受到气候因素、分解物自身性质和人为因素等多重影响。

2）覆盖物质量损失率动态变化规律

图 11-12 为覆盖物质量损失率动态变化，由图可见，覆盖物一年分解中，竹叶共分解了79.30%，稻草共分解67.54%，两种覆盖物分解速率变化趋势基本一致，随着时间的延长，覆盖物的质量损失率增加但增加幅度缓急不一致。

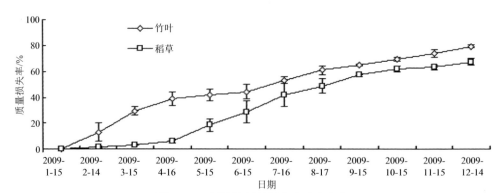

图 11-12　覆盖物质量损失率动态变化

根据质量损失率的大小，可以把分解过程分为两个阶段：生长季节的快速失重阶段（5～9月）和非生长季节的缓慢失重阶段（1～4月和10～12月），这种变化规律与覆盖物植物所处的土壤温湿度季节变化有关。覆盖物的质量损失率之所以有这样的变化趋势，其原因与试验地降水、气温密切相关，也与覆盖物植物自身营养组成状况（如C/N）和微生物种类、数量有关。

　　植物分解损失50%质量所需的时间称为该植物分解的半衰期，其大小因植物种类不同而变化。从本试验来看，竹叶、稻草的半衰期分别为166 d和228 d。

　　2009年1月竹叶和稻草的分解速率很低，导致了竹叶和稻草的质量损失率同样很低。2月、3月和4月竹叶的分解速率达到了13%～19.6%，所以1～4月竹叶的质量大幅减少。5～6月竹叶的分解速率比较低，质量损失率相对稳定。7月之后，分解率又持续升高，直到12月。相对于竹叶，2～4月稻草的分解速率和质量损失率都很小。这段时间稻草中发现有大量的白色菌类（如真菌），表明土壤中的真菌移动到了稻草中。从5月起，稻草分解速率较高，直到试验结束（除了11月）。经过1年试验，竹叶和稻草的分解速率分别是11.9%和8.5%，质量损失率分别是79%和68%。

　　3）覆盖物C、N质量分数及C/N动态变化分析

　　从图11-13可以看出，竹叶分解过程中C质量分数变化范围在384.93～451.80 g·kg^{-1}，变化幅度不大，略呈下降趋势；稻草C质量分数变化范围在355.65～419.93 g·kg^{-1}，C质量分数总体呈下降趋势，但个别月份变化较大，10～12月下降较剧烈，占全年减少量的59.58%。总体来讲，竹叶的C质量分数高于稻草。

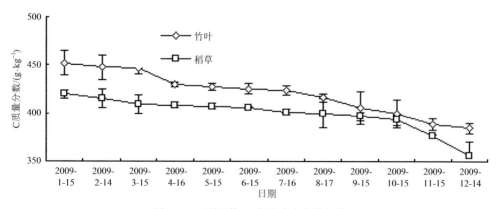

图11-13　覆盖物C含量动态变化规律

　　在一年的分解过程中，竹叶、稻草N的质量分数都出现了增加趋势（图11-14）。到试验结束的12月，竹叶、稻草N质量分数分别达到了25.71 g·kg^{-1}和

23.61 g·kg^{-1}，是试验开始时的 1.16 和 2.74 倍。从分解过程来看，两种覆盖物 N 质量分数的最大值均出现在 9 月，分别为 27.33 g·kg^{-1} 和 24.92 g·kg^{-1}。经过一年的分解，竹叶 N 质量分数只增加了 15.77%；而稻草 N 质量分数变化很大，增加了 174.42%。N 元素出现明显富集现象可能与大气 N 沉降、降雨、微生物和其他土壤生物的活动有关。

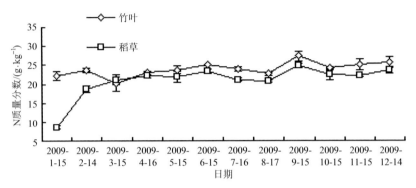

图 11-14　覆盖物 N 含量动态变化规律

　　木质素与纤维素浓度、C/N、木质素 /N、C/P 等一直以来被认为是衡量分解速率的重要指标，其中 C/N 最能反映分解的速率（廖利平等，2000）。从图 11-15 可以看出，竹叶 C/N 波动不大，总体呈现下降趋势，一年分解后，从 20.33 下降到 14.97，下降幅度为 26.36%。稻草 C/N 变化除 1 月外其他各月和竹叶相似，1 ～ 2 月下降了 26.44，占全年减少量的 79.86%。C/N 上升可能是由于富集降水中输入 C、N，而 C 的增加幅度又大于 N 所致；C/N 下降可能是因为淋溶等因素共同作用造成的，该地处于亚热带，降雨丰富，温度偏高，淋溶、富集等活动剧烈。

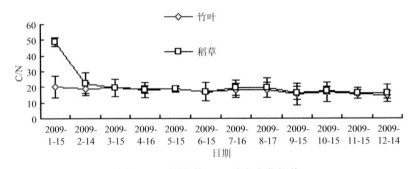

图 11-15　覆盖物 C/N 动态变化规律

　　4）覆盖物有机碳的核磁共振波谱特征分析

　　为了进一步了解覆盖物分解过程中，有机碳的结构变化规律，本试验采用了

^{13}C CPMAS 核磁共振波谱分析法进行研究，该方法可以对竹叶和稻草中不同碳组分含量提供半定量的试验结果（Mathers et al., 2000）。经过一年的分解，覆盖物竹叶和稻草的固态 ^{13}C 核磁共振波谱谱图见图 11-16。

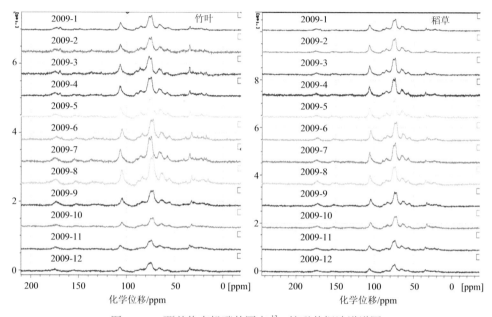

图 11-16 覆盖物有机碳的固态 ^{13}C 核磁共振波谱谱图

从图 11-16 可以看出，12 个月竹叶和稻草的核磁共振谱图均包含 4 个明显共振区，即烷基碳区（0 ～ 50 ppm）、烷氧碳区（50 ～ 110 ppm）、芳香碳区（110 ～ 160 ppm）和羧基碳区（160 ～ 220 ppm），在大于 220 ppm 区域也观测到有信号的存在，主要是由羧基碳引起的旋转边带效应产生的。

各碳组分含量是竹叶和稻草碳含量及根据区域积分得到的各碳组分相对含量值的乘积。表 11-10 和表 11-11 显示，竹叶和稻草的各碳组分含量和变化趋势相同，烷氧碳均为最大的含碳组分，占总碳含量的 60% 以上，羧基碳含量最少。随着分解时间的延长，到试验结束时，竹叶和稻草中的烷基碳含量逐渐增加，增幅分别达到 106.04% 和 197.81%，烷氧碳含量逐渐下降，降幅分别为 11.21% 和 13.29%；而羧基碳含量总体增加，增幅分别达到 19.86% 和 92.93%。

表 11-10 竹叶的不同含碳组分在 ^{13}C NMR 谱中的信号强度分布（%）

竹叶	烷基碳	烷氧碳	芳香碳	羧基碳	A/O-A	芳香度
2009-1-15	10.26	83.84	0.59	5.69	0.14	13.79
2009-2-14	13.79	79.60	1.49	5.62	0.21	13.49
2009-3-15	11.85	81.71	1.56	5.65	0.17	14.58

续表

竹叶	烷基碳	烷氧碳	芳香碳	羰基碳	A/O-A	芳香度
2009-4-16	12.55	80.87	0.61	5.96	0.18	13.62
2009-5-15	10.50	85.85	—	—	0.14	13.21
2009-6-15	14.58	80.05	1.67	3.68	0.22	13.22
2009-7-16	16.42	79.40	1.97	3.82	0.24	11.89
2009-8-17	16.82	77.31	0.71	5.17	0.25	11.33
2009-9-15	16.46	76.63	0.74	6.22	0.25	11.51
2009-10-15	14.46	79.47	—	6.04	0.21	12.59
2009-11-15	21.14	72.42	—	6.38	0.33	9.33
2009-12-14	20.76	71.72	0.93	6.82	0.33	9.51

表 11-11　稻草的不同含碳组分在 ^{13}C NMR 谱中的信号强度分布（%）

稻草	烷基碳	烷氧碳	芳香碳	羰基碳	A/O-A	芳香度
2009-1-15	5.93	90.29	0.94	2.83	0.08	15.11
2009-2-14	5.12	91.82	0.83	2.49	0.07	15.03
2009-3-15	7.29	88.26	0.69	3.99	0.10	14.54
2009-4-16	6.07	92.02	—	2.56	0.08	15.62
2009-5-15	3.91	93.77	—	—	0.05	14.21
2009-6-15	6.43	88.81	0.69	4.04	0.09	14.54
2009-7-16	3.82	92.59	0.73	3.32	0.05	15.84
2009-8-17	5.66	89.37	0.98	3.96	0.08	15.89
2009-9-15	9.08	82.74	0.96	7.20	0.13	13.43
2009-10-15	11.41	83.17	0.67	5.18	0.16	12.15
2009-11-15	15.25	79.36	0.62	5.16	0.22	11.39
2009-12-14	17.66	76.86	—	5.46	0.26	10.44

注：A/O-A 为 $C_{0\sim50\,ppm}$/ $C_{50\sim110\,ppm}$（烷基碳 / 烷氧碳）

芳香度（aromaticity）为 $C_{110\sim160\,ppm}$/ $C_{0\sim160\,ppm}$ [芳香碳 /（烷基碳 + 烷氧碳 + 芳香碳）]

一般认为，烷基碳来源于植物生物聚合物（如角质、木栓质、蜡质）和微生物代谢产物，是难以降解的稳定有机碳组分（Dou et al., 2008; Ussiri and Johnson,

2003），而烷氧碳则相对易于分解（Dou et al., 2008），因此，通常用烷基 C/ 烷氧 C 值（A/O-A 值）作为有机碳分解程度的指标（Ussiri and Johnson, 2003）。芳香度则是芳香碳占烷基碳、烷氧碳和芳香碳之和的百分比。

一年研究结果表明，A/O-A 值显著增加，而芳香度显著降低。但由于外界输入有机物的特性会在很大程度上影响 A/O-A 值的变化（Ussiri and Johnson, 2003），因此，相比较而言，用芳香度这一指标来评价土壤有机质的稳定性会更加适合。

5）结论与讨论

（A）覆盖物中 C、N 含量和 C/N 的动态变化规律及相关性分析

研究表明，在最初的几个月，两种覆盖物分解动态存在差异，这种差别可能是由于 N 质量分数和 C/N 的不同造成的。因为竹叶相对较高的 N 质量分数和低的 C/N，即使在气温较低的 2009 年 2～4 月，竹叶的分解率依然较高。淋溶作用和竹叶中富含的水溶性 N 也是导致初始质量损失率较高的原因（Yadav et al., 2008）。此外，对于覆盖物的可降解性和分解过程中氮素释放模式，C/N 一直被视为一项重要指标。通常认为 C/N 为 25 是腐烂残留物的最低值（Paul and Clark, 1996），在试验期间，竹叶的氮质量分数变化相对较小，竹叶中的 N 输入稻草层中。

与此相反，由于稻草的初始 N 质量分数较低，C/N 较高，在 2009 年 2～4 月，稻草的质量损失率很小。如果覆盖物中的 N 不足以满足微生物分解的需求，则需要从周围环境固定一些 N（Haynes, 1986）。因为流动性较大，丝状真菌可以更容易达到和进入稻草，营养物质也容易进入土壤（Fisher and Binkley, 2000; Youkhana and Idol, 2009），2009 年 2 月，土壤 N 是通过土壤真菌输入稻草的，竹叶分解也向稻草输入了 N，这样就使得稻草 N 质量分数快速上升，C/N 下降，这些过程使稻草的 C/N 值从 49 降到了 20 左右。

（B）覆盖物中各碳组分含量、A/O-A 值和芳香度的动态变化规律及相关性分析

研究发现，在覆盖物分解过程中，稻草的烷基 C 含量和 C 质量分数呈显著的线性相关（R^2=0.8022，P<0.01）；烷氧 C 含量和 C 质量分数呈显著的线性相关（R^2=0.7448，P<0.01）；A/O-A 值和 C 质量分数呈显著的线性相关（R^2=0.8148，P<0.01）；芳香度和 C 质量分数呈显著的线性相关（R^2=0.7147，P<0.01）（图 11-17）。同时，竹叶的烷基 C 含量和 C 质量分数呈显著的线性相关（R^2=0.7069，P<0.01）；烷氧 C 含量和 C 质量分数呈显著的线性相关（R^2=0.6381，P<0.01）；A/O-A 值和 C 质量分数呈显著的线性相关（R^2=0.6811, P<0.01）；芳香度和 C 质量分数呈显著的线性相关（R^2=0.7883，P<0.01）（图 11-18）。残留的竹叶和稻草的烷基 C 含量、烷氧 C 含量、A/O-A 值、芳香度和 N 质量分数的相关性均不显著，这和之前的 [13]C 核磁共振波谱的研究结果相同（Baldock et al., 1997）。

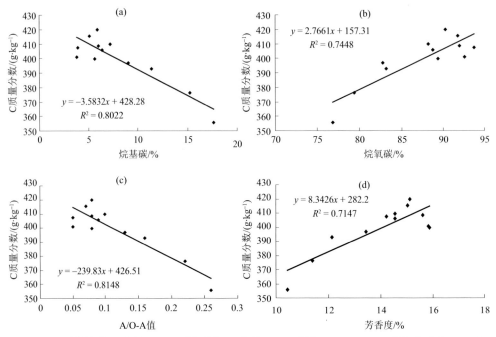

图 11-17　稻草烷基 C 含量（a）、稻草烷氧 C 含量（b）、稻草 A/O-A（c）、稻草芳香度（d）和
C 质量分数的相关性

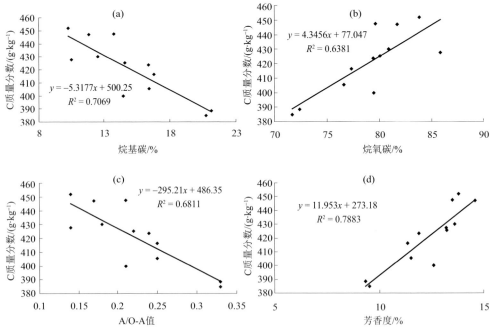

图 11-18　竹叶烷基 C 含量（a）、竹叶烷氧 C 含量（b）、竹叶 A/O-A（c）、竹叶芳香度（d）和
C 质量分数的相关性

11.3.2.2 覆盖物分解对土壤有机碳含量、结构及土壤呼吸的影响

1）覆盖物分解对土壤有机碳含量的影响

考虑到覆盖物分解对土壤有机质含量的影响有滞后效应，土壤采样从 2009 年 4 月 16 日开始。

图 11-19 中对照处理是全年无覆盖的竹林地，覆盖处理是按照试验设计放置在 E 分解管下面的 F 管。7 月之前，对照处理的土壤有机碳含量略有下降，覆盖处理的土壤有机碳含量略有增加；7 月之后两者的有机碳含量都明显增加；11 月后开始回落。一年试验结束后，对照处理有机碳含量基本恢复到初始水平，覆盖处理的有机碳含量增加了 22.15%。

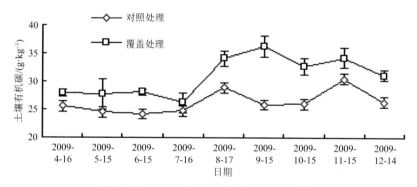

图 11-19　土壤总有机碳含量动态变化规律

比较对照和覆盖处理发现，试验初期，对照和覆盖处理的土壤有机碳含量差别不大，4 月开始覆盖处理的土壤有机碳含量逐渐高于对照处理，7 月之后两者差值逐渐增大，9 月两者差值达到最大，其差值为 $10.50\ g \cdot kg^{-1}$。覆盖处理的有机碳含量高于对照处理，是因为覆盖物竹叶和稻草的分解，覆盖物分解过程中，大量半分解有机物料进入土壤，同时，覆盖物分解产物可以合成土壤高分子有机物，这些都导致了土壤有机碳含量的增加。

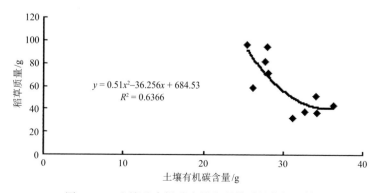

图 11-20　土壤总有机碳含量和稻草质量的相关性

覆盖处理土壤有机碳含量和分解稻草的质量存在极显著的二次幂函数相关关系（$P<0.01$）（图 11-20），从 6 月开始相关性逐渐显著，这进一步说明了覆盖物的分解量对雷竹林土壤有机碳含量的增加影响很大。

2）覆盖雷竹林土壤有机碳的核磁共振波谱特征分析

在 2009 年 4 月、8 月和 12 月的土壤有机碳的固态 ^{13}C 核磁共振波谱并没有出现明显的差异，这说明一年的覆盖物腐烂不会对土壤有机碳结构组分产生影响（图 11-21，表 11-12）。从图 11-21 还可以发现，采集的三次土壤样品中，土壤有机碳中烷氧碳比例最高，其次是烷基碳，芳香碳比例最低。不同研究结果表明，土壤总有机碳中不同碳组分所占的比例存在较大的差异，如卓苏能和文启孝（1994）的研究结果表明，砖红壤中烷基碳占 32%，烷氧碳占 38%，芳香碳占 20%，羧基碳占 10%。Mathers 和 Xu（2003）的研究结果表明，烷氧碳在 4 个不同碳组分中所占的比例是最高的。而 Chen 等（2005）的研究结果表明，烷基碳所占的比例最高。

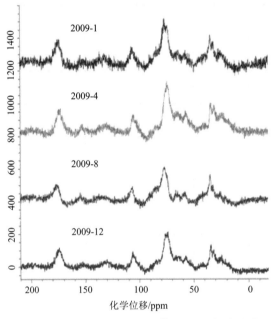

图 11-21　土壤有机碳的固态 ^{13}C 核磁共振波谱谱图

表 11-12　土壤不同含碳组分在 ^{13}C NMR 谱中的信号强度分布（%）

采样时间	烷基碳	烷氧碳	芳香碳	羧基碳	A/O-A	芳香度
2009 年 4 月	28.28 a	52.50 b	5.56 c	12.73 c	0.54 a	6.44 c
2009 年 8 月	22.64 c	52.86 ab	7.16 a	15.54 b	0.43 c	8.66 a
2009 年 12 月	28.55 a	51.30 a	5.80 a	12.06 a	0.56 a	6.77 c

注：不同小写字母表示显著性水平 $P<0.01$

从 A/O-A 值和芳香度的变化来看，2009 年 4 ~ 12 月，A/O-A 呈现先下降，后上升的规律；芳香度则表现为先上升，后下降的规律。由于覆盖过程中 A/O-A 值和芳香度的变化没有很好的规律性，因此很难得出来覆盖物对土壤有机碳结构特征影响的结论性的结果。

3）覆盖物不同揭去时间对土壤呼吸的影响

从图 11-22 可以看到，2009 年 3 月 10 日开始，由于 A 处理样地已揭去覆盖物，平均土壤呼吸速率从最低缓慢升高，到 2009 年 3 月 22 日达到 2.088 $\mu mol \cdot m^{-2} \cdot s^{-1}$。2009 年 4 月 3 日平均土壤呼吸速率略微下降，但 4 月 17 日以后，开始快速增加，到 6 月 26 日达到最高，6.493 $\mu mol \cdot m^{-2} \cdot s^{-1}$。

从图 11-23 中发现，B 处理样地 2009 年 3 月 10 日仍然处于覆盖的状态，所以土壤呼吸速率比较高，为 3.300 $\mu mol \cdot m^{-2} \cdot s^{-1}$，3 月 22 日开始揭去覆盖物，土壤呼吸速率平均值就呈现降低趋势，于 2009 年 4 月 3 日达到最低点 1.898 $\mu mol \cdot m^{-2} \cdot s^{-1}$。此后土壤呼吸速率随着时间的推迟而明显上升，与 A 处理的变化趋势相似，2009 年 5 月 16 日土壤呼吸平均速率达到 5.190 $\mu mol \cdot m^{-2} \cdot s^{-1}$。

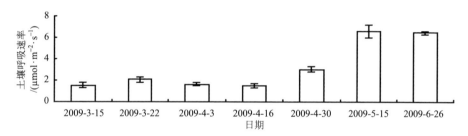

图 11-22 A 处理样地土壤呼吸速率

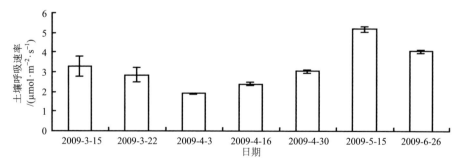

图 11-23 B 处理样地土壤呼吸速率

从图 11-24 可以看出，C 处理样地 2009 年 4 月 3 日揭去覆盖时的土壤呼吸速率（3.180 $\mu mol \cdot m^{-2} \cdot s^{-1}$），与 2009 年 3 月 22 日未揭去覆盖时的土壤呼吸速率（8.293 $\mu mol \cdot m^{-2} \cdot s^{-1}$）相比，相差 2 倍多，差距非常明显。4 月 3 日之后，C 处理样地土壤呼吸速率动态趋势与 B 处理相同，都与季节变化导致的温度变化密切相关，最后在 6 月 26 日，土壤呼吸速率达到 10.827 $\mu mol \cdot m^{-2} \cdot s^{-1}$。

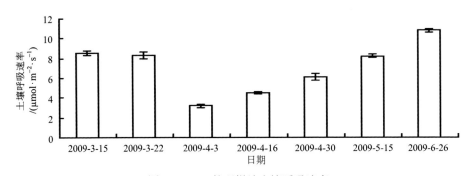

图 11-24　C 处理样地土壤呼吸速率

　　三个处理土壤呼吸速率的具体数值虽然不同，但是变化趋势是一致的。在外界条件差别不大的时候，覆盖与未覆盖雷竹林土壤表面 CO_2 通量有较明显的差异，覆盖中的雷竹土壤 CO_2 通量比较大，覆盖物既起到保温作用又提供能量，促进了微生物的代谢活性，其自身的分解也提供了大量的碳源，进而大幅度地提高了 CO_2 释放量。和覆盖物揭去之前的一个月相比，三个处理 CO_2 释放量分别提高了 318.92%、113.42% 和 240.46%。当覆盖物都揭去时，季节发生变化，地面温度也在不断变化，对雷竹土壤呼吸产生了很大的影响，土壤温度对土壤呼吸的影响逐渐取代了覆盖物对土壤呼吸的影响。

　　本试验数据建立了土壤呼吸速率和地下 5 cm 土壤温度的散点图，经对数函数拟合，由图 11-25 可得出，A、B、C 三个处理土壤呼吸速率和土壤温度呈对数相关，相关指数 R^2 值分别为 0.8944、0.8208、0.6486。A、B 处理表明雷竹林土壤表面 CO_2 释放速率与地下 5 cm 处土壤温度呈极显著相关（$P<0.01$）。C 处理也达到显著相关（$P<0.05$）。土壤呼吸速率随温度的升高而增加的趋势也越来越清晰。国外对于土壤呼吸的一些研究已证实土壤呼吸与土壤温度呈正相关（王小国和朱波，2004；黄承才等，1999），即在土壤含水量不成为限制因子（充足）的状况下，土壤呼吸速率和地下 5 cm 温度呈现明显的正相关，与本试验所得出的结论非常吻合。本试验地位于亚热带，降水丰富，所以土壤呼吸不受土壤湿度限制。但在 5 月、6 月温度上升之前，造成雷竹林土壤表面 CO_2 释放速率增加的主导因素是覆盖措施。

　　4）结论与讨论

　　（A）覆盖措施下土壤有机碳结构的变化趋势

　　覆盖栽培措施给雷竹林碳汇造成了很大的影响。一年时间竹叶和稻草分别分解了 79.30% 和 67.54%，竹叶和稻草的碳含量分别下降了 14.80% 和 15.32%，氮含量上升了 15.77% 和 173.26%，C/N 下降了 26.36% 和 67.50%。竹叶和稻草中的烷基碳含量增加，烷氧碳含量下降，降幅分别为 11.21% 和 13.29%，芳香碳含量下降，羰基碳含量总体增加。覆盖物分解进入土壤，使得土壤有机碳含量增加了 22.15%，土壤 CO_2 通量增加了 3.29 ~ 7.65 $\mu mol \cdot m^{-2} \cdot s^{-1}$。

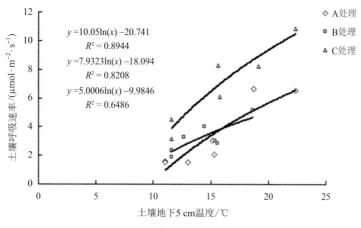

图 11-25　土壤温度对土壤呼吸的影响

通常情况下，森林土壤有机碳的季节动态变化主要受枯枝落叶、植物根系和根系分泌物输入及土壤矿化输出的影响（Jandl et al., 2007；Kuzyakov et al., 2007）。有机覆盖物可以大大提高 C 输入到土壤底层。4 月初，覆盖物中的物质开始转移，4 ~ 6 月土壤 C 质量分数有明显增加，8 ~ 12 月土壤 C 含量再次显著增加。^{13}C 核磁共振波谱的分析结果表明，覆盖物分解增加了土壤 C 含量。2009 年 12 月试验末期和 2009 年 4 月试验初期相比，土壤有机碳的烷基 C 含量值升高，烷氧 C 含量、A/O-A 呈现先下降，后上升的规律；芳香度则表现为先上升，后下降的规律。据相关研究结果（Li et al., 2010），烷基 C 和烷氧 C 是雷竹林冬季覆盖物有机碳的主要成分。残余的覆盖物和土壤有机碳化学组成相似，这意味着一些溶解有机碳从覆盖物已经转移到了底层土壤。经过长期的冬季覆盖，竹林土壤有机碳含量和活性有机碳所占的比例有了较大增加，芳香 C 损失，土壤有机碳形成较为稳定的结构。

（B）覆盖措施下土壤呼吸的变化趋势

本研究表明，覆盖处理提高土壤呼吸速率，冬季覆盖物清除减小了土壤呼吸速率，越早移除覆盖物，则能越多地减少土壤 CO_2 排放。同样的研究结果表明雷竹林冬季覆盖物显著地提升了土壤呼吸速率，而冬季覆盖提升土壤呼吸速率是因为增加了土壤温度和土壤活性水溶性有机碳的含量（Jiang et al., 2006, 2009）。另外，在人工林也观测到了覆盖处理增加土壤活性有机碳的相同结果（Huang et al., 2008）。

竹叶和稻草各碳组分中烷氧碳含量最高，大于 60%，且降幅最大，而土壤有机碳中烷氧碳含量最高，芳香碳含量最低。这说明竹叶、稻草分解进入土壤并完全没有形成结构稳定的腐殖质，而是一部分增加了土壤有机碳中不稳定的烷氧碳，另一部分以 CO_2 的形式排入大气，使得 CO_2 的排放量增加了 112.48%。这对于雷竹林生态系统总的碳汇来讲产生了副作用。

因此，在不严重影响雷笋产量的前提下，应尽早揭去覆盖物料。这样可尽量减少由于覆盖物的不良分解而带来的林地退化和土壤中的碳释放，同时未腐烂的覆盖材料又可以重复利用，节约了生产成本。

11.3.2.3　雷竹林土壤呼吸年动态变化规律及其影响因子

1）土壤各组分呼吸贡献率及其动态变化

由图 11-26 可知，土壤呼吸的季节变化呈双峰型，变化幅度较大。1 月 15 日土壤呼吸速率为 7.46 $\mu mol \cdot m^{-2} \cdot s^{-1}$，2 月 14 日时增加到了 9.05 $\mu mol \cdot m^{-2} \cdot s^{-1}$，增加了 21.31%，3 月 15 日骤降至 3.42 $\mu mol \cdot m^{-2} \cdot s^{-1}$。4～7 月，土壤呼吸速率曲折地回升到 7.53 $\mu mol \cdot m^{-2} \cdot s^{-1}$，达到第二个峰值，从 7 月开始土壤呼吸速率明显下降，到 12 月降至最低值 1.08 $\mu mol \cdot m^{-2} \cdot s^{-1}$。根系自养呼吸速率增减趋势和土壤呼吸速率完全一致，为 0.71～6.80 $\mu mol \cdot m^{-2} \cdot s^{-1}$，波动较大。第一个峰值（6.80 $\mu mol \cdot m^{-2} \cdot s^{-1}$）出现在 2 月，第二个峰值（4.88 $\mu mol \cdot m^{-2} \cdot s^{-1}$）出现在 7 月，最小值出现在 12 月（0.71 $\mu mol \cdot m^{-2} \cdot s^{-1}$）。最大值是最小值的 9.58 倍。而土壤生物异养呼吸年动态曲线较平缓，波动相对较小（0.37～3.44 $\mu mol \cdot m^{-2} \cdot s^{-1}$），最大值出现在 5 月，最小值出现在 12 月。1 月土壤生物异养呼吸是 2.96 $\mu mol \cdot m^{-2} \cdot s^{-1}$，2 月略有下降，3 月开始回升，一直到 5 月到达最大值，之后就开始下降，到 12 月降至 0.37 $\mu mol \cdot m^{-2} \cdot s^{-1}$。

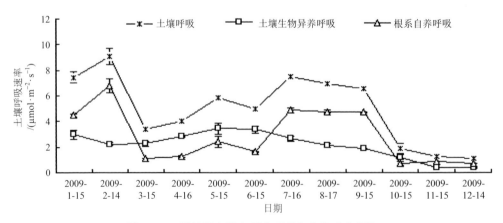

图 11-26　雷竹林土壤各组分呼吸年变化动态规律

从表 11-13 可看出，根系自养呼吸对土壤呼吸的贡献率略大，平均为54.32%，且在不同季节差异显著，变化规律不明显，在 31.00% ～ 75.20% 波动，1 月、2 月和 7 ～ 12 月根系自养呼吸所占比例高于土壤生物异养呼吸，3 ～ 6 月根系自养呼吸所占比例低于土壤生物异养呼吸。土壤生物异养呼吸对土壤呼吸的贡献率较小，平均在 45.67%，其增减变化和根系自养呼吸相反，1 月、2 月和7 ～ 12 月较小，3 ～ 6 月较大，最大值为 69.00%，最小值为 24.80%。

表 11-13　雷竹林土壤各组分呼吸比例关系（%）

日期	2009-1-15	2009-2-14	2009-3-15	2009-4-16	2009-5-15	2009-6-15	2009-7-16	2009-8-17	2009-9-15	2009-10-15	2009-11-15	2009-12-14
R_A/R_S	60.28	75.20	33.26	31.00	41.20	32.46	64.81	68.83	71.63	63.60	67.69	65.74
R_H/R_S	39.72	24.80	66.74	69.00	58.80	67.55	35.19	31.18	28.37	36.40	32.31	34.26

注：表中数据为测定 5 次的平均值，下同。R_S 为土壤呼吸；R_H 为土壤生物异养呼吸；R_A 为根系自养呼吸

2）土壤各组分呼吸的 Q_{10} 值及其温度敏感性

Q_{10} 值是温度每增加 10℃，土壤呼吸增加的倍数。以土壤各组分呼吸速率与地下 5 cm 处温度之间的关系式为基础计算出的 Q_{10} 值为 1.48 ～ 1.86（表 11-14），R_A 的 Q_{10} 值最小，R_H 的 Q_{10} 值最大，R_S 的 Q_{10} 值居中。在相同的大气温度下，同样是 R_A 的 Q_{10} 值 $<R_S$ 的 Q_{10} 值 $<R_H$ 的 Q_{10} 值，和地下 5 cm 处温度处的变化规律一致。

表 11-14　雷竹林土壤各组分呼吸与温度的关系

	地下 5 cm 处温度			8:00 大气温度		
	$R=ae^{bT}$	R^2	Q_{10}	$R=ae^{bT}$	R^2	Q_{10}
土壤呼吸	$R_S=1.8877e^{0.0533T}$	0.3220	1.70	$R_S=3.0125e^{0.0241T}$	0.1351	1.27
土壤生物异养呼吸	$R_H=0.6713e^{0.0662T}$	0.3534	1.86	$R_H=1.0443e^{0.0387T}$	0.2752	1.47
根系自养呼吸	$R_A=1.1998e^{0.0394T}$	0.1431	1.48	$R_A=1.8605e^{0.0112T}$	0.0239	1.12

同一组分呼吸速率在不同的温度条件下，变化表现为：R_S 的 Q_{10} 值、R_H 的 Q_{10} 值和 R_A 的 Q_{10} 值的规律一致，都是对地下 5 cm 处温度的敏感性大于对大气温度的敏感性。

3）土壤呼吸与环境因子的关系

对每次测得的 5 cm 深处地温和大气温度与对应的集约经营雷竹林土壤呼吸速率进行了相关性分析，图 11-27 为集约经营雷竹林土壤呼吸速率与 5 cm 深处地温的拟合曲线，图 11-28 为土壤呼吸速率与 8:00 气温的拟合曲线。从图 11-27 和图 11-28 中可以看出，土壤呼吸速率随温度的升高而升高，土壤呼吸速率与气温

和 5 cm 深处地温均呈二次线性相关，与 5 cm 深处地温和大气温度的相关指数 R^2 分别为 0.9551 和 0.8489，相关性呈极显著的水平（$P<0.01$），其中集约经营雷竹林 CO_2 排放与 5 cm 深处地表温度的相关性最好。

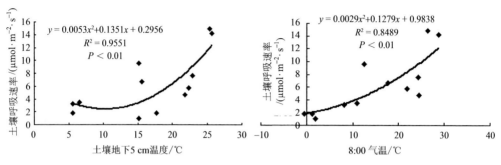

图 11-27　土壤呼吸速率与土壤温度 　　图 11-28　土壤呼吸速率与 8:00 气温的关系
（地下 5 cm）的关系

每次测定土壤呼吸速率时，采集 0 ～ 20 cm 土壤测定土壤含水量和观测记录 8:00 距离地面 1.5 m 处大气相对湿度，对土壤呼吸速率与土壤含水量和大气相对湿度进行相关性分析（图 11-29、图 11-30），R^2 分别为 0.2667 和 0.2152，相关性不显著，这表明土壤含水量（0 ～ 20 cm）和大气相对湿度不是影响土壤呼吸的重要环境因子。

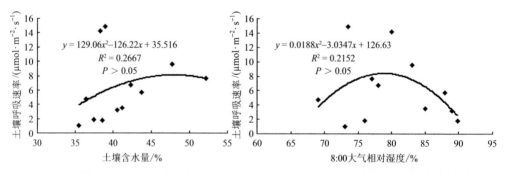

图 11-29　土壤呼吸速率与土壤含水量的关系　图 11-30　土壤呼吸速率与 8:00 相对湿度的关系

2009 年 1 ～ 12 月，每月中旬采集土样，测定土壤的水溶性碳（WSOC）、水溶性氮（WSON）和土壤总有机碳含量。对每次测得的土壤水溶性碳、水溶性氮和土壤总有机碳含量分别与雷竹林地的土壤呼吸速率进行了相关性分析，从图 11-31 ～图 11-33 可以看出，土壤水溶性碳和土壤总有机碳与集约经营雷竹林土壤呼吸速率之间呈二次线性相关，相关指数 R^2 分别为 0.9200 和 0.8070，相关性极显著（$P<0.01$），这表明土壤水溶性碳和土壤总有机碳含量是反映土壤呼吸速率

的重要因子，而土壤水溶性氮与土壤呼吸速率相关性不显著（$P>0.05$），相关指数 $R^2=0.4205$，表明集约经营雷竹林土壤水溶性氮对土壤呼吸速率影响较小。

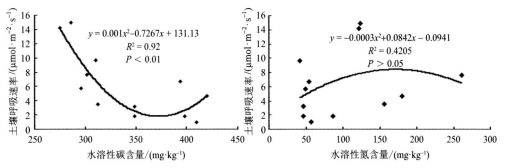

图 11-31　土壤呼吸与 WSOC 含量的关系　　　　图 11-32　土壤呼吸与 WSON 含量的关系

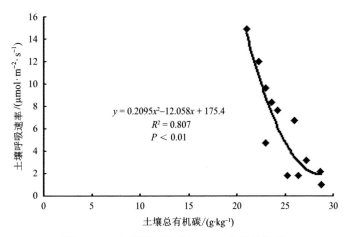

图 11-33　土壤呼吸速率与 TOC 含量的关系

4）结论与讨论

（A）土壤各组分呼吸间的相互关系

雷竹林土壤总呼吸 CO_2 量为 73.40 t·hm^{-2}·a^{-1}，是我国热带林（6.93 t·hm^{-2}·a^{-1}）、常绿、常绿落叶阔叶林（4.90 t·hm^{-2}·a^{-1}）、硬叶常绿阔叶林（3.92 t·hm^{-2}·a^{-1}）和暖性针叶林（3.75 t·hm^{-2}·a^{-1}）的 10～20 倍，也远远高于川西亚高山林区三种土地利用方式下的土壤呼吸量（云杉人工林土为 43.93 t·hm^{-2}·a^{-1}，农地为 26.07 t·hm^{-2}·a^{-1}，冷杉原始林为 33.95 t·hm^{-2}·a^{-1}）（褚金翔，2006），是位于湖南省会同县（109°53′ E，27°3′ N），同属于亚热带湿润气候区的毛竹林地土壤年释放 CO_2 量（33.94 t·hm^{-2}·a^{-1}）的 2 倍多（范少辉等，2009）。集约经营下的雷

竹林之所以有这么大的 CO_2 释放量，主要是由于覆盖物大量分解释放 CO_2 和大量施肥导致的土壤有机质含量升高、活性炭增加（Li et al., 2008），同时，也和雷竹种植密度大，地下竹鞭密集，笋芽分化多有关。

研究结果表明，土壤各组分的呼吸表现为：根系自养呼吸（54.32%）略高于土壤生物异养呼吸（45.67%），这和雷竹属笋用竹有关，雷竹其地下竹鞭、根系发达，根系自养呼吸就较大。本研究与以往研究所不同之处是土壤呼吸速率和根系自养呼吸速率在一年中的 2 月和 7 月出现了两个峰值，7 月出现的峰值与以往研究结果一致，是由气温升高造成；2 月的峰值主要是受覆盖增温和覆盖物分解释放出热量的影响。

（B）环境因子对土壤呼吸的影响

环境因子变化对土壤呼吸的影响本质上取决于根系自养呼吸和土壤生物异养呼吸所占的比例，而二者对环境变量的响应实际上就是根系和土壤微生物对土壤温湿度、大气温湿度、WSOC、TOC、WSON 等因子变化的适应性。国内外相关研究表明（Davison et al., 2000；Kang et al., 2003），土壤呼吸速率的变化受温度与水分共同调控，土壤水热条件交互作用共同影响着森林生态系统的土壤呼吸过程，同时考虑土壤温度和含水量时，可以解释土壤呼吸变化的 67.5% ～ 90.6%。

研究结果表明，土壤呼吸速率与大气温度及地温均显著相关（$P<0.01$）。土壤温度是影响土壤呼吸速率的主要因子，对于气温与土壤温度对土壤呼吸速率的影响，目前已有的研究结果均表明，气温与土壤温度特别是表层土壤温度（地下 5 cm），由于其对根呼吸、根系分泌物和土壤微生物生物化学反应速率影响较大，因此是影响土壤呼吸速率的主要因子，而且呼吸速率与土温的相关性比与气温的相关性要好。

土壤含水量对土壤呼吸的影响较为复杂，往往同时取决于温度的相互协调情况。在水分含量成为限制因子的干旱、半干旱地区，水分含量与土壤温度共同起作用。本研究地区为湿润亚热带季风气候区，雨量充沛，土壤含水量为 36.43% ～ 52.16%，土壤含水量高，在这里水分不会成为土壤呼吸的限制因子。本研究结果表明，土壤呼吸与大气温度及地温均显著相关（$P<0.01$），这与刘建军等（2002）的研究结果是基本一致的，并且与地温的相关性比与大气温度的相关性好。

WSOC 和 TOC 是陆地生态系统碳循环的重要基础，它们是土壤环境变化的敏感指标，用来反映环境条件的变化。研究发现，集约经营雷竹林土壤呼吸速率与 WSOC 和 TOC 含量之间的相关关系极显著（$P<0.01$），这一点与前人研究结果一致（杜丽君等，2007）。本试验研究还发现，土壤呼吸与土壤 WSON 含量之间相关性不显著，这与雷竹林采取集约经营措施，大量施用氮肥，从而改变了土壤的自然特性有关。

11.4　不同经营类型毛竹林土壤活性炭库的动态变化

11.4.1　研究方法

11.4.1.1　研究概况

研究区设在浙江省临安市青山镇，概况见第二章 2.1.1。

11.4.1.2　定位试验布置与采样

在研究区内选择典型的集约经营竹林和粗放经营竹林各一块。在选定的两块竹林中确定有代表性地段，各划定 15 m² 左右的圆形动态采样区。分别在 2003 年 5 月 10 日、7 月 1 日、9 月 1 日、11 月 1 日和 2004 年 1 月 1 日、3 月 1 日在两个采样区中，分 6 个时间段动态采集 0 ~ 20 cm 和 20 ~ 40 cm 两土层的土壤分析样品，同时用容重圈采集容重样品。每次在两类竹林各取三个点，混匀后作为不同经营类型竹林土壤样品。

11.4.1.3　样品处理与分析方法

样品带回室内过 2 mm 钢筛后分成两份，一份鲜样供土壤水溶性碳和微生物量碳测定用，另一份风干再处理后用于土壤总有机碳含量测定。分析方法如下：土壤水溶性碳采用 25℃ 蒸馏水浸提，振荡浸提时间 30 min，水土比为 2 : 1，浸提液用 0.45 μm 滤膜抽滤后，滤液在岛津 TOC-VcpH 有机碳分析仪上直接测定。微生物量碳，采用氯仿熏蒸法，熏蒸后土壤用 0.5 mol·L⁻¹ K₂SO₄ 提取，滤液也直接在有机碳分析仪上测定。土壤总有机碳采用重铬酸钾外加热法，土壤容重采用烘干法（中国土壤学会，1999）。

11.4.2　结果与分析

11.4.2.1　不同经营类型毛竹林土壤总有机碳含量动态变化

图 11-34 是土壤总有机碳含量动态变化。从图 11-34 可以看出，无论是粗放经营还是集约经营毛竹林，土壤总有机碳含量从 5 月开始下降，到 7 月含量降至低谷，且低态势一直维持到 9 月。11 月土壤总有机碳含量开始上升，到次年 1 月含量达到最大值，以后又稍有下降。出现这种动态结果，是由于 5 ~ 9 月气温较高，湿度也大，致使土壤微生物活动旺盛，从而使土壤有机质大量分解，土壤总

有机碳含量处于较低水平。到11月以后，毛竹春季至初夏的大量凋落物经过夏天的分解转化，在释放养分同时，也在土壤中合成了新的腐殖质，因而土壤总有机碳含量上升。

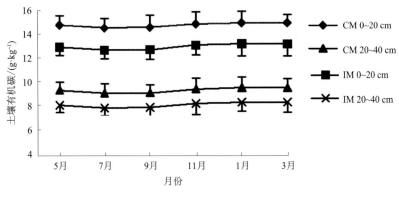

图 11-34　土壤总有机碳含量动态变化

值得一提的是，本研究中两类毛竹林土壤总有机碳全年动态变幅均很小，含量最高的 1 月和含量最低的 7 月间，粗放经营竹林与集约经营竹林分别只相差了 0.43（0 ~ 20 cm）和 0.53（0 ~ 20 cm）个百分点，说明土壤总有机碳一年中变化很小。

表 11-15 显示了毛竹集约经营后土壤总有机碳含量明显下降，降低了 13.8%。说明每年的翻耕、施用化肥加剧了土壤有机质矿化，加上除去林下灌木和杂草，减少了生物自肥作用，从而使土壤有机物积累减少。据测定土壤容重值平均值为 1.25 g·cm⁻³，由此推算，仅 0 ~ 20 cm 土层，集约经营后 1 hm² 土壤将减少总有机碳储量 4.475 t。土壤总有机碳减少，将会使林地潜在肥力下降，对竹林可持续经营不利。

表 11-15　不同经营毛竹林土壤有机碳含量比较

经营类型	TOC/（g·kg⁻¹）		MBC/（mg·kg⁻¹）		WSOC/（mg·kg⁻¹）	
	0 ~ 20 cm	20 ~ 40 cm	0 ~ 20 cm	20 ~ 40 cm	0 ~ 20 cm	20 ~ 40 cm
粗放经营	14.78	9.39	577.4	395.1	52.06	33.59
集约经营	12.99	8.09	426.8	251.9	36.81	24.94

注：表中数据为 6 次动态的平均值

11.4.2.2　不同经营类型毛竹林土壤微生物量碳（MBC）的动态变化

图 11-35 显示了两类竹林土壤微生物量碳含量从 5 月开始上升，至 9 月含量

达到峰值，此后，又开始下降，到次年 1 月含量降至低谷。两类竹林均出现这样的规律，主要是受气候影响所致。7～9 月是亚热带地区气温较高和降水量较大的季节，温度高和湿度大有利于微生物活动，使得土壤微生物量碳含量增加。要指出的是，从 5～9 月，粗放经营与集约经营竹林土壤微生物量碳上升的比例不同，粗放经营竹林 9 月土壤微生物量碳含量是 5 月的 2.23 倍（0～20 cm），上升了 122.90%；而集约经营竹林则只上升了 57.59%。存在这样的差别和两类竹林地上植被不同有关，粗放经营竹林下灌木、草类丛生，这些林下植被的存在使土壤（特别是表层土）中根系数量增加，7～9 月又是植物生长旺季，大量的根系分泌物刺激了土壤微生物繁衍，使土壤微生物数量进一步增加，从而增加了土壤微生物碳含量。另外，毛竹加上灌木和草类，形成了理想的立体结构，在 7～9 月高温季节中，使林内温、湿度相对稳定，有利于微生物繁衍，这些都造成了粗放经营竹林在高温、湿润的季节土壤微生物量迅猛增加。

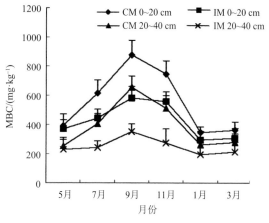

图 11-35　土壤微生物量碳的动态变化

　　表 11-16 是不同经营毛竹林土壤活性炭占总有机碳比例。比较两类竹林发现，毛竹集约经营后土壤微生物量碳含量显著下降，0～20 cm 和 20～40 cm 土层集约经营竹林比粗放经营竹林分别平均下降了 15.86% 和 26.13%。集约经营竹林土壤微生物量碳含量下降，除了和长期耕作、施用化肥有关外，主要是由于集约经营竹林去除了林下灌木、杂草，减少了归还土壤的有机物质，使土壤总有机碳含量下降，而微生物量碳含量常与土壤总有机碳含量呈现显著正相关，因而，集约经营毛竹林土壤微生物量碳显著下降。

　　土壤微生物量碳占总有机碳比例比微生物量碳含量更具指标意义。表 11-16 显示，毛竹林集约经营后，土壤微生物量碳占总有机碳比例也明显下降，说明了毛竹集约经营使土壤生物学活性减弱，土壤质量下降。

表 11-16　不同经营毛竹林土壤活性炭占总有机碳比例（%）

经营类型	MBC/TOC		WSOC/TOC	
	0～20 cm	20～40 cm	0～20 cm	20～40cm
粗放经营	3.91	4.21	0.35	0.36
集约经营	3.29	3.11	0.28	0.31

注：表中数据为 6 次动态的平均值

11.4.2.3　不同经营类型毛竹林土壤水溶性碳（WSOC）的动态变化

图 11-36 是土壤水溶性碳动态变化。从图 11-36 来看，两类毛竹林土壤水溶性碳含量 5 月处于峰值，5 月开始至 7 月含量迅速下降，至 9 月又上升，并到 11 月又达第二个高峰，之后，次年 1 月下降至低谷，3 月后又开始上升。

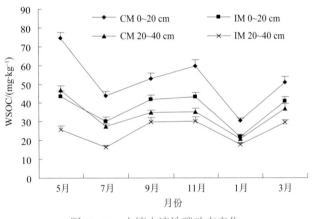

图 11-36　土壤水溶性碳动态变化

土壤水溶性碳动态变化与气温和降水有很大关系。温度升高，有利于土壤有机物质分解，从而产生简单有机化合物，因而一般情况下，温度高的季节土壤水溶性有机物数量常较多（Collier et al., 1989）。但水溶性有机物溶于水，易随下侧渗水流失。在雨季，由于这种作用，土壤中水溶性有机物含量反而较低（王连峰等，2002）。原因可能如下：5 月天气回暖，土壤有机质分解加快，因而水溶性有机碳数量较多。到了 7 月，显然土壤水溶性有机碳产生量更多，但由于雨水较多，土壤水溶性碳含量反而很低。9 ～ 11 月，随着秋季到来，雨水减少，水溶性有机碳积累增加。到次年 1 月，天气转冷，土壤微生物活动减退，土壤有机物分解速率下降，土壤中简单有机物产生数量骤减，因而土壤中水溶性碳含量明显下降。至 3 月，随着天气缓慢升温，土壤水溶性有机碳含量又稍有上升。

土壤水溶性有机碳和土壤总有机碳含量常具有显著正相关（Haynes, 2000），施用化肥也会使土壤水溶性有机碳数量减少（Chantigny et al., 1999），表 11-16、图 11-36 说明，毛竹集约经营后，一方面除去林下灌木、杂草，使有机物归还减少，土壤有机碳含量下降；另一方面，集约经营竹林连年施用化肥，因而土壤水溶性碳含量及水溶性有机碳占总有机碳比率均低于粗放经营竹林。

11.4.2.4　不同经营类型毛竹林土壤有机碳含量的剖面变异

　　在定位试验的同时，在研究区内选择了有代表性的集约经营和粗放经营竹林样地各 1 个，挖掘 0 ~ 80 cm 土壤全剖面，采集 0 ~ 20 cm、20 ~ 40 cm、40 ~ 60 cm 和 60 ~ 80 cm 各土层土样，分析土壤各类有机碳含量的剖面变异。表 11-17 是不同经营毛竹林土壤有机碳含量的剖面变异，从结果看，两类竹林各类有机碳的剖面变异没有实质性差别，土壤总有机碳、水溶性碳和微生物量碳均随着土壤剖面变深逐渐下降，并且下降速度也较一致，需注意的是土壤水溶性有机碳含量虽然随着剖面变深也呈现递减规律，但 20 ~ 40 cm 与 40 ~ 60 cm 两土层含量比 0 ~ 20 cm 土层下降量不大，并且两土层间变化较小。土壤水溶性有机碳一方面决定于土壤总有机碳含量，另一方面，由于黏粒的吸附作用，造成在黏粒含量较高的土层有时可提取较多数量的水溶性有机碳。竹林土壤 20 ~ 40 cm 与 40 ~ 60 cm 土层虽有机物质含量不高，但均有较多黏粒，因而造成了两土层水溶性有机碳含量尚高，且变化小。

表 11-17　不同经营毛竹林土壤有机碳含量的剖面变异

经营类型	土层 /cm	TOC/（g·kg⁻¹）	WSOC/（mg·kg⁻¹）	MBC/（mg·kg⁻¹）
集约经营	0 ~ 20	12.95	35.95	375.41
	20 ~ 40	7.89	30.33	163.45
	40 ~ 60	6.18	31.45	79.43
	60 ~ 80	4.11	10.45	60.11
粗放经营	0 ~ 20	14.75	46.74	477.00
	20 ~ 40	7.35	36.91	183.19
	40 ~ 60	6.33	32.66	84.54
	60 ~ 80	5.14	19.13	44.15

11.4.3　小结

　　毛竹集约经营虽然可以提高竹林和竹笋产量，但土壤各类有机碳含量出现了明显下降趋势，仅 0 ~ 20 cm 土层，毛竹集约经营后 1 hm² 土壤总有机碳储量可减少 4.475 t。土壤有机碳量减少，说明了土壤生物学肥力下降。

集约经营毛竹林土壤总有机碳、微生物量碳和水溶性碳含量的年动态变化规律和粗放经营毛竹林一致。说明虽然两类竹林经营措施不同，但有机碳变化规律一致。毛竹林集约经营并未改变土壤各类有机碳含量的剖面变异特征。

11.5 集约经营历史对毛竹林土壤碳库稳定性的影响

11.5.1 研究方法

11.5.1.1 研究区概况

研究区设在浙江省安吉县。研究区内存在不同集约经营历史的毛竹林，最长集约经营历史达 40 年，有的竹林至今仍保持粗放经营状态，无人为施肥、除草、翻耕等措施。研究区内毛竹林立竹密度在 2500 ～ 4500 株·hm^{-2}，竹林生物量干重在 80 ～ 100 t·hm^{-2}。集约经营的竹林，林下无灌木、杂草，每年 5 月上、中旬施肥一次，肥料一般采用复合肥（N：P$_2$O$_5$：K$_2$O=15：15：15），肥料施用量控制在每公顷氮素（N）450 ～ 700 kg，磷素（P）150 ～ 250 kg，钾素（K）200 ～ 300 kg，肥料一般撒施于地表，随后进行深翻一次，翻耕深度在 30 ～ 35 cm。粗放经营竹林则无人为施肥习惯，林下也保留有完好灌木和草本植物。

11.5.1.2 土壤取样方法

2009 年 7 月，在研究区内确定有代表性的粗放经营竹林 4 块，确定集约经营历史分别为 5 年、10 年、15 年、20 年、30 年的竹林各 4 块。确定粗放经营和不同集约经营历史竹林时，按生态控制法原理，使每一组样地具有本底可比性。样地确定后，在每一个样地的典型地段采集 0 ～ 20 cm 土壤样品，同时选择粗放经营和集约经营 10 年的样地各一个，分层采集其剖面样品。

11.5.1.3 土壤基本性状的测定

土壤 pH 采用土水比 1：2 提取后测定；土壤总有机碳含量采用重铬酸钾外加热法测定；总氮采用半微量凯氏定氮法；碱解氮采用碱解扩散法；全磷采用硫酸 - 高氯酸消煮，钼锑抗比色法；有效磷采用碳酸氢钠浸提，钼锑抗比色法（鲁如坤，2000）。

11.5.1.4 土壤的 HF 预处理及固态 ^{13}C 核磁共振波谱分析

土壤样品在进行固态 ^{13}C 核磁共振波谱分析前先进行 HF 预处理。HF 预处理的目的是去除土壤中的 Fe^{3+} 和 Mn^{2+} 离子，从而提高仪器分析的信噪比，提高分析的效率。

将上述经 HF 预处理过的土壤样品进行固态魔角旋转 - 核磁共振测定（AVANCE II 300MH）。综合已有的 ^{13}C NMR 的研究结果，土壤有机碳的主要 ^{13}C 信号的化学位移所对应的碳结构如下：烷基碳（0 ～ 50 ppm），烷氧碳（50 ～ 110 ppm），芳香碳（110 ～ 160 ppm）和羧基碳（160 ～ 220 ppm）。然后对谱峰曲线进行区域积分，获得各种碳化学组分的相对含量。另外，计算了两个表征有机质稳定性的指标：① A/O-A——$C_{0 \sim 50 \text{ ppm}}/C_{50 \sim 110 \text{ ppm}}$（烷基碳 / 烷氧碳）；② 芳香度（aromaticity）——$C_{110 \sim 165 \text{ ppm}}/C_{0 \sim 165 \text{ ppm}}$[芳香碳 /（烷基碳 + 烷氧碳 + 芳香碳）]（Dai et al., 2001）。

11.5.2　结果与分析

图 11-37 是不同集约经营历史毛竹林土壤有机碳的固态 ^{13}C 核磁共振波谱谱图。从图 11-37 可见，不同集约经营历史毛竹林土壤的核磁共振谱图均包含 4 个明显共振区，即烷基碳区（0 ～ 50 ppm）、烷氧碳区（50 ～ 110 ppm）、芳香碳区（110 ～ 160 ppm）和羧基碳区（160 ～ 220 ppm），而具体的信号强度分布则是有区别的（表 11-18）。

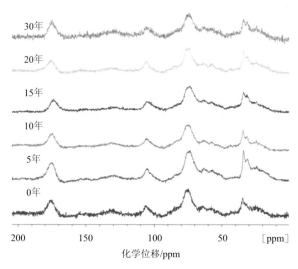

图 11-37　不同集约经营历史毛竹林土壤有机碳的固态 ^{13}C 核磁共振波谱谱图

对于不同集约经营历史的毛竹林土壤而言，烷氧碳均为最大的含碳组分，占总碳含量的 50% 以上。集约经营时间的长短对不同碳组分占总有机碳的比例有不同程度的影响。随着集约经营时间的延长，毛竹林土壤有机碳中的烷基碳比例显著增加，芳香碳比例显著降低，烷氧碳比例在 15 年后才显著减少。羧基碳占总有机碳的比例呈现先增加后减少的趋势。随着集约经营时间的增加，毛竹林土壤的 A/O-A 值比例显著增加，而芳香度显著降低。

表 11-18　不同集约经营毛竹林土壤不同含碳组分在 ^{13}C NMR 谱中的信号强度分布（%）

集约经营年数	烷基碳	烷氧碳	芳香碳	羧基碳	A/O-A	芳香度
0	21.2 c	58.4 a	10.5 a	9.9 c	0.4 c	11.6 a
5	22.5 c	57.1 a	9.7 a	10.7 c	0.4 c	10.9 a
10	26.4 b	55.5 ab	8.6 ab	9.5 c	0.5 b	9.5 ab
15	25.8 b	52.1 b	6.8 b	15.3 a	0.5 b	8.0 b
20	28.7 a	50.4 b	7.8 b	13.1 b	0.6 a	9.0 ab
30	29.3 a	51.0 b	7.1 b	12.6 b	0.6 a	8.1 b

注：不同小写字母表示显著性水平 $P < 0.01$

11.5.3　小结

核磁共振结果表明，毛竹林土壤碳库主要以烷基碳和烷氧碳为主。随着集约经营时间的增加，烷基碳及 A/O-A 值显著增加，而烷氧碳、芳香碳及芳香度显著下降。因此，集约经营会降低毛竹林土壤碳库的稳定性。另外，对雷竹林，我们也进行了类似的研究，结果表明，长期集约经营雷竹林土壤碳库的稳定性也呈显著下降趋势。

主要参考文献

曹群根，傅懋毅，李正才 . 1997. 毛竹林凋落叶分解失重及养分累积归还模式 . 林业科学研究，10(3): 303-308.

褚金翔 . 2006. 川西亚高山林区三种土地利用方式下土壤呼吸动态及组分区分 . 生态学报，26(6): 1693-1700.

杜丽君，金涛，阮雷雷，陈涛，胡荣桂 . 2007. 鄂南 4 种典型土地利用方式红壤 CO_2 排放及其影响因素 . 环境科学，28 (7): 1607-1613.

范少辉，肖复明，汪思龙，官凤英，于小军，申正其 . 2009. 湖南会同林区毛竹林地的土壤呼吸 . 生态学报，29(11): 5971-5977.

傅懋毅，方敏瑜，谢锦忠，陈艳芳，王惠雄 . 1989. 竹林养分循环 I 毛竹纯林的叶凋落物及其分解 .

林业科学研究, 2(3): 207-213.

黄承才, 葛滢, 常杰, 卢蓉, 徐青山. 1999. 中亚热带东部三种主要木本群落土壤呼吸的研究. 生态学报, 19(3): 324-328.

廖利平, 马越强, 汪思龙. 2000. 杉木与主要阔叶造林树种叶凋落物的混合分解. 植物生态学报, 24(1): 27-33.

刘建军, 王得祥, 雷瑞德, 吴钦孝. 2002. 秦岭林区天然油松、锐齿栎林细根周转过程与能态变化. 林业科学, 38(4): 1-6.

鲁如坤. 2000. 土壤农业化学分析方法. 北京: 中国农业科技出版社.

王连峰, 潘根兴, 石盛莉, 黄明星, 张乐华. 2002. 酸沉降影响下庐山森林生态系统土壤溶液溶解有机碳分布. 植物营养与肥料学报, 8(1): 29-34.

王小国, 朱波. 2004. 森林土壤呼吸研究进展. 西南农业学报, 17: 121-126.

中国土壤学会. 1999. 土壤农业化学分析方法. 北京: 中国农业出版社.

卓苏能, 文启孝. 1994. 核磁共振技术在土壤有机质研究中应用的新进展. 土壤学进展, 22(5): 46-52.

Baldock J A, Oades J M, Nelson P N, Skene T M, Golchin A, Clarke P. 1997. Assessing the extent of decomposition of natural organic materials using solid-state ^{13}C NMR spectroscopy. Australian Journal of Soil Research, 35: 1061-1083.

Balesdent J, Besnard E, Arrouays D, Chenu C. 1998. The dynamics of carbon in particle-size fractions of soil in a forest-cultivation sequence. Plant and Soil, 201: 49-57.

Binkley D, Fisher R. 2012. Ecology and management of forest soils. New York: John Wiley & Sons.

Bond-Lamberty B, Wang C, Gower S T. 2004. Contribution of root respiration to soil surface CO_2 flux in a boreal black spruce chronosequence. Tree Physiology, 24: 1387-1395.

Chantigny M H, Angers D A, Prévost D, Simard R R, Chalifour F P. 1999. Dynamics of soluble organic C and C mineralization in cultivated soils with varying N fertilization. Soil Biology and Biochemistry, 31: 543-550.

Chen C R, Xu Z H, Zhang S L, Keay P. 2005. Soluble organic nitrogen pools in forest soils of subtropical Australia. Plant and Soil, 277: 285-297.

Collier K J, Jackson R J, Winterbourn M J. 1989. Dissolved organic carbon dynamics of developed and undeveloped wetland catchments in Westland, New Zealand. Archiv Fur Hydrobiologie, 117: 21-38.

Dai K O H, Johnson C E, Driscoll C T. 2001. Organic matter chemistry and dynamics in clear-cut and unmanaged hardwood forest ecosystems. Biogeochemistry, 54: 51-83.

Davidson E A, Trumbore S E, Amundson R. 2000. Biogeochemistry: soil warming and organic carbon content. Nature, 408: 789-790.

Dou S, Zhang J J, Li K. 2008. Effect of organic matter applications on ^{13}C‐NMR spectra of humic acids of soil. European Journal of Soil Science, 59: 532-539.

Fisher R F, Binkley D. 2000. Ecology and Management of Forest Soils. New York: John Wiley and Sons.

Haynes R J. 1986. The decomposition process: mineralization, immobilization, humus formation, and degradation//Haynes R J. Mineral nitrogen in the plant-soil system. Orlando: Academic Press: 52-126.

Haynes R J. 2000. Labile organic matter as an indicator of organic matter quality in arable and pastoral soils in New Zealand. Soil Biology and Biochemistry, 32: 211-219.

Hu R G, Hatano R, Kusa K, Sawamoto T. 2004. Soil respiration and net ecosystem production in an onion field in central Hokkaido, Japan. Soil Science and Plant Nutrition, 50: 27-33.

Huang Z Q, Xu Z H, Chen C R, Boyd S. 2008. Changes in soil carbon during the establishment of a hardwood plantation in subtropical Australia. Forest Ecology and Management, 254: 46-55.

Jandl R, Lindner M, Vesterdal L, Bauwens B, Baritz R, Hagedorn F, Johnson D W, Minkkinen K, Byrne K A. 2007. How strongly can forest management influence soil carbon sequestration? Geoderma, 137: 253-268.

Jiang P K, Wang H L, Wu J S, Xu Q F, Zhou G M. 2009. Winter mulch increases soil CO_2 efflux under *Phyllostachys praecox* stands. Journal of Soils and Sediments, 9: 511-514.

Jiang P K, Xu Q F, Xu Z H, Cao Z H. 2006. Seasonal changes in soil labile organic carbon pools within a *Phyllostachys praecox* stand under high rate fertilization and winter mulch in subtropical China. Forest Ecology and Management, 236: 30-36.

Kang S, Doh S, Lee D, Lee D, Jin V L, Kimball J S. 2003. Topographic and climatic controls on soil respiration in six temperate mixed‐hardwood forest slopes, Korea. Global Change Biology, 9: 1427-1437.

Kuzyakov Y, Hill P W, Jones D L. 2007. Root exudate components change litter decomposition in a simulated rhizosphere depending on temperature. Plant and Soil, 290: 293-305.

Li Y F, Jiang P K, Chang S X, Wu J S, Lin L. 2010. Organic mulch and fertilization affect soil carbon pools and forms under intensively managed bamboo (*Phyllostachys praecox*) forests in southeast China. Journal of Soils and Sediments, 10: 739-747.

Li Y F, Luo A C, Wei X H, Yao X G. 2008. Changes in phosphorus fractions, pH, and phosphatase activity in rhizosphere of two rice genotypes. Pedosphere, 18: 785-794.

Mathers N J, Mao X A, Saffigna P G, Xu Z H, Berners-Price S J, Perera M C S. 2000. Recent advances in the application of ^{13}C and ^{15}N NMR spectroscopy to soil organic matter studies. Soil Research, 38: 769-787.

Mathers N J, Xu Z H. 2003. Solid-state ^{13}C NMR spectroscopy: characterization of soil organic matter under two contrasting residue management regimes in a 2-year-old pine plantation of subtropical Australia. Geoderma, 114: 19-31.

McCulley R L, Boutton T W, Archer S R. 2007. Soil respiration in a subtropical savanna parkland: response to water additions. Soil Science Society of America Journal, 71: 820-828.

Paul E A, Clark F E. 1996. Ammonification and nitrification//Paul E A. Soil microbiology and biochemistry. San Diego: Academic Press: 182-183.

Sheng H, Yang Y S, Yang Z J, Chen G S, Xie J S, Guo J F, Zou S Q. 2010. The dynamic response of soil respiration to land‐use changes in subtropical China. Global Change Biology, 16: 1107-1121.

Tang Q Y, Feng M G. 1997. Practical statistics and DPS data processing system. Beijing: China Agricultural Press.

Tang X L, Liu S G, Zhou G Y, Zhang D Q, Zhou C Y. 2006. Soil‐atmospheric exchange of CO_2, CH_4, and N_2O in three subtropical forest ecosystems in southern China. Global Change Biology, 12: 546-560.

Ussiri D A, Johnson C E. 2003. Characterization of organic matter in a northern hardwood forest soil by ^{13}C NMR spectroscopy and chemical methods. Geoderma, 111: 123-149.

Yadav R S, Yadav B L, Chhipa B R. 2008. Litter dynamics and soil properties under different tree species in a semi-arid region of Rajasthan, India. Agroforestry Systems, 73: 1-12.

Yang Y S, Chen G S, Guo J F, Xie J S, Wang X G. 2007. Soil respiration and carbon balance in a subtropical native forest and two managed plantations. Plant Ecology, 193: 71-84.

Youkhana A, Idol T. 2009. Tree pruning mulch increases soil C and N in a shaded coffee agroecosystem in Hawaii. Soil Biology and Biochemistry, 41: 2527-2534.

第十二章
养分调控对竹林土壤温室气体排放
及固碳能力的影响

森林土壤是温室气体重要排放源之一。森林管理措施，包括砍伐、施肥、翻耕、灌溉等均会显著影响温室气体的排放。施肥措施是森林管理的重要手段之一，不同施肥处理会显著影响土壤的理化性质，从而影响土壤温室气体排放（Peng et al., 2008）。因此，研究不同施肥措施对森林土壤温室气体排放的影响对于准确评价森林生态系统的碳汇功能具有非常重要的意义。

　　土壤水溶性有机碳（WSOC）和水溶性有机氮（WSON）是指通过 0.45 μm 滤孔，且能溶解于水的、具有不同分子质量大小的有机碳、氮化合物。土壤 WSOC 和 WSON 是陆地生态系统中最活跃的碳、氮组分，它们可以被土壤微生物分解，可以在土壤中迅速转化成其他组分（Chen and Xu, 2008），因此，WSOC 和 WSON 含量的高低可以很大程度上影响土壤矿化的最终产物和数量（陶澍和曹军，1996）。土壤排放的温室气体在很大程度上依赖于土壤有机质的矿化速率和土壤中各类有机化合物的转化强度。毛竹集约经营程度高，有 40％～50％ 的毛竹林实行了集约化栽培，与保持天然状态的粗放经营竹林相比，集约经营毛竹林在增加毛竹乔木层的固碳能力的同时，也使得土壤碳库的稳定性降低，是否改变土壤水溶性有机碳、氮含量及竹林土壤温室气体的排放，从而影响毛竹林生态系统在减缓气候变暖中的作用也需要深入研究。

　　合理施肥是增加单位面积森林生产力的重要手段，特别是 N、P、K 合理配比，增施有机肥等措施不仅可以提高森林地上部分林木的碳储量，还可以增加土壤有机碳的量，是提高森林生态系统 CO_2 吸收固定量的重要措施。在以往毛竹林肥料试验中大多关注施肥对竹材和竹笋产量的影响，但很少涉及施肥对土壤碳库及土壤呼吸碳释放的影响研究，更缺少施肥对整个毛竹林生态系统碳汇能力的影响研究。

　　本章将以集约经营毛竹林为样地，利用静态箱 - 气相色谱法测定了不同施肥处理对样地 CO_2 和 N_2O 的影响，同时测定了样地的水溶性有机碳、氮含量，探明不同施肥处理对毛竹林样地温室气体排放的影响结果，探讨毛竹林土壤温室气体排放与水溶性有机碳、氮之间的关系。另外，我们还通过正交设计试验，研究不同氮磷钾水平配比对毛竹林森林碳储量、土壤碳储量及土壤呼吸的影响，以求得到使毛竹林碳汇能力最大化的施肥 NPK 配方，为深入研究土壤温室气体排放的影响机理提供理论基础和科学依据。

12.1 施肥对毛竹林土壤水溶性有机碳氮与温室气体排放的影响

12.1.1 研究方法

12.1.1.1 研究区

研究区设在浙江省临安市青山镇，参见第二章 2.1.1。

所选择的毛竹林试验地属于集约经营毛竹林地。每年进行松土垦复，5月上、中旬施肥一次。毛竹平均胸径 10.1 cm，密度 3000 株·hm^{-2}。2008 年春选择好试验地，并进行小区规划。试验地土壤 pH4.92，有机质含量 21.45 g·kg^{-1}，总氮 1.48 g kg^{-1}，碱解氮 123.98 mg·kg^{-1}，有效磷 6.86 mg·kg^{-1}，速效钾 17.14 mg·kg^{-1}。

12.1.1.2 试验设计

2008 年 3 月，在试验地毛竹林中选择坡度和坡向基本一致的毛竹林地作为试验用林。试验设 6 个处理，处理内容详见表 12-1。重复三次，随机区组设计，小区面积为 200 m^2。肥料于 5 月 25 日施入，并结合施肥进行翻耕。分别于 6 月 28 日（施肥后一个月）和 11 月 28 日（施肥后 6 个月）进行毛竹林土壤 CO_2 和 N_2O 排放速率及土壤理化性状的测定。

表 12-1 试验各处理肥料用量

处理号	施肥量 / (kg·hm^{-2})		
	尿素	过磷酸钙	氯化钾
1（CK）	0	0	0
2	450	450	150
3	900	900	300
4	225	225	75
5	450	0	0
6	0	450	150

12.1.1.3 测定方法

温室气体通量利用静态箱 - 气相色谱法测定。采样箱为组合式，即由底座、顶箱组成，均用 PVC 板做成（杜丽君等，2007）；面积为 30 cm×30 cm，高度为 30 cm。采集气体时，将采集箱插入底座凹槽（凹槽内径和深度均为 5 cm）中，用蒸馏水密封，分别于关箱后 0 min、10 min、20 min、30 min，用注射器抽样 60 mL，密封带回实验室，用改装后的 HP5890II 型气相色谱仪（装有氢焰离子化检测器和火焰离子化检测器）分析气样中 CO_2 和 N_2O 浓度（Wang and Wang, 2003）。

温室气体排放通量计算方法如下所示：

$$F = \rho \times \frac{V}{A} \times \frac{P}{P_0} \times \frac{T_0}{T} \times \frac{dC_t}{dt} \qquad (12\text{-}1)$$

式中，F 为被测气体排放通量；V 为箱体体积；A 为箱体底面积；$\dfrac{dC_t}{dt}$ 为单位时间取样箱内被测气体浓度的变化量。ρ 为标准状态下被测气体的浓度；T_0 和 P_0 分别为标准状态下的空气绝对温度和气压；P 和 T 为测定时箱内的实际气压和气温。

在测定温室气体排放的同时，记录大气、地表温度及地下 5 cm、地下 10 cm、地下 20 cm 土壤温度和大气压，并在每个小区采集 0～20 cm 土壤样品，带回实验室测定土壤水分含量，土壤水溶性有机碳、氮的含量。土壤水溶性有机碳测定方法：称鲜土 20.00 g（同时测定土壤含水量），水土比为 2：1，用蒸馏水浸提，在 25℃ 下振荡 0.5 h，再在高速离心机中（8000 r·min^{-1}）离心 10 min，后抽滤过 0.45 μm 滤膜，抽滤液直接在岛津 TOC-VcpH 有机碳分析仪上测定土壤水溶性有机碳。土壤水溶性有机氮测定方法：称鲜土 20.00 g（同时测定土壤含水量），水土比为 2：1，用蒸馏水浸提，在 25℃ 下振荡 0.5 h，再在高速离心机中（8000 r·min^{-1}）离心 10 min，后抽滤过 0.45 μm 滤膜，抽滤液一份（A）直接在岛津 TOC-VcpH 的 TN 单元上测定土壤水溶性总氮（WSN）；同时另取一份（B）抽滤液用离子色谱法测定 NH_4^+ 和 NO_3^- 含量，然后 A 中的土壤水溶性总氮减去 B 中的 NH_4^+ 和 NO_3^- 即为土壤水溶性有机氮（WSON）含量。

12.1.2 结果与分析

12.1.2.1 不同施肥处理对毛竹林土壤 CO_2 和 N_2O 排放的影响

从图 12-1 可以看出，无论是施肥 1 个月后还是 6 个月后，毛竹林土壤的温室气体（CO_2 和 N_2O）排放速率在不同肥料处理之间均有显著差异（$P<0.05$）。随

着施肥量的增加，CO_2 排放速率呈显著增加趋势。单施尿素和施过磷酸钙及氯化钾，可以增加 CO_2 的排放，但增加的幅度不大。随着施肥量的增加，N_2O 排放速率也呈显著增加趋势。单施尿素对 N_2O 排放速率的影响达到显著水平（$P<0.05$）。

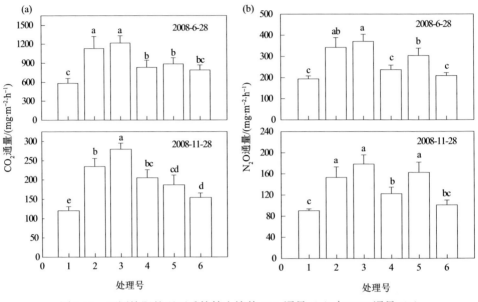

图 12-1　不同施肥处理下毛竹林土壤的 CO_2 通量（a）与 N_2O 通量（b）

12.1.2.2　不同施肥处理对毛竹林土壤水溶性有机碳、氮的影响

从图 12-2 可见，不同施肥处理下，毛竹林土壤水溶性有机碳含量有显著差异（$P<0.05$）。与不施肥处理相比，较大量的施肥（处理 2 和处理 3）显著提高毛竹林土壤的水溶性有机碳含量（$P<0.05$）；而少量施肥（处理 4）和只施过磷酸钙与氯化钾（处理 6）对土壤 WSOC 含量没有显著影响。单施尿素处理一个月后，测定水溶性有机碳含量显著高于对照，而半年后测定与对照没有显著差异。不同施肥处理下毛竹林水溶性有机氮含量见图 12-2。施肥处理（除处理 6）均使毛竹林土壤的水溶性有机氮含量显著增加（$P<0.05$）。特别是单施尿素处理（处理 5）对毛竹林水溶性有机氮含量的影响非常显著（$P<0.05$）。

12.1.2.3　毛竹林土壤水溶性有机碳、氮含量与温室气体排放的关系

相关性分析表明，毛竹林土壤的 CO_2 和 N_2O 排放速率与土壤水溶性有机碳含量呈显著的正相关（图 12-3）。

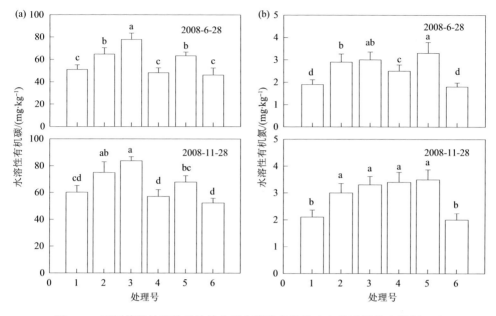

图 12-2　不同施肥处理的毛竹林土壤水溶性有机碳（a）和水溶性有机氮（b）

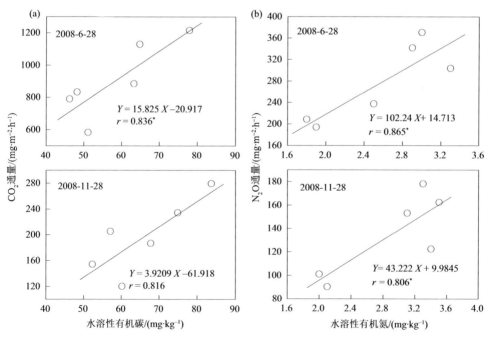

图 12-3　毛竹林水溶性有机碳与土壤 CO_2 通量（a）和 N_2O 通量（b）的关系

* 为 $P<0.05$

12.1.2.4　讨论

已有不少研究结果表明，营林措施能显著改变森林土壤的温室气体排放（Peng et al., 2008）。施肥是森林管理的重要手段之一，施用肥料可以显著增加林木的生物量和调控森林土壤的养分平衡。然而，有关施肥对土壤温室气体排放的影响在不同研究结果中存在较大的差异。例如，Priess 和 Fölster（2001）的研究结果表明，氮肥的施用可以增加土壤 CO_2 的排放；而施用肥料引起土壤温室气体排放减少的研究报道也有不少（Bowden et al., 2004；Olsson et al., 2005）。还有一些研究结果表明，施肥对土壤温室气体排放没有显著影响（Vose et al., 1997；Fernandes et al., 2002）。本研究结果表明，化肥的施用显著增加毛竹林土壤 CO_2 和 N_2O 的排放。并且毛竹林土壤温室气体的排放速率随着化肥施用量增加呈显著增加趋势。不同研究结果存在的差异可能是森林土壤类型、肥料种类与用量及森林年龄等因素的差异造成的。以往的不少研究结果表明，施肥可以增加毛竹林的生物量，即可以增加毛竹林的碳固定量（周国模和姜培坤，2004）。然而从本研究结果来看，施肥在增加毛竹林生物量的同时，也促进了土壤温室气体的排放。因此，对于整个毛竹林生态系统来讲，施肥引起的碳固定或碳排放问题还需要在今后的研究中进一步深入探讨。

不少研究结果表明，施肥处理会显著影响土壤 WSOC 含量。McGill 等（1986）研究了不同轮作和施肥措施对土壤 WSOC 的影响，结果表明，施厩肥的土壤中 WSOC 含量比施无机肥的高 2.5 倍。Zsolnay 和 Steindl（1991）的研究结果表明，单施化学肥料对土壤 WSOC 含量无显著影响，而施有机肥料处理可以显著增加土壤 WSOC 含量。本研究的结果表明，不同化学肥料处理对土壤 WSOC 含量的影响存在显著差异。较大用量的化肥处理（处理 2 和处理 3）显著增加土壤 WSOC 含量，而较少用量的化肥处理（处理 4）和施过磷酸钙和氯化钾处理（处理 6）对土壤 WSOC 含量没有显著影响。因此，化肥处理对土壤 WSOC 含量的影响比较复杂。化肥的种类与数量、土壤中的养分状况（特别是矿化氮含量）、生态系统类型及气候条件等因素均会影响试验结果。不同施肥处理对土壤 WSON 的影响在国内外也有不少报道。盛卫星（2009）的研究结果表明，施用化肥特别是超量施用化肥显著增加板栗林土壤的 WSON 含量。Medowell 等（1998）的研究结果也表明，施用化肥特别是化学氮肥后，土壤 WSON 含量显著增加。本研究结果表明，化肥处理（除处理 6）均显著增加毛竹林土壤 WSON 含量。施加化肥显著增加 WSON 含量的原因可能是施入化学氮肥导致土壤中的碳氮比变化，从而加速了土壤有机氮的矿化速率，形成较多的小分子有机氮化合物。另外，施肥处理会影响植物根系分泌物的变化，也会对土壤 WSOC 和 WSON 含量造成显著影响。

有关温室气体排放与土壤理化性质之间的关系在国内外均有不少报道（李世朋和汪景宽，2003）。而对土壤中不同碳、氮形态的含量与 CO_2 和 N_2O 排放的关系还没有一致的结论。如赵光影等（2009）报道，小叶章湿地系统 CO_2 排放量与土壤活性有机碳含量呈显著正相关，陈涛等（2008）的研究结果也表明，不同施肥处理条件下水稻土有机碳矿化量与水溶性有机碳含量呈极显著正相关，而杜丽君等（2007）的研究结果表明，土壤 CO_2 排放量与 WSOC 含量之间没有显著的相关性。本研究结果表明，不同施肥处理下毛竹林土壤 CO_2 和 N_2O 排放速率分别与土壤 WSOC 和 WSON 含量呈显著的相关性（$P<0.05$）。这表明，毛竹林土壤中 WSOC 和 WSON 含量是影响土壤温室气体排放的重要因素之一。结合施肥对水溶性有机碳、氮的研究结果，可以认为施肥影响毛竹林土壤温室气体排放的原因可能是施肥影响土壤水溶性有机碳、氮。

12.2　施肥对雷竹林土壤活性有机碳的影响

12.2.1　研究方法

12.2.1.1　试验地自然条件

试验地设在浙江省临安市三口乡，参见第十一章 11.3.1.1。

12.2.1.2　试验设计

2002 年 5 月布置试验。按目前雷竹生产施肥习惯设置 6 个处理（表 12-2），三次重复，随机区组设计，小区面积为 120 m^2。考虑到雷竹重施肥的现实，本次不设立不施肥的空白对照。施肥时间分三次。即 5 月 12 日、9 月 22 日和 12 月 5 日，每次肥料用量占全年比例分别为 35%、30% 和 35%，地表增温覆盖时间为 12 月 10 日。在地表覆盖和第三次施肥前即 12 月 1 日，采集每小区 0～25 cm 土层土壤混合土样一个，分析土壤活性炭状况。

12.2.1.3　分析方法

土样采集后过 2 mm 钢筛，后分成两份，一份鲜样供土壤水溶性碳、微生物量碳和矿化态碳测定；另一份风干再处理后供土壤总有机碳含量和常规养分测定用。分析方法如下：土壤水溶性有机碳，蒸馏水 25℃ 恒温振荡浸提 30 min（水土比为 2：1），后 6000 r/min 离心 10 min，再用 0.45 μm 滤膜抽滤，滤液直接在岛津 TOC-VcpH 有机碳分析仪上测定。土壤微生物量碳，氯仿熏蒸浸提法，熏蒸后土壤用 0.5 mol·L^{-1} K$_2$SO$_4$ 浸提（水土比为 5：1），滤液也在有机碳分析仪上测定。矿化态碳，碱吸收法（Franzluebbers et al., 1995），吸收时间 5 d, 以每天的呼吸量为结果。土壤总有机碳，重铬酸钾外加热法，土壤养分含量常规法（中国土壤学会，1999）。

表 12-2　试验各处理肥料用量

处理号	全年施肥量 /（kg·hm^{-2}）				氮素用量相对值
	化肥			有机肥 **	
	N	P	K	（PM** 或 OC**）	
1	673	225	225	112 500（PM）	2.0
2	673	225	225	18 750（OC）	2.0
3	336.5	112.5	112.5	56 250（PM）	1.0
4	1346	450	450	0	2.0
5	1 009.5	337.5	337.5	0	1.5
6	673	225	225	0	1.0

注：* 猪栏粪成分为 H$_2$O 73.5%，C 14.2%，N 0.598%，P 0.091%，K0.52%；菜籽饼成分为 C44.08%，N 3.59%，P（P）1.05%，K 1.17%。

　　**PM= 猪栏粪，OC= 菜籽饼

12.2.2　结果与分析

12.2.2.1　不同施肥处理土壤有机碳含量的比较

图 12-4 显示，不同施肥措施下土壤总有机碳含量为处理 1> 处理 2> 处理 3> 处理 6> 处理 5> 处理 4。方差分析显示，各处理间有显著差异。通过多重比较（LSD）发现，处理 1、2 显著高于处理 3（$P<0.05$），极显著（$P<0.01$）高于处理 4、5、6，并且处理 3 也极显著高于处理 4、5、6，说明有机肥、化肥混施处理，土壤总有机碳含量均极显著高于单施化肥处理，两个氮素施用量水平相等的厩肥和菜籽饼处理间土壤的有机碳含量无显著差异。厩肥用量大的处理 1 又显著高于用量减半的处理 3。雷竹有机肥料施用量很大，因而有机肥施用处理土壤总有机碳增加量较大。单施化肥处理，随着化肥用量增加，土壤总有机碳含量虽无显著差异，但数值上有减少的趋势。

水溶性有机碳作为土壤微生物的底物，需要每年补充，而且它具有重要的环境意义（McGill et al., 1986；赵劲松等，2003），土壤水溶性有机碳的数量也是土壤生物化学性质的重要体现。从图 12-4 可以看到，有机肥、化肥混施的三个处理，土壤水溶性碳含量平均为 56.34 mg·kg^{-1}，是三个单施化肥处理的 1.65 倍，有极显著差异。施用了有机肥后，有机肥腐解过程放出了大量水溶性的有机化合物，因而水溶性碳就高，这与 Lundquist 等（1999）的研究类似。有机肥用量较多的处理 1、2 也显著高于施用量减半的处理 3，但氮素用量相当的猪栏粪和菜籽饼处理间，水溶性有机碳含量十分接近，说明水溶性有机碳含量与输入土壤有机物数量有关，而与有机物种类关系不大。从单施化肥的三个处理比较来看，化肥用量少的处理 6，水溶性碳含量显著高于用量加倍的处理 4。研究表明，随着氮肥用量的增加，土壤水溶性有机碳含量会逐渐减少（Liang et al., 1997）。从本试验看，化肥用量不宜超过处理 5 的水平（即纯 N 1009.5 kg·hm^{-2}·a^{-1}）。

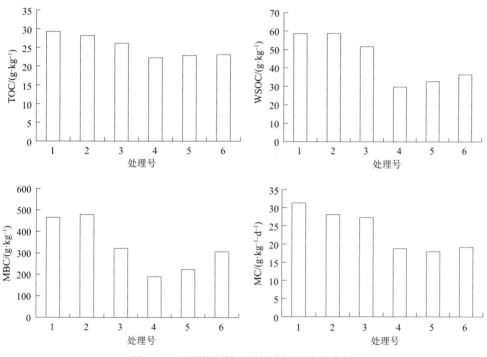

图 12-4　不同施肥处理土壤有机碳含量比较

　　作为土壤质量指标的土壤微生物量碳，被国内外学者进行了大量的研究（Powlson, 1987）。研究表明，土壤微生物量碳与土壤总有机碳量有着显著的正相关。施肥对土壤微生物量碳有较大影响，使用秸秆也会对土壤微生物量碳产生影响（宋日等，2002；李贵桐等，2003），施用有机肥料，土壤微生物量碳明显高于仅施用化肥的土壤。本试验也有类似结果（图 12-4），土壤微生物量碳（MBC）处理 1、2 极显著高于处理 3、6。氮肥用量不大的处理 6 和土壤微生物量与有机肥用量较少的处理 3 之间的土壤微生物量碳无显著差异。

　　但随着氮肥用量的增加，土壤微生物量下降明显，处理 5 和处理 4 分别仅为处理 6 的 72.8% 和 62.1%，其差异达显著水平。这里再一次说明，雷竹林化肥用量应控制在处理 5 水平以下。否则，会对土壤生物学性质产生严重不良影响。

图 12-4 显示，有机、无机肥混合施用的三个处理土壤矿化态碳（MC）均极显著高于三个单施化肥处理。不同有机肥用量、不同有机肥类型处理间矿化态碳无差异，不同氮肥用量处理间，土壤矿化态碳（MC）也不存在显著差异性。土壤矿化态碳也代表了土壤微生物呼吸，土壤微生物呼吸量又是土壤生物学活性的综合体现。本试验的结果说明，有机、无机肥混施极显著地增加了土壤呼吸，这主要是由于有机物料施入增加了微生物碳源，刺激了微生物生长，使微生物数量增加，从而总呼吸量增加，因而，有机肥施用使土壤生物活性大大增强。

与水溶性碳（WSOC）和微生物量碳不同的是，随着化肥用量的增加，土壤矿化态碳并未显著降低，即处理 4、5、6 之间无显著差异，且平均值十分接近，说明在本试验几个化肥施用水平下，随着用量增加，虽使土壤微生物数量下降，但微生物总呼吸能力未减弱。这也暗示着，在化肥用量较大的情况下，虽然微生物利用有机碳转化为生物量碳的过程相对减弱，但微生物可能会利用较多有机碳作为能源，以 CO_2 形式释放，因而，总的呼吸量没有减弱。

12.2.2.2 不同处理土壤活性炭占总有机碳百分率比较

活性炭占土壤总有机碳的百分率比活性炭的绝对含量更能体现土壤碳库的状况。由于土壤活性炭常与土壤总有机碳含量有较好相关性，因而采用活性炭占总有机碳百分率指标可以消除土壤总有机碳含量差异带来的对活性炭的影响。表 12-3 是各活性炭占土壤总有机碳百分率。

表 12-3　各活性炭占土壤总有机碳百分率（%）

处理号	WSOC/TOC	MBC/TOC	MC/TOC
1	0.200A	1.588A	0.107A
2	0.208A	1.697A	0.100A
3	0.197A	1.229B	0.104A
4	0.134B	0.853C	0.084B
5	0.143B	0.974C	0.078B
6	0.157B	1.322B	0.083B

注：同一列平均数后注有相同字母者为未达到新复极差测验 1% 显著水平，下同

从表 12-3 来看，与各活性炭绝对含量类似，水溶性有机碳和矿化态碳占总有机碳百分率，有机、无机肥混施处理极显著高于单施化肥各处理，但三个有机肥与化肥混施处理之间、三个不同用量单施化肥处理之间，这两种活性炭占总有

机碳的百分率均没有显著差异。微生物量碳占总有机碳百分率则是处理 1、2 极显著高于处理 3、6，而处理 3、6 又极显著高于处理 4、5。上述结果表明，有机肥混入后不仅可提高土壤水溶性碳和矿化态碳的绝对含量，而且可以极显著提高它们占总有机碳的百分率，有机肥、化肥混施处理土壤微生物量碳占总有机碳比例显著升高，并且随着有机肥用量增加，升高幅度加大，同样，随着化肥用量增加，这种百分率又显著下降。

12.2.2.3　土壤各活性炭之间及与土壤养分间的相关分析

对各类活性炭和养分含量进行了相关分析。结果表明（表 12-4），土壤总有机碳、水溶性有机碳、微生物量碳和矿化态碳两两之间均存在显著或极显著相关性，说明了不同类型的有机碳虽然在数量上不同，施肥对这些有机碳影响结果也存在一定差别，但它们均是表征土壤碳平衡和土壤生物学肥力的理想指标。

从表 12-4 还可以看到，土壤总有机碳和土壤全氮、碱解氮和有效磷也存在显著相关性。水溶性碳与土壤水解性氮存在显著相关性。微生物量碳则与土壤全氮、碱解氮存在显著相关性。矿化态碳与土壤全氮、碱解氮和有效磷的相关性也达显著或极显著水平。

表 12-4　土壤不同碳形态之间及与养分含量间的相关系数

	TOC	WSOC	MBC	MC	TN	HN	AP	AK
TOC	1	0.598**	0.473*	0.667**	0.789**	0.734**	0.470*	0.238
WSOC		1	0.522*	0.471*	0.315	0.548*	0.237	−0.015
MBC			1	0.701**	0.667**	0.490*	0.313	0.218
MC				1	0.519*	0.818**	0.495*	0.038

注：$r_{0.01}=0.590$，$r_{0.05}=0.468$；TN 为全氮；HN 为水解性氮；AP 为有效磷；AK 为速效钾
** 为 $P<0.01$；* 为 $P<0.05$

12.2.2.4　不同生物指标的变异系数

不同施肥 6 个处理各活性炭和总有机碳、总氮含量，以及各活性炭占总有机碳百分率的变异系数列于表 12-5。

表 12-5　不同生物肥力指标的变异系数

	TOC	WOSC	MBC	MC	TN	WSOC/TOC	MBC/TOC	MC/TOC
CV%	24.53	14.58	36.33	24.35	14.58	18.69	25.95	13.29

表 12-5 反映出，绝对含量指标中，变异系数从大到小依次为：MBC > TOC > MC > WSOC > TN，以土壤微生物量变异最大，说明了不同施肥对土壤微生物

量碳影响最明显。相对指标中 MBC/TOC > WSOC/TOC > MC/TOC，以土壤微生物量碳占土壤总有机碳百分率为最大。这个结果说明了土壤微生物量碳及其占土壤总有机碳的百分率是反映不同施肥方式对雷竹土壤碳库质量的理想指标。

12.2.3　小结

雷竹生产上不同施肥习惯对土壤碳库产生了深刻影响。单施化肥处理土壤 TOC、WSOC、MBC、MC 及 MBC/TOC、MC/TOC 均显著或极显著低于有机肥与化肥混施处理。以氮素为标准，两个氮素施用量相等的厩肥和菜籽饼处理之间，土壤 TOC 及各活性炭均不存在差异，说明不同有机物形态对土壤碳库影响不大，有机肥用量减少一半会使土壤 TOC、WSOC、MBC 和 MBC/TOC 分别降低 10.8%、12.0%、31.0% 和 22.6%，并且差异均达显著水平。单施化肥处理中，随着化肥用量增加，虽土壤 TOC、MC、WSOC/TOC、MC/TOC 没有显著变化，但土壤 WSOC、MBC 和 MBC /TOC 均显著下降，总体看，氮素用量超过 1009.5 kg·hm^{-2}·a^{-1} 将会使土壤 WSOC、MBC、MBC/TOC 明显降低。建议生产上控制在这个用量以下。

虽然不同施肥改变了土壤碳库状况，但相关分析发现，土壤 TOC、WSOC、MBC 和 MC 两两之间相关性均达显著或极显著水平，说明各类碳形态均可在某种程度上作为土壤质量指标。通过 6 个处理不同碳形态的变异系数分析发现，土壤 MBC 和 MBC/TOC 变异系数最大，因而 MBC 和 MBC/TOC 是反映施肥对雷竹土壤碳库质量影响结果的最佳指标。

12.3　提高竹林固碳能力的配比施肥技术

12.3.1　研究方法

12.3.1.1　研究概况

试验地设在浙江省临安市青山镇，参见第二章 2.1.1。

12.3.1.2　试验设计

2008 年 3 月，在试验地毛竹林中选择坡度和坡向基本一致的毛竹林地作为试验用林。施肥试验设三个因素，分别为施氮量、施磷量、施钾量，每个因素设三个水平（如表 12-6 所示），氮肥、磷肥、钾肥分别以尿素（含 N 46.5%）、过磷酸钙（含 P_2O_5 16%）、氯化钾（含 K_2O 57%）形式施入，试验采用正交设计 [采用 $L_9(3^4)$ 正交表]。

表 12-6　毛竹林施肥正交设计试验的因素水平

水平	因素		
	施氮量 A/（kg·hm^{-2}）	施磷量 B/（kg·hm^{-2}）	施钾量 C/（kg·hm^{-2}）
1	62.5（A1）	20（B1）	25（C1）
2	125（A2）	40（B2）	50（C2）
3	250（A3）	80（B3）	100（C3）

施肥处理于 5 月初布置，将肥料撒施入土壤并进行适度翻耕。另外，再布置三个不施肥的小区，作为对照。施肥处理后的每个月上旬选择一天，测定土壤呼吸速率，试验历时一年。在试验开始和结束前，测定毛竹林植株碳储量和土壤含碳量。根据毛竹植株碳储量、土壤碳储量的变化结合全年土壤呼吸释放碳量，来计算整个毛竹林生态系统年净固定 CO_2 的量，即毛竹林的碳汇能力大小。土壤通过呼吸把其微生物储存的碳素和土壤自身及枯落物分解放出的 CO_2 排入大气中，但根的碳素消耗（根呼吸）已经在计算毛竹植被净生长量时考虑了，因此，在计算土壤呼吸量时应该除去。根据研究，土壤呼吸放出的 CO_2（R_{SO}）的碳只有 60% 来自土壤有机物的分解，而 40% 来自根的新陈代谢。因此无根时土壤呼吸量（R_S）为：$R_S = 0.6 \times R_{SO}$。

12.3.1.3　测定方法

温室气体通量利用静态箱 - 气相色谱法测定。采样箱为组合式，即由底座、顶箱组成，均用 PVC 板做成（杜丽君等，2007）；面积为 30 cm×30 cm，高度为 30 cm。采集气体时，将采集箱插入底座凹槽（凹槽内径和深度均为 5 cm）中，用蒸馏水密封，分别于关箱后 0 min、10 min、20 min、30 min，用注射器抽样 60 mL，密封带回实验室，用改装后的 HP5890II 型气相色谱仪（装有氢焰离子化检测器和火焰离子化检测器）分析气样中 CO_2 和 N_2O 浓度（Wang and Wang, 2003）。

温室气体排放通量计算方法见式（12-1）。

土壤累积呼吸累积 CO_2 排放量的计算参见第十一章相关公式。

12.3.2　结果与分析

表 12-7 是不同施肥水平对毛竹林植被碳储量年净增量的影响，表 12-8 是不

同施肥水平对毛竹林土壤碳储量年净增量的影响，表 12-9 是不同施肥水平对毛竹
林土壤呼吸年排放总量的影响。

表 12-7　不同施肥水平对毛竹林植被碳储量年净增量的影响

处理	因素 / $(kg \cdot hm^{-2})$				植被碳储量净增量 / $(t\,C \cdot hm^{-2} \cdot a^{-1})$
	N	P_2O_5	K_2O	空列	
1	62.5	20	25	1	8.5
2	62.5	40	50	2	8.76
3	62.5	80	100	3	8.84
4	125	20	50	3	9.12
5	125	40	100	1	9.52
6	125	80	25	2	9.51
7	250	20	100	2	9.69
8	250	40	25	3	9.75
9	250	80	50	1	9.95

表 12-8　不同施肥水平对毛竹林土壤碳储量年净增量的影响

处理	因素 / $(kg \cdot hm^{-2})$				土壤碳储量净增量 / $(t\,C \cdot hm^{-2} \cdot a^{-1})$
	N	P_2O_5	K_2O	空列	
1	62.5	20	25	1	0.70
2	62.5	40	50	2	0.65
3	62.5	80	100	3	0.48
4	125	20	50	3	0.60
5	125	40	100	1	0.50
6	125	80	25	2	0.68
7	250	20	100	2	0.53
8	250	40	25	3	0.55
9	250	80	50	1	0.36

表 12-9　不同施肥水平对毛竹林土壤呼吸年排放总量的影响

处理	因素 / $(kg \cdot hm^{-2})$				土壤呼吸CO_2排放总量/$(t\,C \cdot hm^{-2} \cdot a^{-1})$
	N	P_2O_5	K_2O	空列	
1	62.5	20	25	1	11.05
2	62.5	40	50	2	11.20

续表

处理	因素 / (kg·hm⁻²)				土壤呼吸CO₂排放总量/(t C·hm⁻²·a⁻¹)
	N	P₂O₅	K₂O	空列	
3	62.5	80	100	3	10.88
4	125	20	50	3	11.22
5	125	40	100	1	11.32
6	125	80	25	2	11.85
7	250	20	100	2	11.97
8	250	40	25	3	12.32
9	250	80	50	1	12.43

根据上述结果，我们可以计算不同施肥水平条件下毛竹林年净固碳量，即毛竹林的碳汇能力，计算方法如下：

毛竹林年净固碳量 = 植被碳储量年净增量 + 土壤碳储量年净增量 − 土壤呼吸年排放总量 ×0.6

计算结果如表 12-10 所示。

表 12-10　不同施肥水平对毛竹林年净固碳量的影响

处理	因素 / (kg·hm⁻²)				毛竹林年净固碳量 / (t C·hm⁻²·a⁻¹)
	N	P₂O₅	K₂O	空列	
1	62.5	20	25	1	2.57
2	62.5	40	50	2	2.69
3	62.5	80	100	3	2.79
4	125	20	50	3	2.99
5	125	40	100	1	3.23
6	125	80	25	2	3.08
7	250	20	100	2	3.04
8	250	40	25	3	2.91
9	250	80	50	1	2.85

运用极差法对表 12-10 的数据进行分析表明：施氮量因素以 A2 为最佳，施磷量因素以 B2 为最佳，施钾量因素以 C3 为最佳。因此，毛竹林碳汇能力最大化的施肥方案为 A2B2C3。极差法的分析结果和我们的实际试验结果是非常一致的。如表 12-10 所示，在正交设计 9 个处理中，A2B2C3 条件下毛竹林的碳汇能力最大，达到 3.23 t C · hm⁻² · a⁻¹。如果以 CO₂ 计，则 A2B2C3 条件下毛竹林的碳汇能力为

11.84 t $CO_2 \cdot hm^{-2} \cdot a^{-1}$。不施肥处理的毛竹林的碳汇功能为 9.28 t $CO_2 \cdot hm^{-2} \cdot a^{-1}$，因此，合理的养分管理可以使毛竹林的碳汇能力提高 27.6%。

12.4 小　　结

通过研究得到提升毛竹林碳汇能力的配肥方案：施氮量为 125 kg N $\cdot hm^{-2}$、施磷量为 40 kg $P_2O_5 \cdot hm^{-2}$ 和施钾量为 100 kg $K_2O \cdot hm^{-2}$。和对照不施肥处理相比，上述配肥方案处理条件下可以使毛竹林的碳汇能力提高 27.6%。

主要参考文献

陈涛，郝晓晖，杜丽，林杉，冯明磊，胡荣桂，高璟贇. 2008. 长期施肥对水稻土土壤有机碳矿化的影响. 应用生态学报, 19 (7): 1494-1500.

杜丽君，金涛，阮雷雷，陈涛，胡荣桂. 2007. 鄂南 4 种典型土地利用方式红壤 CO_2 排放及其影响因素. 环境科学, 28(7): 1607-1613.

李贵桐，张宝贵，李保国. 2003. 添加不同养分培养下水稻土微生物呼吸和群落功能多样性变化. 应用生态学报, 14 (12): 2225-2228.

李世朋，汪景宽. 2003. 温室气体排放与土壤理化性质的关系研究进展. 沈阳农业大学学报, 34(2): 155-159.

盛卫星. 2009. 集约经营板栗林土壤水溶性有机氮、碳研究. 临安：浙江农林大学硕士学位论文.

宋日，吴春胜，牟金明，姜岩，郭继勋. 2002. 玉米根茬留田对土壤微生物量碳和酶活性动态变化特征的影响. 应用生态学报, 13(3): 303-306.

陶澍，曹军. 1996. 山地土壤表层水溶性有机质淋溶动力学模拟研究. 中国环境科学, 16: 410-411.

中国土壤学会. 1999. 土壤农业化学分析方法. 北京：中国农业出版社.

赵光影，刘景双，王洋，窦晶鑫. 2009. CO_2 浓度升高和氮输入影响下湿地生态系统 CO_2 排放研究. 农业现代化研究, 30 (2): 220-224.

赵劲松，张旭东，袁星，王晶. 2003. 土壤溶解性有机质的特性与环境意义. 应用生态学报, 14(1): 126-130.

周国模，姜培坤. 2004. 毛竹林的碳密度、碳贮量及其空间分布. 林业科学, 40 (6): 5-11.

Bowden R D, Davidson E, Savage K, Arabia C, Steudler P. 2004. Chronic nitrogen additions reduce total soil respiration and microbial respiration in temperate forest soils at the Harvard Forest.

Forest Ecology and Management, 196: 43-56.

Chen C R, Xu Z H. 2008. Analysis and behavior of soluble organic nitrogen in forest soils. Journal of Soils and Sediments, 8: 363-378.

Fernandes S A P, Bernoux M, Cerri C C, Feigl B J, Piccolo M C. 2002. Seasonal variation of soil chemical properties and CO_2 and CH_4 fluxes in unfertilized and P-fertilized pastures in an Ultisol of the Brazilian Amazon. Geoderma, 107: 227-241.

Franzluebbers A J, Hons F M, Zuberer D A. 1995. Soil organic carbon, microbial biomass, and mineralizable carbon and nitrogen in sorghum. Soil Science Society of America Journal, 59: 460-466.

Jandl R, Lindner M, Vesterdal L, Bauwens B, Baritz R, Hagedorn F, Johnson D W, Minkkinen K, Byrne K A. 2007. How strongly can forest management influence soil carbon sequestration? Geoderma, 137: 253-268.

Liang B C, MacKenzie A F, Schnitzer M, Monreal C M, Voroney P R, Beyaert R P. 1997. Management-induced change in labile soil organic matter under continuous corn in eastern Canadian soils. Biology and Fertility of Soils, 26: 88-94.

Lundquist E J, Jackson L E, Scow K M. 1999. Wet–dry cycles affect dissolved organic carbon in two California agricultural soils. Soil Biology and Biochemistry, 31: 1031-1038.

McDowell W H, Currie W S, Aber J D, Yang Y. 1998. Effects of chronic nitrogen amendments on production of dissolved organic carbon and nitrogen in forest soils. Water Air and Soil Pollution, 105: 175-182.

McGill W B, Cannon K R, Robertson J A, Cook F D. 1986. Dynamics of soil microbial biomass and water-soluble organic C in Breton L after 50 years of cropping to two rotations. Canadian Journal of Soil Science, 66: 1-19.

Olsson P, Linder S, Giesler R, Högberg P. 2005. Fertilization of boreal forest reduces both autotrophic and heterotrophic soil respiration. Global Change Biology, 11: 1745-1753.

Peng Y Y, Thomas S C, Tian D L. 2008. Forest management and soil respiration: implications for carbon sequestration. Environmental Reviews, 16: 93-111.

Powlson D S, Prookes P C, Christensen B T. 1987. Measurement of soil microbial biomass provides an early indication of changes in total soil organic matter due to straw incorporation. Soil Biology and Biochemistry, 19: 159-164.

Priess J A, Fölster H. 2001. Microbial properties and soil respiration in submontane forests of Venezuelian Guyana: characteristics and response to fertilizer treatments. Soil Biology and Biochemistry, 33: 503-509.

Vose J M, Elliott K J, Johnson D W, Tingey D T, Johnson M G. 1997. Soil respiration response to three years of elevated CO_2 and N fertilization in ponderosa pine (*Pinus ponderosa* Doug. ex Laws.).

Plant and Soil, 190: 19-28.

Wang Y S, Wang Y H. 2003. Quick measurement of CH_4, CO_2 and N_2O emissions from a short-plant ecosystem. Advances in Atmospheric Sciences, 20: 842-844.

Zsolnay A, Steindl H. 1991. Geovariability and biodegradability of the water-extractable organic material in an agricultural soil. Soil Biology and Biochemistry, 23: 1077-1082.

第十三章
增强毛竹林碳汇功能的结构调控与优化技术

提高毛竹林产量及固碳量一直是研究的焦点，并已提出了毛竹林高产的一系列措施（聂道平等，1995；郑郁善和洪伟，1998；顾小平等，2004）。但对提高毛竹林产量及固碳量的潜在途径，即毛竹林结构的研究尚属少见。合理的毛竹林分结构是充分提升毛竹林产量及碳汇功能的基础（张建国等，2004），一方面，通过调整毛竹林的年龄结构、林分平均胸径和立竹度等非空间结构因子，可提高毛竹林固碳功能；另一方面，调整毛竹个体之间的相互关系（包括毛竹空间分布格局、竞争和年龄隔离度等），即空间结构，也是提高毛竹林产量的潜在途径，因为空间结构是森林生长过程的驱动因子，对森林未来的发展具有决定性作用。

毛竹林生态系统在未遭受严重干扰的情况下，都具有特定的林分结构规律（孟宪宇和佘光辉，2004），但近年由于片面追求经济效益，许多天然粗放经营的毛竹林转变为集约经营状态（徐秋芳等，2003），在很大程度上破坏了毛竹林分固有的结构规律，从而严重影响毛竹林的可持续经营与毛竹林生态效益的充分发挥（陈双林等，2004）。因此，毛竹林分结构的研究对提高毛竹林产量及碳汇功能具有非常重要的理论与实践意义。

本章将以毛竹林最大固碳为目标，对其林分结构进行优化调整，其目的是：①揭示毛竹林的固碳潜力；②提出一种以发掘固碳潜力为目标的毛竹林分结构经营模式，进而为最大限度地发挥毛竹林固碳功能提供理论依据；③探讨毛竹林分非空间结构各指标有机组合的内在规律，为分析毛竹林分的稳定性、发展的可能性奠定基础；④选择聚集指数、年龄隔离度、竞争指数和目标竹的最近邻竹株数等4个空间结构指数，并运用主成分分析，分析近自然毛竹林的空间结构与生物量的关系，旨在揭示毛竹林高产的空间结构特征，为调控毛竹林空间结构，达到提高毛竹林生物量的经营目的提供依据。

13.1 基于非空间结构的固碳潜力模型构建及其优化

13.1.1 毛竹固碳潜力模型构建

13.1.1.1 毛竹林分特征分析

与其他植物不同，毛竹具有以下独特特征：①毛竹的胸径生长与高生长在第一年内完成；②毛竹林多有隔年出笋成竹，即大小年习性，因此，毛竹林分年龄结构按两年划分一个龄级；③对单株毛竹而言，当胸径生长与高生长完成后，胸径与竹高不再发生变化，但其生物量还在变化，生物量的这种变化主要是由年龄引起的；④毛竹林是一种异龄林，故除胸径外，年龄也是其林分结构的重要特征；⑤毛竹林分密度是影响毛竹林生长的重要因子之一，在植株各年龄、各胸径阶段都制约着林分地上和地下部分的生长，造成植株间对资源的竞争或相互干扰，且林分密度控制又是营林措施中一个有效的手段，因此林分密度的调整对毛竹林分的固碳量影响很大。

基于毛竹林分特征，选择林分密度、林分年龄和林分胸径作为影响毛竹林分碳储量的基础指标。在本章中，用林分平均胸径表示毛竹林分胸径，考虑到平均年龄不能准确描述毛竹林分年龄，故用林分中各龄级所占比例来表示毛竹林分年龄。

13.1.1.2 毛竹林分（样地）生物量

毛竹单株生物量模型在本书第七章已交代，如式（13-1）所示。如前所述，该模型是根据常用生物量模型与毛竹的生长规律，结合浙江省毛竹生物量调查数据建立的，模型的相关指数 R^2=0.937，在 0.05 置信水平下的预估精度为 96.43%，总系统误差为 –0.021%，符合生物量估算精度要求。

$$M = 747.787D^{2.771}\left(\frac{0.1484A}{0.028+A}\right)^{5.555} + 3.772 \qquad (13\text{-}1)$$

式中，M 为单株毛竹生物量(kg)，A 为单株毛竹年龄(度)，D 为单株毛竹胸径(cm)。在计算单株毛竹生物量的基础上，通过累加样地中所有毛竹的生物量即可得毛竹林分生物量。

13.1.1.3　毛竹林分胸径的确定

毛竹林分胸径可用下式计算：

$$D_g = \sqrt{\frac{1}{N}\sum_{i=1}^{N} d_i^2} \qquad （13\text{-}2）$$

式中，N 为林分中毛竹总株数，d_i 为第 i 株毛竹的胸径，D_g 为毛竹林分平均胸径。

13.1.1.4　毛竹林分生物量模型

令 λ 为 4 度及以上度竹的度数，a_0、a_1、a_2、a_3、a_4、a_5 为参数，x_1、x_2、x_3、x_4 分别为 1 度竹、2 度竹、3 度竹、4 度及以上度竹所占毛竹样地总株数的百分比，则由式（13-1）推导得毛竹林分（样地）生物量模型为

$$M_{\text{Total}} = \left[a_0 D_g^{a_1}\left(\frac{a_2}{a_3+1}\right)^{a_4} + a_5\right]x_1 N + \left[a_0 D_g^{a_1}\left(\frac{2a_2}{a_3+2}\right)^{a_4} + a_5\right]x_2 N +$$

$$\left[a_0 D_g^{a_1}\left(\frac{3a_2}{a_3+3}\right)^{a_4} + a_5\right]x_3 N + \left[a_0 D_g^{a_1}\left(\frac{\lambda a_2}{a_3+\lambda}\right)^{a_4} + a_5\right]x_4 N \qquad （13\text{-}3）$$

$$\Rightarrow M_{\text{Total}} = (c_1 x_1 + c_2 x_2 + c_3 x_3 + c_4 x_4)D_g^{c_5} N + N a_5$$

式中，M_{Total} 为毛竹林分（样地）生物量，c_1、c_2、c_3、c_4、c_5 均为参数。

由于毛竹单株生物量也是经验模型，现对式（13-3）进行改进得式（13-4）：

$$M_{\text{Total}} = (c_1 x_1 + c_2 x_2 + c_3 x_3 + c_4 x_4)D_g^{c_5} N^{c_6} \qquad （13\text{-}4）$$

式中，c_1、c_2、c_3、c_4 为 $\geqslant 0$ 的参数，c_5、c_6 为 > 1 的参数，D_g 为样地平均胸径，N 为毛竹样地立竹度，x_1、x_2、x_3、x_4 分别为 1 度竹、2 度竹、3 度竹、4 度及以上度竹所占毛竹样地总株数的百分比。经检验其拟合精度（$R^2=0.994$）高于式（13-3）（$R^2=0.988$）。式（13-4）的生物学意义如下。

（1）$c_1 x_1 + c_2 x_2 + c_3 x_3 + c_4 x_4$、$D_g$、$N$ 是影响毛竹林分生物量的三个基本因素，分别表示毛竹林分的年龄、林分平均胸径、林分立竹度，且式（13-4）所示结构与常用生物量模型也相匹配（曾慧卿等，2007；唐守正等，2006）。

（2）在毛竹林分中存在挖笋、采伐、自然死亡等现象，这样就会使毛竹林分生物量，林分 x_1、x_2、x_3、x_4，林分平均胸径 D_g 与株数 N 发生改变，而式（13-4）所示结构能反映毛竹林分的相互变化关系。

（3）$c_1 x_1 + c_2 x_2 + c_3 x_3 + c_4 x_4$ 反映了毛竹林分是异龄林。

（4）当 c_1、c_2、c_3、c_4 中的其中一个为零或其中两个为零时表明毛竹林分中

没有零参数所对应度数的毛竹。

（5）毛竹林具有碳积累速度与生长速度快的特点（刘恩斌等，2009），而 D_g 与 N 的幂 c_5、c_6 能反映毛竹林的这一特点。

（6）由于 D_g 与 N 对毛竹林分生物量的影响比 x_1、x_2、x_3、x_4 大，因此模型中的 c_5、$c_6 > 1$，而 x_1、x_2、x_3、x_4 的幂为1。

13.1.1.5　约束条件的建立

1）年龄约束的建立

毛竹林分的年龄具有如下特点：①毛竹林是异龄林；②高龄级的毛竹是由低龄级毛竹随时间的推移而演变产生的，故在实际毛竹林分中低龄级毛竹的株数比高龄级的要多；③从生物量的角度来考虑，对某一毛竹林分而言，林分的年龄越大其吸收固定 CO_2 的量就越多。综合考虑这三方面的因素，即可建立毛竹林分年龄的约束条件，见式（13-7）。

2）胸径、株数约束条件的建立

要建立毛竹株数、胸径的约束条件，就得建立株数、胸径之间的对应关系，据研究，异龄林株数按径级的分布可用负指数分布表示（Meyer, 1952；汤孟平等，2004），其公式为

$$N = ke^{-aD_g} \qquad (13-5)$$

为了使其适应范围更广，现对模型加以改进，改进后的模型为

$$N = ke^{-aD_g} + b \qquad (13-6)$$

式中，k、a、b 为参数，N 为毛竹林分立竹度，D_g 为毛竹林分平均胸径。

13.1.1.6　毛竹固碳潜力模型

结合前面的分析，可得基于林分非空间结构的毛竹固碳潜力模型为

$$\max \quad M_{\text{Total}} = (c_1 x_1 + c_2 x_2 + c_3 x_3 + c_4 x_4) D_g^{c_5} N^{c_6}$$

$$\text{s.t} \begin{cases} x_1 + x_2 + x_3 + x_4 = 1 \\ N = k\mathrm{e}^{-aD_g} + b \\ x_1 \geqslant x_2 \\ x_2 \geqslant x_3 \\ x_3 \geqslant x_4 \\ x_4 \geqslant x_3 \\ x_3 \geqslant x_2 \\ x_2 \geqslant x_1 \\ x_1, x_2, x_3, x_4 > 0 \\ 5 \leqslant D_g \leqslant 15 \\ N > 0 \end{cases} \tag{13-7}$$

式中，c_1，c_2，c_3，$c_4 \geqslant 0$ 的参数，c_5，$c_6 > 1$ 的参数，x_1、x_2、x_3、x_4 分别为 1 度竹、2 度竹、3 度竹、4 度及以上度竹所占毛竹样地总株数的百分比，其余参数含义与式（13-6）相同。

13.1.2 模型优化方法

从毛竹林分生物量模型结构及其约束条件可以得出：以基于林分非空间结构的毛竹固碳潜力模型的优化可分为两个部分，其中第一部分为

$$\max \ M_1 = c_1 x_1 + c_2 x_2 + c_3 x_3 + c_4 x_4$$

$$\begin{cases} x_1 + x_2 + x_3 + x_4 = 1 \\ x_1 \geqslant x_2 \\ x_2 \geqslant x_3 \\ x_3 \geqslant x_4 \\ x_4 \geqslant x_3 \\ x_3 \geqslant x_2 \\ x_2 \geqslant x_1 \\ x_1, x_2, x_3, x_4 > 0 \end{cases} \tag{13-8}$$

第二部分为

$$\max \ M_2 = D_g^{c_5} N^{c_6}$$

$$\begin{cases} N = ke^{-aD_g} + b \\ 5 \leqslant D_g \leqslant 15 \\ N > 0 \end{cases} \qquad (13\text{-}9)$$

采用 Matlab 提供的 Linprog 函数可对第一部分进行优化求解,具体优化过程按 Linprog 函数语法规则进行。根据函数极值求解原理,应用 Matlab 提供的 Solve 函数可对第二部分进行优化求解,具体优化步骤如下。

(1)把 $N = ke^{-aD_g} + b$ 代入 M_2 的表达式中。

(2)$\dfrac{\mathrm{d}M_2}{\mathrm{d}D_g} = (akD_g - k)\exp(-aD_g) - b = 0$。

(3)用 Solve 函数求方程 $(akD_g - k)\exp(-aD_g) - b = 0$ 的根。

(4)把求得的根代入 $N = ke^{-aD_g} + b$,可得 N 的值。

(5)由 $M_2 = D_g^{c_5} N^{c_6}$ 可得 M_2 的最大值。

13.1.3　数据来源

13.1.3.1　全省毛竹连续清查样地

浙江省于1979年建立了森林资源连续清查体系,以5年为一个复查周期。共设置固定样地4250个,样点格网为 4 km×6 km,样地形状为正方形,边长28.28 m,面积800 m²,本研究利用2004年的调查数据,选择基本为毛竹纯林的样地245个,每个毛竹样地毛竹胸径为5～15 cm,年龄为1～4度以上,毛竹株数为18～416株不等。样地内5 cm以上的竹子均要调查记载,调查内容主要有量测胸径,测定年龄(1年生竹记为1度竹;2～3年生竹记为2度竹,以此类推)。

13.1.3.2　典型毛竹调查样地

由于本章研究的目标是毛竹的固碳潜力,考虑到全省毛竹连续清查样地中包含的毛竹林分结构不够全面,故在临安市与安吉县选择了150个毛竹典型调查样地,其大小、调查方法与毛竹连续清查样地完全一致。

13.1.4　结果与分析

13.1.4.1　模型拟合与优化结果

用200个全省毛竹连续清查样地与100个毛竹典型调查样地经 SPSS 软件拟

合式（13-4）所示模型。最后 5 次迭代得到的模型参数见表 13-1。

表 13-1　最后 5 次迭代过程

离差平方和	参数					
	c_1	c_2	c_3	c_4	c_5	c_6
2 311 807.310 8	0.240 4	0.252 0	0.240 2	0.251 1	1.703 6	1.016 5
2 311 807.310 8	0.240 4	0.252 0	0.240 2	0.251 1	1.703 6	1.016 5
2 305 149.113 6	0.240 4	0.252 5	0.240 2	0.251 7	1.703 6	1.016 5
2 305 149.113 6	0.240 4	0.252 5	0.240 2	0.251 7	1.703 6	1.016 5
2 305 149.091 6	0.240 4	0.252 5	0.240 2	0.251 7	1.703 6	1.016 5

$(c_1, c_2, c_3, c_4, c_5, c_6)$ =（0.2404, 0.2525, 0.2405, 0.2517, 1.7044, 1.0165），此时 R^2=0.994，再以 45 个全省毛竹连续清查样地与 50 个毛竹典型调查样地对该模型进行检验，此时 R^2=0.981，说明毛竹林分生物量模型的拟合精度与检验精度都非常高。

用 395 个毛竹样地经 SPSS 软件拟合式（13-6）参数，为 (k, a, b)=（1173.8391，0.0395，−376.953），此时 R^2=0.9587。

由 Matlab 提供的 Linprog 函数对第一部分进行优化知，当 $x_1 = x_2 = x_3 = x_4 = 0.25$ 时，目标函数值 M_1 达到最大，其值为 0.2463。应用 Matlab 提供的 Solve 函数对第二部分进行优化得，当 N=349，D_g=12.1691 时，目标函数值 M_2 达到最大，其值为 27 198.252 5 kg。

因此当 $x_1 = x_2 = x_3 = x_4 = 0.25$，$N$=349，$D_g$=12.1691 时，$M_{Total}$ 达到最大，其值为 6698.9296 kg。

13.1.4.2　结果分析

1）毛竹林分结构现状分析

将 245 个毛竹样地的胸径、年龄数据合并，并计算浙江省某径阶、某龄级的毛竹概率，再应用二元最大熵函数测量全省毛竹胸径、年龄信息，结果表明测量精度很高（回归离差平方和 9.976 77×10^{-5}，R^2=0.996）。省域尺度毛竹胸径、年龄二元概率密度见第七章。

由图 7-8 可以看出：①年龄为 1 度的毛竹在 9 径阶附近株数最多，年龄为 2 度的毛竹在 8 径阶附近株数最多，年龄为 3 度的毛竹在 8 径阶附近株数最多，年龄为 4 度及以上的毛竹在 9 径阶附近株数最多；②年龄为 1～2 度、胸径为 8～9 cm 的毛竹株数最多，随着年龄、胸径的增大毛竹株数在逐渐地减少；③对于同一径阶的毛竹，其株数的变化趋势是先增后减。

对上述 395 个毛竹样地进行统计得，浙江省毛竹林分（样地）平均胸径为 8.6713 cm、林分平均株数为 194、林分（样地）平均生物量为 2063.0408 kg。

2）浙江毛竹林分固碳潜力分析

为了说明毛竹样地生物量与 D_g、N 的关系，这里只分析在年龄约束条件下的毛竹林分固碳潜力。

当 $x_1=x_2=x_3=x_4=0.25$，$(c_1, c_2, c_3, c_4, c_5, c_6) = (0.2404, 0.2525, 0.2405, 0.2517, 1.7044, 1.0165)$ 时，作函数 $M_{Total} = (c_1 x_1 + c_2 x_2 + c_3 x_3 + c_4 x_4) D_g^{c_5} N^{c_6}$ 的图，如图 13-1 所示。

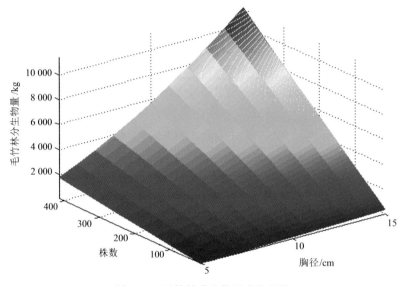

图 13-1　毛竹林分生物量变化趋势

从图 13-1 可以看出：①毛竹林分生物量随着林分平均胸径的增大与样地株数的增加迅速地增加；②林分平均胸径对毛竹林分生物量的影响比样地株数要小；③林分平均胸径大的曲线斜率比林分平均胸径小的曲线斜率要大，株数大的曲线斜率比株数小的曲线斜率要大。但由于各种条件的限制，在实际中可能并不存在如图 13-1 所示毛竹林分生物量的最大值。

3）提高毛竹林分固碳量的措施

毛竹林分（样地）平均生物量为 2063.0408 kg，而毛竹林分（样地）的最大生物量可达 6698.9296 kg。这说明毛竹现有固碳量只是潜在固碳量的 1/3，同时也说明浙江毛竹的固碳潜力巨大。那么通过什么非结构参数调控措施能提高毛竹林分的固碳量呢？由上面的计算结果可知，当 $x_1=x_2=x_3=x_4=0.25$，$N=349$，$D_g=12.1691$ 时，毛竹林分的固碳量达到最大，结合毛竹林分结构现状，要使毛竹林分固碳量达到最大，可采取如下经营措施。

（1）不挖笋不采伐、增加毛竹株数是毛竹林初始的经营模式，但当样地中毛竹株数超过349时，应采用挖笋与择伐等手段减少毛竹株数，以增大毛竹林分平均胸径。

（2）从c_5、c_6参数值及图13-1可看出，林分株数对毛竹林分固碳的影响最大，林分平均胸径次之，从c_0、c_1、c_2、c_3参数值及第一部分的优化结果可以看出，各度竹所占比例的大小对毛竹林分固碳的影响最小，因此要使毛竹林固碳量达到最大，首先要保证林分中有一定数量的毛竹，故不管毛竹的年龄度数如何，林分中胸径大的毛竹不应被挖掉或伐掉。

（3）在实际毛竹林分中，1度竹的株数最多，从各度竹株数所占比例相等可知，挖笋是减少毛竹林分株数的最主要手段，且地径较小的笋是选择的主要对象。

（4）龄级较小、胸径较小的毛竹是择伐的主要对象。

13.1.5 非空间结构部分结论与讨论

13.1.5.1 结论

（1）构建了高精度且具有生物学意义的毛竹林分生物量模型。

（2）当$x_1=x_2=x_3=x_4=0.25$，$N=349$，$D_g=12.1691$时，毛竹林分的固碳量达到最大，其值为6698.9296 kg。

（3）根据优化结果，在毛竹现有林分结构的基础上，提出了增加毛竹林分固碳量的一些可行措施。

13.1.5.2 讨论

对毛竹林分固碳潜力做了分析，并以毛竹最大固碳量为目标对其林分非空间结构做了调整，但由于国外不同学者估算森林固碳潜力时考虑的条件和限制不同，估算结果差异很大。因此，本研究对毛竹固碳潜力估算也存在一定的不确定性。

（1）所用资料的限制。在对基于林分非空间结构的毛竹固碳潜力模型进行优化时，主要根据森林资源清查资料和临安、安吉的典型调查资料。但由于所用资料不能够涵盖全省所有毛竹林分的立地状况，这样就降低了回归关系式的使用效果，从而使固碳潜力估算与林分结构调整结果在某些地区偏差较大。

（2）与采用的模型及约束条件有关。采用不同的模型，所设置的约束条件不同可能会得出不同的结果。

13.2 毛竹林空间结构与生物量碳储量的关系

13.2.1 研究区域

研究区设置在浙江省天目山国家级自然保护区内。保护区地处中亚热带北缘向北亚热带过渡的地带，受海洋暖湿气候影响，温暖湿润，雨量充沛，森林植被十分茂盛。植被分布有明显的垂直界限，自山麓到山顶垂直带谱为：海拔 870 m以下为常绿阔叶林；870 ～ 1100 m 为常绿、落叶阔叶混交林；1100 ～ 1380 m 为落叶阔叶林；1380 ～ 1500 m 为落叶矮林（汤孟平等，2007）。近自然毛竹林作为一种特殊的植被类型镶嵌于其他森林类型之间，多分布在海拔 350 ～ 900 m，其林下植被稀少，主要植物有豹皮樟（*Litsea coreana* var. *sinensis*）、连蕊茶（*Camellia fraterna*）、细叶青冈（*Cyclobalanopsis myrsinaefolia*）、微毛柃（*Eurya hebeclados*）和短尾柯（*Lithocarpus brevicaudatus*）等。

13.2.2 研究方法

13.2.2.1 固定标准地调查

在浙江省天目山国家级自然保护区内，选择典型的近自然毛竹林，设置100 m×100 m 的固定标准地，固定标准地的中心海拔 840 m，主坡向为南偏东30°。采用相邻网格调查方法，把固定标准地划分为 100 个 10 m ×10 m 的调查单元(图 13-2)。在每个调查单元内，对胸径(DBH) ≥ 5c m 的毛竹进行每木调查。用南方全站仪 NTS355 测定每株毛竹基部三维坐标 (*X, Y, Z*)，同时测定毛竹胸径、竹高、枝下高、冠幅、年龄、生长状态等因子。

13.2.2.2 空间结构单元及其边缘校正

空间结构单元是森林空间结构分析的基本单位，它由目标竹和最近邻竹组成。目标竹是标准地内任意一株毛竹。基于 GIS 的 Voronoi 图分析功能，以目标竹为中心的 Voronoi 多边形的相邻 Voronoi 多边形内的毛竹是最近邻竹。根据Voronoi 图的特点，每个 Voronoi 多边形内仅包含一株毛竹。目标竹的最近邻竹株数与相邻 Voronoi 多边形的个数相等（图 13-2）。

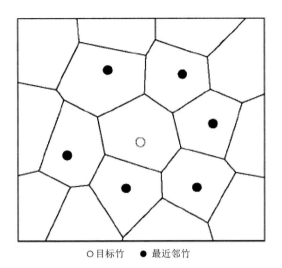

○目标竹　● 最近邻竹

图 13-2　基于 Voronoi 图的空间结构单元

　　计算空间结构指数时，处在固定标准地边缘的目标竹，其最近邻竹可能位于固定标准地之外。为消除边缘的影响，必须进行边缘矫正。采用缓冲区方法进行边缘矫正，即由固定标准地的每条边向固定标准地内部水平距离 10 m 的范围作为缓冲区。在固定标准地中，除缓冲区外的其余部分称为矫正标准地，矫正标准地大小为 80 m×80 m。计算空间结构指数时，矫正标准地内的全部毛竹是目标竹。

13.2.2.3　空间结构指数

　　聚集指数是 Clark 和 Evans（1954）提出的检验种群空间分布格局的常用指数。方法是计算目标个体平均最近邻体距离与随机分布格局下平均最近邻体距离之比。目标竹的聚集指数计算公式为

$$R_i = 2r_i / \sqrt{F/N} \qquad (13\text{-}10)$$

式中，R_i 为第 i 目标竹的聚集指数；r_i 为第 i 目标竹到其最近邻竹的距离；F 为矫正标准地的面积；N 为矫正标准地内目标竹的总株数。空间分布格局判别规则：$R_i>1$，呈均匀分布；$R_i<1$，呈聚集分布；$R_i=1$，呈随机分布。

　　采用 Hegyi（1974）竞争指数计算各目标竹的竞争指数，计算公式为

$$I_i = \sum_{j=1}^{n_i} d_j / \left(d_i L_{ij} \right) \qquad (13\text{-}11)$$

式中，I_i 为目标竹 i 的竞争指数；L_{ij} 为目标竹 i 与竞争竹 j 之间的距离；d_i 为目标

竹 i 的胸径；d_j 为目标竹 j 的胸径；n_i 为目标竹 i 所在空间结构单元的竞争竹株数。

为描述森林群落中树种空间隔离程度，Gadow 和 Fueldner（1992）提出混交度的概念。混交度被定义为目标树的最近邻木中，与目标树不同种的个体所占的比例。但毛竹与乔木树种是生物学特性不同的植物，混交度并不能直接应用于研究毛竹林的物种隔离程度。然而，毛竹林的年龄结构是其重要结构之一（郑郁善和洪伟，1998），把不同年龄视为不同种，则混交度可用于描述毛竹林的年龄隔离程度，简称年龄隔离度。目标竹的年龄隔离度计算公式为

$$M_i = \sum_{j=1}^{n_i} v_{ij} / n_i \qquad (13\text{-}12)$$

式中，M_i 为目标竹 i 的年龄隔离度，$0 \leqslant M_i \leqslant 1$，；$v_{ij}$ 为离散变量，当目标竹 i 与第 j 株最近邻竹异龄时，$v_{ij}=1$，反之，$v_{ij}=0$。

13.2.2.4　毛竹林生物量

毛竹林生物量不仅是反映林地生产力的指标，也是度量生态功能如碳储量的重要因子。毛竹林生物量可以通过单株毛竹生物量来推算。单株毛竹生物量计算公式参见第七章。

由于第七章该单株生物量公式没有考虑单株毛竹占地面积，因此不能充分反映林地生产力，计算结果不便于分析毛竹生物量与空间结构的关系。为此，利用 GIS 的 Voronoi 图分析功能，获取每株目标竹的竞争生存面积，即目标竹所在 Voronoi 多边形面积（Brown，1965），再结合该式，用下式计算单位面积生物量：

$$Y_i = 10 \times \left\{ 747.787 d_i^{2.771} \left[0.148 A_i / (0.028 + A_i) \right]^{5.555} + 3.772 \right\} / F_i \qquad (13\text{-}13)$$

式中，Y_i 为第 i 株目标竹的单位面积生物量（t·hm^{-2}）；d_i 为第 i 株目标竹的胸径（cm）；A_i 为第 i 株目标竹的年龄（度）；F_i 为第 i 株目标竹所在 Voronoi 多边形面积（m^2）。

13.2.2.5　主成分分析

用主成分分析方法可以确定影响毛竹林生长和生物量的主要空间结构指数。分析方法与步骤如下：首先，对空间结构指数进行标准化；其次，用标准化的空间结构指数进行主成分分析，求出相关系数矩阵的特征值、特征向量和各主成分；最后，对各个主成分进行解释，并对空间结构因子重要性进行排序。主成分分析的具体计算与分析方法参见有关文献（唐守正，1989；高惠璇，2006；张文辉等，2008；王小红等，2009）。

13.2.3　结果与分析

13.2.3.1　目标竹的最近邻竹株数与生物量的关系

在目标竹周围的毛竹中，最近邻竹对目标竹的生长有最直接的影响。基于Voronoi图可以确定每目标竹的最近邻竹株数。结果表明，目标竹的最近邻竹株数为3～11，有9种可能取值，多数为5～7株，平均6株（图13-3）。这个结果与天目山常绿阔叶林混交度的研究结果基本一致（汤孟平等，2009），说明不同类型的森林也存在相似的空间结构特征。

最近邻竹株数与毛竹林生物量存在较高的相关性。根据每株目标竹的最近邻竹株数与单位面积生物量绘制散点图（图13-4）。可以看出，随着最近邻竹株数的增加，毛竹林单位面积生物量降低。单位面积生物量可分为3级：I级为高产，单位面积生物量>1200 t·hm^{-2}；II级为中产，600 t·hm^{-2}＜单位面积生物量≤1200 t·hm^{-2}；III级为低产，单位面积生物量≤600 t·hm^{-2}。目标竹最近邻竹株数为3或4时，出现I级高产的可能性最大。目标竹的最近邻竹株数为5～7时，单位面积生物量基本不超过II级中产水平。当目标竹的最近邻竹株数≥8时，则完全属于III级低产水平。值得注意的是，当最近邻竹株数为4时，单位面积生物量最有可能达到高产水平。因此，在毛竹林经营中，每株毛竹周围保持4株最近邻竹，最有可能获得较高生物量。但当前毛竹林的平均最近邻竹株数是6株，说明通过空间结构调控，提高生产力的潜力较大。

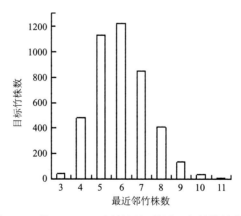

图 13-3　基于 Voronoi 图的目标竹最近邻竹株数分布

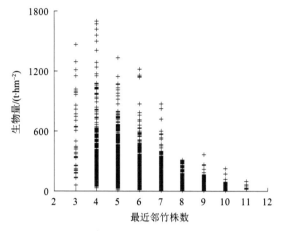

图 13-4　最近邻竹株数与毛竹林生物量的关系

13.2.3.2　竞争指数与生物量的关系

竞争指数反映最近邻竹对目标竹生长产生的竞争压力。根据每株目标竹的竞争指数与单位面积生物量绘制散点图（图 13-5）。可见，随着竞争指数的增加，单位面积生物量总体上呈下降趋势，生物量达到高产（Ⅰ级）水平的竞争指数为 8～20。表明，目标竹处于较高竞争压力下，难以实现高产。相反，过低的竞争压力（竞争指数 <5），也不会达到高产。因此，毛竹林应当维持在适当低强度竞争状态，才有可能提高生物量。

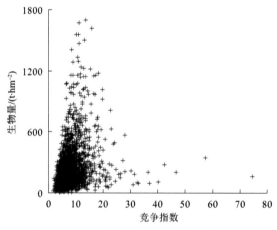

图 13-5　竞争指数与毛竹林生物量的关系

13.2.3.3　年龄隔离度与生物量的关系

年龄隔离度可以描述相邻毛竹的年龄差异及其与生物量的关系。根据每株目标竹的年龄隔离度与单位面积生物量绘制散点图（图 13-6）。可见，随着年龄隔离度的增加，单位面积生物量总体上有增加趋势，但不是绝对的。年龄隔离度 0.5 是一个明显的分界点，生物量达到高产（Ⅰ级）水平的年龄隔离度均 ≥ 0.5。由于相邻同龄毛竹对有限的水分、养分和生长空间等资源存在相似的需求，导致单位面积生物量降低。因此，较高的年龄隔离度有利于提高毛竹林生物量。

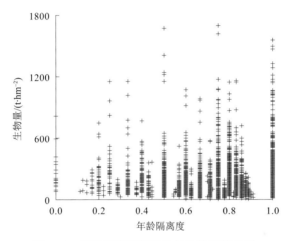

图 13-6　年龄隔离度与毛竹林生物量的关系

13.2.3.4　聚集指数与生物量的关系

聚集指数可以反映相邻毛竹的空间聚集程度。根据每株目标竹的聚集指数与单位面积生物量绘制散点图（图 13-7）。计算林分平均聚集指数为 0.9374<1，说明毛竹林总体上呈聚集分布，这一结果与黄丽霞等（2008）的研究一致。但从图 13-7 可见，随着聚集指数的增加，单位面积生物量有降低趋势。还应注意到，单位面积生物量达到高产（Ⅰ级）水平的聚集指数 ∈ [0.13, 0.49]，这是一个非常窄的聚集指数范围。表明单位面积生物量对于聚集指数的变化十分敏感，较高聚集程度是提高单位面积生物量的重要前提条件。

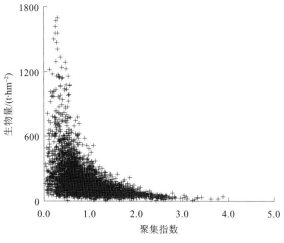

图 13-7　聚集指数与毛竹林生物量的关系

13.2.3.5　空间结构指数主成分分析

上述分析得到毛竹林生物量高产的各种空间结构条件均为必要条件，并非充分条件。但这已说明毛竹林的空间结构对毛竹林生物量具有不可忽视的作用。通过主成分分析，可以进一步了解影响毛竹林生长与生物量的主要空间结构因子。利用 4 个空间结构指数进行主成分分析，结果见表 13-2。前 3 个主成分的累积贡献率 >80%（唐守正，1989；高惠璇，2006），故第 4 主成分对解释空间结构对毛竹林生长的影响意义不大。第一主成分包含的信息量最大，主要包括两点：①聚集指数的因子负荷量最大，为 0.899，表明聚集指数对毛竹林生长影响最大，图 13-7 已证实了这一点，即随聚集指数增加，单位面积生物量急剧下降；②竞争指数的因子负荷量是负值，说明竞争指数与其他三个空间结构指数对毛竹林生长的影响不同，表现为毛竹林生物量对竞争指数的响应不如其他三个空间结构指数敏感。第二主成分中，年龄隔离度的因子负荷量最大，为 0.949，表明毛竹林的年龄隔离程度对其生长有重要影响。第三主成分主要反映最近邻竹株数对目标竹生长的影响。主成分分析结果表明，影响毛竹林生长和生物量的空间结构因子重要性排序为聚集指数 > 年龄隔离度 > 最近邻竹株数 > 竞争指数。

表 13-2　空间结构指数主成分分析

空间结构指数	主分量 1	主分量 2	主分量 3	主分量 4
竞争指数	−0.756	−0.103	0.556	0.329
年龄隔离度	0.175	0.949	0.261	0.011
聚集指数	0.899	−0.088	−0.063	0.424

续表

空间结构指数	主分量 1	主分量 2	主分量 3	主分量 4
最近邻竹株数	0.603	−0.274	0.716	−0.222
特征值	1.774	0.995	0.894	0.337
贡献率 /%	44.350	24.875	22.350	8.425
累积贡献率 /%	44.350	69.225	91.575	100.000

13.2.4　空间结构部分结论与讨论

近自然毛竹林的空间结构与生物量之间存在不可忽视的关系。各空间结构因子重要性排序为聚集指数 > 年龄隔离度 > 最近邻竹株数 > 竞争指数。聚集指数与毛竹林单位面积生物量的负相关关系最明显，而且高产的聚集指数取值范围很小。年龄隔离度的增加有助于提高毛竹林单位面积生物量，高产的年龄隔离度 ≥ 0.5，即 1/2 及以上的最近邻竹的年龄与目标竹的年龄不同。最近邻竹株数增加，单位面积生物量有降低趋势，而当目标竹有 4 株最近邻竹时，最有可能获得较高生物量。尽管随着竞争指数的增加，单位面积生物量有下降趋势，但并不十分明显。这表明，用传统单一的竞争指数难以区分毛竹林的生长差异，必须结合关系更密切的聚集指数、年龄隔离度和最近邻竹株数进行空间结构综合影响分析。

研究者通常关注毛竹林高产的空间结构。但在经营管理中，往往要面对更多现实低产的毛竹林空间结构，可以以高产的空间结构作为目标，通过砍竹和留笋等措施（曹流清和李晓凤，2003），优化调控毛竹林空间结构（汤孟平等，2004；胡艳波和惠刚盈，2006），增加具有高产空间结构的目标竹比例，达到提高毛竹林产量的目的。

毛竹林丰产存在最适宜的密度、胸径大小和年龄结构。所以，尽管毛竹林空间结构研究的目的是为提高毛竹林产量找到一条新的空间经营途径，但同样需要考虑非空间结构，如立竹密度、立竹个体大小、立竹年龄组成等（萧江华，2010）。因此，把空间结构与非空间结构结合起来，分析毛竹林结构与功能关系是值得深入研究的问题。

主要参考文献

曹流清, 李晓凤. 2003. 毛竹大径材培育技术研究. 竹子研究汇刊, 22(4): 34-41.

陈双林, 萧江华, 薛建辉. 2004. 竹林水文生态效应研究综述. 林业科学研究, 17(3): 399-404.

高惠璇. 2006. 应用多元统计分析. 北京：北京大学出版社.

顾小平, 吴晓丽, 汪阳东. 2004. 毛竹材用林高产优化施肥与结构模型的建立. 林业科学, 40(3): 96-101.

胡艳波, 惠刚盈. 2006. 优化林分空间结构的森林经营方法探讨. 林业科学研究, 19(1): 1-8.

黄丽霞, 袁位高, 黄建花, 朱锦茹, 沈爱华, 周侃侃, 林海礼, 温莉娜. 2008. 不同经营方式下毛竹林的林分空间结构比较研究. 浙江林业科技, 28(3): 48-51.

刘恩斌, 周国模, 姜培坤, 葛宏立, 杜华强. 2009. 生物量统一模型构建及非线性偏最小二乘辩识——以毛竹为例. 生态学报, 29(10): 5561-5569.

孟宪宇, 佘光辉. 2004. 测树学. 北京：中国林业出版社.

聂道平, 徐德应, 朱余生. 1995. 林分结构、立地条件和经营措施对竹林生产力的影响. 林业科学研究, 8(5): 564-569.

汤孟平, 唐守正, 雷相东, 李希菲. 2004. 林分择伐空间结构优化模型研究. 林业科学, 40(5): 25-31.

汤孟平, 周国模, 陈永刚, 赵明水, 何一波. 2009. 基于 Voronoi 图的天目山常绿阔叶林混交度. 林业科学, 45(6): 1-5.

汤孟平, 周国模, 施拥军, 陈永刚, 吴亚琪, 赵明水. 2007. 不同地形条件下群落物种多样性与胸高断面积的差异分析. 林业科学, 2007, 43(6): 27-31.

唐守正. 1989. 多元统计分析方法. 北京：中国林业出版社.

唐守正, 张会儒, 胥辉. 2006. 相容性生物量模型的建立及其估计方法研究. 林业科学, 36: 19-27.

王小红, 郭起荣, 周祖基. 2009. 水竹和慈竹开花代谢关键因子主成分分析. 林业科学, 45(10): 158-162.

萧江华. 2010. 中国竹林经营学. 北京：科学出版社.

徐秋芳, 徐建明, 姜培坤. 2003. 集约经营毛竹林土壤活性有机碳库研究. 水土保持学报, 17(4): 15-17.

曾慧卿, 刘琪璟, 冯宗炜. 2007. 红壤丘陵区林下灌木生物量估算模型的建立及其应用. 应用生态学报, 18(10): 2185-2190.

张建国, 段爱国, 童书振. 2004. 林分直径结构模拟与预测研究概述. 林业科学研究, 17(6): 787-795.

张文辉, 卢彦昌, 周建云, 张晓辉, 史小华. 2008. 巴山北坡不同干扰条件下栓皮栎种群结构与动态. 林业科学, 44(7): 11-16.

郑郁善, 洪伟. 1998. 毛竹林丰产年龄结构模型与应用研究. 林业科学, 34(3): 32-39.

Brown G. 1965. Point density in stems per acre: Forest Research Institute, New Zealand Forest Service.

Clark P J, Evans F C. 1954. Distance to nearest neighbor as a measure of spatial relationships in populations. Ecology, 35: 445-453.

Gadow K V, Fueldner K. 1992. Zur methodik der bestandesbeschreibung. Tagungsberichte des Arbeits-kreises Zustandserfassung und Planung der AG Forsteinrichtung.

Hegyi F. 1974. A simulation model for managing jack-pine stands//Fries J. Growth models for tree and stand simulation. Stockhom: Royal College of Forestry: 74-90.

Meyer H A. 1952. Structure, growth, and drain in balanced uneven-aged forests. Journal of Forestry, 50: 85-92.

第十四章
毛竹碳汇林造林方法与计量技术

通过造林扩大森林面积，是提高森林固碳功能的最有效途径，也是《京都议定书》框架下唯一合格的清洁发展机制项目，其所积累的碳信用额可以用于抵减部分减排份额。碳汇造林是指在确定了基线的土地上，以增加碳汇为主要目的，对造林和林木生长全过程实施碳汇计量和监测而进行的有特殊要求的造林活动。为推进我国碳汇造林的研究和示范工作，在国家林业局和中国绿色碳汇基金支持下，我们在临安实施了全国首个毛竹碳汇林，在临安西天目两个作业区共营造毛竹碳汇林 715.8 亩，其中严家村 546.9 亩，松溪村 168.9 亩。造林工作从 2008 年 1 月开始，至当年 5 月底完成。以此为基地和依托，持续开展了毛竹碳汇林的造林方法与碳汇计量技术研究。

14.1 毛竹碳汇林造林方法

14.1.1 整地方式

整地包括清山、劈杂、翻土，整地主要采用带状整地和块状整地（穴状整地），并采用人工作业，严禁采用机械整地、全垦整地和放火炼山。对于 25° 以下的平、缓及斜坡地，采用带状整地，整地带与等高线平行，整地带的宽度为 3 m 左右，带间距离为 2 ～ 3 m，带深为 30 ～ 50 cm，带长根据地形而定，一般不超过 10 m。在整地带上，首先清理林地，劈除杂草灌木，然后沿带开垦，翻土深度 30 ～ 50 cm，再在已翻的带上，按造林密度和株行距挖栽植穴。对于 25° 或 30° 以上的陡坡地，采用块状整地（穴状整地），根据造林密度和株行距离，确定栽植点。清除各栽植点周围 2 m 左右的杂草灌木，再根据毛竹移竹造林栽植穴的规格，挖栽植穴。清山整地时要尽量不破坏原生生态环境，对于部分小班内的原生散生树木不得清理，尽可能保留原生植被，并在山顶保留宽度大于 20 m 的原生植被带。严禁进行放火炼山。

14.1.2　植穴规格

结合整地过程，根据造林密度，挖好栽植穴。栽植穴规格：散状匀栽采用长 120 cm× 宽 60 cm× 深 50 cm；团状丛栽采用长 100 cm× 宽 50 cm× 深 50 cm。挖穴时，把心土和表土分别放置于穴的两侧，在坡地上挖栽植穴时，应注意穴的长边与等高线平行，在坡度较陡的坡地，要特别注意控制由于整地和挖穴所造成的水土流失。

14.1.3　造林密度

散状匀栽按株行距 4 m×4 m，每亩种竹 40 株；团状丛栽每亩设 16 个团状栽植点，每丛 3 株，每亩种竹 48 株。

14.1.4　母竹规格

母竹质量对造林质量影响很大，优质母竹容易成活和成林，劣质母竹不易栽活，有的即使栽活也难成林。毛竹母竹质量主要反映在年龄、粗度和生长情况等方面，选用的优质一级母竹年龄最好是 1～2 年生，因为 1～2 年生母竹所连的竹鞭，一般处于壮龄阶段（3～5 年生），鞭色鲜黄，鞭芽饱满，鞭根健全，因而容易栽活和长出新竹、新鞭。母竹不宜过粗，粗大的母竹易受风吹摇晃，不易栽活；过细的竹子，往往生长不良，也不宜选作母竹，优质毛竹母竹地径以 4～6 cm，苗高以 3～3.5 m（截头留 4～5 盘枝）为宜。选用母竹应该生长健壮，分枝较低，枝叶繁茂，竹节正常，无病虫害，具有植物检疫证书和质量检验合格证书，禁止使用无证的、来源不清的、带有病虫害的母竹。造林母竹选用应遵循就地或就近原则，最好从临安本地选用，如果母竹种源紧张，也可选用附近地区，如富阳、安吉等地的一级毛竹，尽量缩短苗木运输距离，减少由于造林活动本身所造成的温室气体排放。据计算，本项目造林两个作业区共需优质母竹约 32 502 株。

14.1.5　栽植技术

毛竹造林最好选在冬季或翌年春雨后进行移竹造林。在造林中，要特别注意母竹挖掘、母竹运输和母竹栽植这三个技术环节。

1）母竹挖掘

母竹挖掘前，先判断竹鞭走向，再沿母竹的来鞭和去鞭方向开挖，要求保留来鞭 30 ~ 40 cm，去鞭 40 ~ 50 cm，用快刀或锋利山锄截断竹鞭，截面要整齐，注意保护好笋芽，起鞭时切勿摇晃，以免伤鞭根、鞭芽，并留 4 ~ 5 盘枝，其余用利刀劈断，切口要倾斜、整齐，竹蔸及鞭根要多带宿土。

2）母竹运输

短距离搬运母竹不必包扎，但必须防止鞭芽和"螺丝钉"受伤及宿土震落。挑运或抬运时，可用绳绑在宿土上，竹秆直立，切不可把母竹扛在肩上，这样容易使"螺丝钉"受伤，不易栽活。远距离运输母竹必须包扎，用稻草或蒲包、麻袋等将竹蔸、鞭根和宿土一起包扎好，在装卸车时，要防止母竹损伤。运输途中要覆盖或对竹叶经常喷水，以减少蒸发。

3）母竹栽植

毛竹栽植应选择在 11 月至翌年 4 月期间雨后阴天进行。种植之前，需在穴内施入基肥，每穴施放农家土杂肥 10 kg，基肥施入后要覆盖一层表土拌匀。栽植时将母竹放入穴中，母竹鞭根与穴长方向平行放置，使根舒展，深度以竹蔸根盘表面低于穴面 3 ~ 5 cm 为宜，先覆盖表土，后填心土，分层填土、踏实，使鞭根与土壤紧密结合，踩踏时后注意不要太用力，以免损伤鞭根。栽后天晴应浇定根水，再覆盖松土至高出地面 5 ~ 10 cm，表面盖上茅草，然后用支架支撑固定母竹秆，防止风吹摇动，影响成活。

14.1.6 幼林抚育

新竹种植后如果久旱不雨，则要浇水，保持土壤湿度，对低洼山谷地，还要注意防止积水，避免烂鞭、烂笋，影响成活。造林后及时检查成活率，发现死苗及时补植补造。注意抚育锄草，并用割除的枯枝杂草覆盖地表，避免表土裸露和水土流失。等新种毛竹第一次萌发新竹株，可能萌发数量较多的小竹笋，此时应及时除去细小竹笋，每株留下 2 ~ 3 个粗壮竹笋形成新竹株，同时要及时防治病虫害，竹林内严禁放牧，避免人、畜破坏。新造竹林（头 4 年）每年安排锄草、松土两次，5 月和 9 月各一次，林下可套种西瓜、小番茄等农作物或绿肥以增加土壤肥力、改善土壤理化性质，有利竹林生长。

14.1.7 成林管理与采伐措施

毛竹造林 7 ~ 8 年后，基本可以成林。为了最大限度地获得碳汇，同时取得良好的经济效益，毛竹成林后，要加强抚育管理，科学采伐，合理利用。成林抚育管理主要是做好劈杂垦复、锄草松土、适当施肥和病虫害防治等工作。劈杂垦复，一般选择在 11 月至翌年 1 月休眠期，先劈草、劈杂，后由下坡向上坡进行全面深翻，平缓山地翻土深度为 20～30 cm，翻土时尽量把杂草压入土中，挖除老竹蔸、死竹鞭、老鞭、树头等杂物；坡度陡的山地采取带状或块状深翻，翻土深度为 10～20 cm，避免造成水土流失。锄草松土，最好每年进行锄草松土两次，可选在 5 月和 9 月进行。结合锄草松土，可以适当施用有机肥或复合肥，以促进发鞭、发芽和发笋。毛竹病虫害一般不严重，但也不可忽视，其中笋期害虫竹笋夜蛾、笋泉蝇，成竹害虫竹蝗、竹螟等有时会局部发生，可以采用灯诱和生物防治措施，注意防范。

毛竹不同于其他乔木树种，其生长非常特殊。一旦成林，可以年年（或两年一次）采伐利用，通过科学采伐、合理留养、改善竹林结构，可以促进碳储存和碳替代，并取得良好的经济效益。据研究，毛竹的粗生长自笋出土后就已停止，高生长在 40～45 d 之内形成，以后主要是进行体内物质的积累，通过一年的生长，集约经营和粗放经营的新生毛竹碳储量分别可达 11.3890 t·hm^{-2} 和 6.0563 t·hm^{-2}。而 3 年生以上的老竹，其功能主要是为新竹生长提供营养，经过多年生长，老竹各器官碳密度有所增加，但其碳储量增加非常有限，集约经营和粗放经营的老竹碳年积累量分别只有 1 年生新竹的 5.69% 和 6.95%，由此可见 1 年生以上的老竹对竹林碳积累的贡献已经非常少。

毛竹成林应保持合理的竹林结构，以发挥最佳的综合效益。竹林结构调整主要通过护笋养竹、合理采伐来实现。要及时挖除退笋，保留好笋，春笋和冬笋都可适度挖除，但要注意强度，另外，切忌冬季在竹林内顺鞭找笋，乱挖乱掘，造成误伤鞭笋和断鞭伤芽的不良后果。在本项目中，对于毛竹材用林，以培育商品竹材为主，要求基本不挖冬笋，年采春笋控制在每亩 50 kg 以内。

竹林采伐，既是利用，又是抚育，必须采育兼顾，合理采伐。采伐采用择伐方式，坚持砍老留幼、砍密留稀、砍弱留强、采伐量低于新竹生长量等基本原则。对于 3 度以下（即 6 年生以下）的竹子，生长旺盛，发笋力强，一般不能砍伐；对于 4 度（7 年）以上的老竹要予以采伐，因为 4 度以上老竹生命力弱，空耗养分，不利于竹鞭孕笋。选择冬季伐竹，保持合理的立竹密度和竹龄结构，要求保持立竹在每亩 200 株以上，其中 1 度、2 度、3 度竹各占 30%，4 度占 10%。采伐后，要充分提高竹材利用率，除竹秆竹材外，竹梢、竹枝和竹叶等也要进行收集利用，以降低分解和碳排放速率。竹材主要用于生产各种竹质人造板或竹木复合板，应努力增加竹材产品的寿命，减缓其储存的碳向大气排放。

14.2　毛竹碳汇计量方法

14.2.1　碳库选择和温室气体排放源确定

14.2.1.1　碳库选择

根据国际通行做法和《中国绿色碳基金造林项目碳汇计量与监测指南》，在地上生物量、地下生物量、枯落物、粗木质残体和土壤有机碳 5 个碳库中，如果能提供透明的、可核查的信息证明某一个或几个碳库不是净排放源，那么项目参与方可以不计量和监测这些碳库。

一般来说，从长远来看，造林都会增加这 5 个碳库的碳储量，对全部碳库进行计量和监测可获得更多的碳汇量，但又会大大增加计量和监测成本，有时不是成本有效的。此外，由于造林引起的碳储量变化往往具有较大的不确定性，因此要求碳库的选择、碳储量变化的估计和监测都必须采取保守的方式。因此，选择碳库时，除考虑是否是净排放源这一因素外，还须考虑监测的成本有效性、不确定性和保守性（表 14-1）。

毛竹碳汇项目可不计量和监测枯落物和粗木质残体碳库。因为造林地在造林前多年来一直为无林荒地，基线情景下枯落物和粗木质残体碳库中的碳储量将保持不变或继续降低，因此，从成本效益考虑，可保守地忽略。而营造毛竹林，土壤有机质变化比较复杂，因此不能忽略土壤有机碳库。

表 14-1　碳库选择表

碳库	选择与否	选择或忽略某碳库存的理由
地上生物量	选择	必选
地下生物量	选择	必选
土壤有机碳	选择	毛竹造林变化情况复杂，不能忽略
枯落物	否	根据保守性和成本有效性
粗木质残体	否	根据保守性和成本有效性

14.2.1.2　温室气体排放源确定

本项目不使用整地机械、油锯等燃油机械设备，因此涉及的温室气体排放源如表 14-2 所示。

运输工具：用于运输苗木、肥料、竹材中所使用的运输工具消耗的化石燃料燃烧引起的 CO_2 排放。

肥料施用：在造林和森林管理活动中施用含氮有机肥引起的直接 N_2O 排放。

表 14-2　温室气体排放源

排放源	温室气体	包括 / 不包括	论证或解释
运输工具	CO_2	包括	重要排放源
	CH_4	不包括	
	N_2O	不包括	
肥料施用	CO_2	不包括	
	CH_4	不包括	
	N_2O	包括	重要排放源

14.2.2　碳汇计量公式

由于造林项目活动涉及基线、边界内温室气体源排放和边界外泄漏等问题，因此项目实际产生的净碳汇量为项目碳储量变化量，减去项目边界内增加的排放量，减去基线碳储量变化量，再减去造林项目引起的泄漏。

$$C_{\text{Proj},t} = \Delta C_{\text{Proj},t} - \text{GHG}_{E,t} - \text{LK}_t - \Delta C_{\text{BSL},t} \tag{14-1}$$

式中，$C_{\text{Proj},t}$ 为第 t 年造林项目产生的净碳汇量，$t\,CO_2\text{-e} \cdot a^{-1}$；$\Delta C_{\text{Proj},t}$ 为第 t 年项目碳储量变化量，$t\,CO_2 \cdot a^{-1}$；$\text{GHG}_{E,t}$ 为第 t 年项目边界内增加的温室气体排放，$t\,CO_2\text{-e} \cdot a^{-1}$；$\text{LK}_t$ 为第 t 年造林项目引起的泄漏，$t\,CO_2\text{-e} \cdot a^{-1}$；$\Delta C_{\text{BSL},t}$ 为第 t 年基线碳储量变化量，$t\,CO_2 \cdot a^{-1}$；t 为项目开始后的年数。

14.2.3　事前分层

造林地在造林前，其中有 6 个小班（计 33.66 hm^{-2}），内有少量散生萌蘖残次杉木，平均每公顷 480 株，平均胸径 5.2 cm，树高 3.0 m，冠幅 2.8 m。有三个小班（计 14.06 hm^{-2}）附着有少量灌木，平均覆盖度约为 35%，灌木平均高为 1.2 m，因此根据项目造林地植被状况将事前基线划分为两个碳层，如表 14-3 所示。

本项目造林面积较小，造林地的地形、气候、土壤等立地条件基本一致，造林树种、品种、年份也相同。为计量本项目的碳汇，根据造林模式（造林方式、栽植密度、单位面积施肥量）的不同，将事前项目划分为两个碳层，如表 14-4 所示。

表 14-3 事前基线分层表

事前基线碳层编号	散生木				灌木		草本		面积/hm²
	优势树种	每公顷株数	平均胸径/cm	平均树高/m	平均盖度/%	平均高度/m	平均盖度/%	平均高度/m	
BSL-1	杉木	480	5.2	3.0	25	1.2	10	0.7	33.66
BSL-2					35	1.2	10	0.7	14.06

表 14-4 事前项目分层表

事前项目碳层编号	造林树种	造林方式	混交方式	初植密度/（株·hm⁻²）	农家肥/（kg·hm⁻²）	面积/hm²
PROJ-1	毛竹	散状匀栽	纯林	600	6000	15.4733
PROJ-2	毛竹	团状丛栽	纯林	720	7200	32.2467

14.2.4 基线碳储量变化

14.2.4.1 基线散生木和林下植被生物量调查

基线碳层 BSL-1，有散生杉木生长。采用随机抽样调查方法，设置临时调查样地 6 个（样地面积 900 m²、大小为 30 m×30 m、样地朝向正北），每木调查测定样地内散生木的树种、年龄、胸径、树高。经统计计算得到散生杉木的平均年龄为 10 年，平均每公顷 480 株，平均胸径 5.2 cm，树高 3.0 m。

两个基线碳层都生长有小型灌木和草本植被，本项目通过直接收获法测定其生物量。在基线碳层 BSL-1 中，分别设置 15 个灌木样方和 15 个草本植被样方；在基线碳层 BSL-2 中，分别设置 10 个灌木样方和 10 个草本植被样方。灌木样方面积为 1.5 m×1.5 m，草本植被样方面积为 1 m×1 m，测定高度后，将样方里所有灌木和草本植被收割并称鲜重，挖出地下部分称出鲜重。取样带回实验室，在 70℃ 通风干燥箱内烘干 48 h 至恒重，计算含水率，然后计算样方内灌木和草本的生物量干重。

14.2.4.2 基线碳储量变化计量

如果没有碳汇造林项目，造林项目地块将继续维持现状，林下植被处于稳定或退化状态，在基线情景下，土壤有机碳、枯落物和粗木质残体三个碳库中的碳储量将保持不变或继续降低。因此，可保守地假定土壤有机碳、枯落物和粗木质残体三个碳库中的碳储量变化为零，而只考虑项目造林地上现有散生木生长引起的活生物量碳库中碳储量的变化。

$$\Delta C_{\text{BSL},t} = \sum_{i=1}^{I} (\Delta C_{\text{BSL,AB},i,t} + \Delta C_{\text{BSL,BB},i,t}) \times 44/12 \qquad (14\text{-}2)$$

式中，$\Delta C_{\text{BSL},t}$ 为第 t 年基线碳储量变化量，$\text{t CO}_2 \cdot \text{a}^{-1}$；$\Delta C_{\text{BSL,AB},i,t}$ 为第 t 年基线地上生物量碳储量变化量，$\text{t C} \cdot \text{a}^{-1}$；$\Delta C_{\text{BSL,BB},i,t}$ 为第 t 年基线地下生物量碳储量变化量，$\text{t C} \cdot \text{a}^{-1}$；44/12 为 CO_2 与 C 的分子质量比。

采用生物量扩展因子法计算项目期内不同时间基线情景下散生木的地上和地下生物量碳储量。另外，由于本项目造林地中散生木数量较多，立地指数低、生长状况很差，现有的单株材积生长方程不太适合，因此选用杉木人工林生长收获模型（叶代全，2006）来计算不同时间的杉木蓄积，该模型充分考虑了立地指数差异。

$$C_{\text{BSL,AB},i,t} = \sum_{j=1}^{J} (M_{ij,t} \times \text{WD}_j \times \text{BEF}_j \times \text{CF}_j) \times A_i \qquad (14\text{-}3)$$

$$C_{\text{BSL,BB},i,t} = C_{\text{BSL,AB},i,t} \times R_j \qquad (14\text{-}4)$$

式中，$C_{\text{BSL,AB},i,t}$ 为第 t 年第 i 碳层地上生物量碳储量，t C；$C_{\text{BSL,BB},i,t}$ 为第 t 年第 i 碳层地下生物量碳储量，t C；$M_{ij,t}$ 为第 t 年第 i 碳层每公顷蓄积，$\text{m}^3 \cdot \text{hm}^{-2}$；$\text{WD}_j$ 为杉木木材密度，每立方米吨干重（$\text{t DW} \cdot \text{m}^{-3}$），取 0.307；$\text{BEF}_j$ 为杉木生物量扩展因子，无单位，取 1.53×1.3；CF_j 为杉木平均含碳率，取 0.47；A_i 为面积，hm^2；R_j 为生物量根茎比，无单位，取 0.22。

采用的杉木人工林生长收获模型：

$$\ln M_2 = 1.5048 - 137.1005 \times (t_2 \times \text{SI})^{-1} + 0.4302 \ln \text{SI}$$
$$+ (3.1295 + 0.2620 \ln \text{SI}) \times (1 - \frac{t_1}{t_2}) + 0.9121 \times \frac{t_1}{t_2} \times \ln G_1 \qquad (14\text{-}5)$$

式中，M_2 为 t_2 年龄时的每公顷林木蓄积，$\text{m}^3 \cdot \text{hm}^{-2}$；SI 为造林地块的立地指数，该处取 8；$G_1$ 为 t_1 年龄时的每公顷胸高断面积，$\text{m}^2 \cdot \text{hm}^{-2}$。

基线碳储量变化如表 14-5 所示。

表 14-5　基线碳储量变化

年份	碳储量 /t C			碳储量变化 / ($\text{t CO}_2 \cdot \text{a}^{-1}$)		
	地上生物量	地下生物量	合计	地上生物量	地下生物量	合计
1	16.56	3.64	20.20	28.30	6.23	34.52
2	27.93	6.15	34.08	41.71	9.18	50.88

续表

年份	碳储量 /t C			碳储量变化 /（t CO$_2$·a^{-1}）		
	地上生物量	地下生物量	合计	地上生物量	地下生物量	合计
3	43.48	9.57	53.04	57.00	12.54	69.54
4	63.53	13.98	77.51	73.53	16.18	89.70
5	88.25	19.42	107.67	90.65	19.94	110.60
6	117.66	25.89	143.55	107.84	23.72	131.56
7	151.66	33.36	185.02	124.63	27.42	152.05
8	190.03	41.81	231.84	140.71	30.96	171.67
9	232.53	51.16	283.69	155.83	34.28	190.11
10	278.85	61.35	340.19	169.84	37.36	207.20
11	328.66	72.31	400.96	182.64	40.18	222.82
12	381.62	83.96	465.58	194.20	42.72	236.92
13	437.40	96.23	533.63	204.52	44.99	249.51
14	495.66	109.05	604.71	213.63	47.00	260.63
15	556.09	122.34	678.43	221.59	48.75	270.34
16	618.40	136.05	754.45	228.45	50.26	278.71
17	682.29	150.11	832.40	234.29	51.54	285.83
18	747.52	164.46	911.98	239.18	52.62	291.80
19	813.85	179.05	992.90	243.19	53.50	296.69
20	881.05	193.83	1074.88	246.41	54.21	300.62

14.2.5　项目碳储量变化

本项目在无林地上造林，又没有进行全垦和炼山整地，在项目情景下，通常不会引起土壤有机碳、枯落物和粗木质残体碳库的长期下降，同时对于这三种碳库变化缺乏可靠的相关参数。因此，在项目碳储量变化事前计量时，可忽略有机碳、枯落物和粗木质残体碳库，而仅考虑地上生物量和地下生物量碳库。此时，项目碳储量变化量等于各项目碳层竹林生物量碳储量变化之和，减去由于项目引起的原有植被生物量碳储量的降低量，即：

$$\Delta C_{\text{PROJ},t} = \left[\begin{array}{c} \sum\limits_{i=1}^{I} \sum\limits_{j=1}^{J} \sum\limits_{k=1}^{K} (\Delta C_{\text{PROJ\_B,AB},ijk,t} + \Delta C_{\text{PROJ\_B,BB},ijk,t}) \\ - \sum\limits_{i=1}^{I} (\Delta C_{\text{LOSS,AB},l,t} + \Delta C_{\text{LOSS,BB},l,t}) \end{array} \right] \times 44/12 \qquad (14\text{-}6)$$

式中，$\Delta C_{\text{PROJ},t}$ 为第 t 年项目碳储量变化，t CO$_2$·a^{-1}；$\Delta C_{\text{PROJ\_B,AB},ijk,t}$ 为第 t 年 i 碳层竹林地上生物量碳储量变化，t C·a^{-1}；$\Delta C_{\text{PROJ\_B,BB},ijk,t}$ 为第 t 年第 i 碳层竹林地下生物量碳储量变化，t C·a^{-1}；$\Delta C_{\text{LOSS,AB},l,t}$ 为第 t 年 l 基线碳层地上生物量碳储量的降低量，t C·a^{-1}；$\Delta C_{\text{LOSS,BB},l,t}$ 为第 t 年 l 基线碳层地下生物量碳储量的降低量，t C·a^{-1}；t 为项目开始后的年数；i、j、k 为分别为项目碳层、树种、林分年龄；l 为基线碳层。

14.2.5.1　竹林碳储量变化

毛竹不同于其他乔木树种，其生长非常特殊，它是由地下部分的鞭、根、芽和地上部分的秆、枝、叶组成的有机体。毛竹不仅具有根的向地性生长和秆的反向地性生长，而且具有鞭（地下茎）的横向性起伏生长。竹秆本身没有次生生长，而竹鞭具有强大的分生繁殖能力，竹鞭一般分布在土壤上层 15～40 cm 的范围，每节有一个侧芽，可以发育成春笋，春笋中一些生长健壮的，经过竹笋、幼竹 40～50 d 的生长过程后，竹秆上部开始抽枝展叶而成为新竹。毛竹基本上是隔年出笋，迅速成材成林。据研究，毛竹单株生长速度惊人，从出笋到展枝形成新竹，只需 56 d，平均高度达 13.8 m，之后就不再长高和长粗，以后主要是进行体内物质的积累，通过一年的生长，其生物量已基本稳定，而 3 年生以上的老竹，其功能主要是为新竹生长提供营养，经过多年生长，老竹各器官碳密度有所增加，但其碳储量增加非常有限，集约经营和粗放经营的老竹碳年积累量分别只有 1 年生新竹的 5.69% 和 6.95%，由此可见 3 年生以上的老竹对竹林碳积累的贡献是非常少的。

毛竹种植后，采用一般经营模式，通过不断的发笋、留笋和养竹第 7 年后可以成林。毛竹造林当年，母竹生根长鞭，但不能出笋；第 2～3 年，约 75% 的母竹可以发笋成竹，按造林时每亩 40 株计算，每亩株数为 70 株（含母竹）；第 4～5 年，继续发笋留养成竹，同时除去种植时的母竹，每亩毛竹株数可以达到 100 株；第 6～7 年，毛竹可以基本成林，立竹株数平均可以达到 240 株·亩$^{-1}$。因此毛竹种植后到成林以前，其碳储量的变化情况见表 14-6。

表 14-6 毛竹成林以前碳储量变化

年份	碳储量 /t C			碳储量变化量 / (t C·a⁻¹)		
	地上生物量	地下生物量	合计	地上生物量	地下生物量	合计
1	28.87	21.65	50.52	28.87	21.65	50.52
2	28.87	21.65	50.52	0	0	0
3	245.41	89.36	334.77	216.54	67.71	284.25
4	245.41	89.36	334.77	0	0	0
5	721.81	225.68	947.49	476.4	136.32	612.72
6	721.81	225.68	947.49	0	0	0
7	1732.32	541.62	2273.94	1010.51	315.94	1326.45

毛竹成林后，其立竹株数平均可以达到 240 株·亩⁻¹，即 3600 株·hm⁻²，成林毛竹按平均每株 20 kg 计算，毛竹林分地上生物量为 72.0 t·hm⁻²，毛竹地下生物量（竹鞭和竹根）约占地上生物量的 32%，为 23.0 t·hm⁻²。毛竹林是一种异龄林，有着不同于其他树种的生长和更新特点，在经营过程中，需要进行不断的择伐利用，基本上是隔年留竹、隔年择伐，即两年择伐一次，伐去 3 度以上竹，根据采伐量低于新竹生长量的基本原则，每次采伐株数约为现存林分立竹数的 1/3。如果每年采伐，则每次采伐株数约为现存林分立竹数的 1/6，毛竹林现存林分生物量处于相对稳定状态和动态平衡之中。通过科学采伐、合理留养、改善竹林结构，可以促进碳储存和碳替代，取得良好的固碳效益和经济效益。

据上所述，毛竹成林以后（造林 7 年后），其碳储量变化可按下式计量估算。

竹林地上生物量碳储量变化：

$$\Delta C_{\text{PROJ\_EBS,AB},ijk,t} = \frac{C_{\text{PROJ\_EBS,AB},ij,\text{Max}}}{T_j} \times CF_j \times A_{ijk} = \frac{72}{6} \times 0.5042 \times 47.72 = 288.72 \, \text{t C·a}^{-1} \quad (14\text{-}7)$$

竹林地下生物量碳储量变化：

$$\Delta C_{\text{PROJ\_EBS,AB},ijk,t} = \frac{C_{\text{PROJ\_EBS,BB},ij,\text{Max}}}{T_j} \times CF_j \times A_{ijk} = \frac{23}{6} \times 0.4935 \times 47.72 = 90.27 \, \text{t C·a}^{-1} \quad (14\text{-}8)$$

14.2.5.2 原有植被生物量减少

为保守起见，同时为了降低未来监测成本，假定原有散生木和灌草等非林木植被在造林整地时全部消失。因此只需在项目开始前测定并计算原有植被生物量碳储量即可。原有植被生物量调查与测定方法详见本章 14.2.4.1。原有植被生物

量碳储量见表 14-7。

$$C_{BSL,t=0} = \sum_{i=1}^{I}(C_{BSL,Tree,i,t=0} + C_{BSL,NTree,i,t=0}) \times 44/12 \qquad (14\text{-}9)$$

式中，$C_{BSL,t=0}$ 为项目开始前（$t=0$）原有植被碳储量，t CO_2；$C_{BSL,Tree,i,t=0}$ 为项目开始前（$t=0$）原散生木生物量碳储量，t C；$C_{BSL,NTree,i,t}=0$ 为项目开始前（$t=0$）原非林木植被生物量碳储量，t C。

原有散生木生物量碳储量，采用生物量扩展因子法进行计算，计算方法见本章 14.2.4.2 所述，各参数取值如下：散生杉木 BEF 为 1.989，木材密度为 0.307 t·m^{-3}，平均含碳率为 0.47，根茎比为 0.22。原有非林木植被生物量碳储量采用直接测定方法，灌木平均含碳率为 0.49；草本平均含碳率为 0.47。经测定，基线碳层 BSL-1 地上生物量为 2.48 t·hm^{-2}，地下生物量为 0.75 t·hm^{-2}；基线碳层 BSL-2 地上生物量为 3.44 t·hm^{-2}，地下生物量为 1.03 t·hm^{-2}。项目碳储量见表 14-8。

表 14-7　原有植被生物量碳储量（t CO_2）

基线碳层编号	散生木			非林木植被			合计		
	地上	地下	小计	地上	地下	小计	地上	地下	小计
BSL-1	60.71	13.36	74.07	149.98	45.36	195.34	210.69	58.72	269.41
BSL-2				86.90	26.02	112.92	86.90	26.02	112.92
合计	60.71	13.36	74.07	236.88	71.38	308.26	297.59	84.74	382.33

表 14-8　项目碳储量变化

年份	碳储量变化量 /（t $CO_2 \cdot a^{-1}$）				合计	累积碳储量变化量 /t CO_2
	竹林碳储量		原有植被减少量			
	地上	地下	地上	地下		
1	28.87	21.65	297.59	84.74	−331.81	−331.81
2	0.00	0.00			0.00	−331.81
3	793.98	248.27			1 042.25	710.44
4	0.00	0.00			0.00	710.44
5	1 746.80	499.84			2 246.64	2 957.08
6	0.00	0.00			0.00	2 957.08
7	3 705.20	1 158.45			4 863.65	7 820.73
8	1 058.64	330.99			1 389.63	9 210.36

续表

年份	碳储量变化量 / (t CO₂·a⁻¹)					累积碳储量变化量 /t CO₂
	竹林碳储量		原有植被减少量		合计	
	地上	地下	地上	地下		
9	1 058.64	330.99			1 389.63	10 599.99
10	1 058.64	330.99			1 389.63	11 989.62
11	1 058.64	330.99			1 389.63	13 379.25
12	1 058.64	330.99			1 389.63	14 768.88
13	1 058.64	330.99			1 389.63	16 158.51
14	1 058.64	330.99			1 389.63	17 548.14
15	1 058.64	330.99			1 389.63	18 937.77
16	1 058.64	330.99			1 389.63	20 327.40
17	1 058.64	330.99			1 389.63	21 717.03
18	1 058.64	330.99			1 389.63	23 106.66
19	1 058.64	330.99			1 389.63	24 496.29
20	1 058.64	330.99			1 389.63	25 885.92

14.2.6 项目边界内的温室气体排放

项目边界内温室气体排放的事前计量仅考虑因施用含氮肥料引起的 N_2O 直接排放和营造林过程中使用燃油机械引起的 CO_2 排放。森林火灾引起的温室气体排放无法进行事前计量，但在项目运行期内将予以监测和计量。

$$GHG_{E,t} = E_{Equipment,t} + E_{N\_Fertilizer,t} \tag{14-10}$$

式中，$GHG_{E,t}$ 为第 t 年项目边界内温室气体排放的增加，t CO_2-e·a⁻¹；$E_{Equipment,t}$ 为第 t 年项目边界内燃油机械使用化石燃料燃烧引起的温室气体排放的增加，t CO_2-e·a⁻¹；$E_{N\_Fertilizer,t}$ 为第 t 年项目边界内施用含氮肥料引起的 NO_2 排放的增加，t CO_2-e·a⁻¹；t 为项目开始后的年数。

14.2.6.1 施肥

根据项目造林作业设计，项目碳层 PROJ-1，每株施用农家有机肥 10 kg（每公顷施用 6000 kg）；项目碳层 PROJ-2，每株施用农家有机肥 10 kg（每公顷施用 7200 kg）。农家肥一般含氮 0.5%。

$$E_{\mathrm{N\_Fertilizer},t} = F_{\mathrm{ON},t} \times \mathrm{EF}_1 \times \mathrm{MW}_{\mathrm{N_2O}} \times \mathrm{GWP}_{\mathrm{N_2O}} \tag{14-11}$$

$$F_{\mathrm{ON},t} = \sum_j^J M_{\mathrm{OF}j,t} \times NC_{\mathrm{OF}j} \times (1 - \mathrm{Frac}_{\mathrm{GASM}}) \tag{14-12}$$

式中，$F_{\mathrm{ON},t}$ 为第 t 年施用的有机肥经 $\mathrm{NH_3}$ 和 NO_x 挥发后的量，$\mathrm{t\ N \cdot a^{-1}}$；$\mathrm{EF}_1$ 为氮肥施用 $\mathrm{NO_2}$ 排放因子，IPCC 缺省值 $=0.01$，$\mathrm{t\ N_2O\text{-}N \cdot (tN)^{-1}}$；$\mathrm{MW}_{\mathrm{N_2O}}$ 为 NO_x 与 N 的分子质量比（44/28），$\mathrm{t\ N_2O\text{-}N \cdot (t\ N)^{-1}}$；$\mathrm{GWP}_{\mathrm{N_2O}}$ 为 NO_x 全球增温趋势，IPCC 缺省值 $=310$，$\mathrm{t\ CO_2\text{-}e \cdot (t\ N_2O)^{-1}}$；$\mathrm{MOF}_{\mathrm{OF}j,t}$ 为第 t 年施用的有机肥的量，$\mathrm{t \cdot a^{-1}}$；$\mathrm{NC}_{\mathrm{OF}j}$ 为有机肥的含氮率，$\mathrm{g\text{-}N \cdot (100\ g\ 有机肥)^{-1}}$，取 0.5%；$\mathrm{Frac}_{\mathrm{GASM}}$ 为施用有机肥的 $\mathrm{NH_3}$ 和 NO_x 的挥发比例，IPCC 缺省值 $=0.2$，$\mathrm{t\ NH_3\text{-}N\&NO_x\text{-}N \cdot (t\ N)^{-1}}$；$t$ 为项目开始后的年数；j 为有机肥种类，$j=1,2,\cdots,j$。

14.2.6.2　森林火灾引起的非 $\mathrm{CO_2}$ 排放

在森林管理活动中，在项目边界内若发生森林火灾，则采用以下方法测定和计算由森林火灾引起的非 $\mathrm{CO_2}$ 排放。

第一步，确定火灾边界和火灾面积，在下次碳储量变化监测时将发生该次火灾的林分划为一个单独的碳层。

第二步，采用前述碳储量变化的监测方法，选择未发生火灾的同一碳层林分，对其地上生物量进行调查测定。

第三步，对过火林分的地上生物量进行抽样调查，以确定燃烧的生物量比例。

第四步，计算 $\mathrm{N_2O}$ 和 $\mathrm{CH_4}$ 排放。

$$E_{\mathrm{Fire},t} = E_{\mathrm{Fire},\mathrm{N_2O},t} + E_{\mathrm{Fire},\mathrm{CH_4},t} \tag{14-13}$$

$$E_{\mathrm{Fire},\mathrm{N_2O},t} = E_{\mathrm{Fire},\mathrm{C},t} \times (\mathrm{N/C\ ratio}) \times \mathrm{EF}_{\mathrm{N_2O}} \times 310 \times 44/28 \tag{14-14}$$

$$E_{\mathrm{Fire},\mathrm{CH_4}t} = E_{\mathrm{Fire},\mathrm{C},t} \times EF_{\mathrm{CH_4}} \times 21 \times 16/12 \tag{14-15}$$

$$E_{\mathrm{Fire},\mathrm{C},t} = \sum_i A_{\mathrm{Fire},i,t} \times B_{\mathrm{AB},i,t} \times \mathrm{BP}_{i,t} \times \mathrm{CE} \times \mathrm{CF} \tag{14-16}$$

14.2.7　项目边界外的温室气体泄漏

泄漏主要考虑使用运输工具燃烧化石燃料引起的 $\mathrm{CO_2}$ 排放。造林项目主要涉及运输肥料、苗木和运输竹材。运输工具主要使用轻型卡车、重型卡车，燃烧柴油。根据下式计算由于运输引起的 CO_2 排放：

$$LK_{\text{Vehicle},t} = \sum_f (EF_{\text{co}_2,f} \times NCV_f \times FC_{f,t}) \tag{14-17}$$

$$FC_{f,t} = \sum_{v=1}^{V} \sum_{i=1}^{I} n \times (MT_{f,v,i,t} / TL_{f,v,i}) \times AD_{f,v,i} \times SECk_{f,v,t} \tag{14-18}$$

式中，$LK_{\text{Vehicle},t}$ 为第 t 年项目边界外运输引起的 CO_2 排放，$t\,CO_2\text{-e} \cdot a^{-1}$；$EF_{\text{co}_2,f}$ 为燃油的 CO_2 排放因子，$t\,CO_2\text{-e} \cdot GJ^{-1}$，柴油为 0.0741；$NCV_f$ 为燃油的热值，$GJ \cdot l^{-1}$，柴油为 0.0358；$FC_{f,t}$ 为燃油消耗量，L；n 为车辆回程装载因子，满载时 $n=1$，空驶时 $n=2$；$MT_{f,v,i,t}$ 为第 t 年车辆运输物资的总量（m^3 或 t）；$TL_{f,v,i}$ 为车辆装载量（$m^3 \cdot$ 辆$^{-1}$ 或 t $\cdot$ 辆$^{-1}$）；$AD_{f,v,i}$ 为单程运输距离（km）；$SECk_{f,v,i}$ 为单位消耗量（$L \cdot km^{-1}$）。

项目边界外的温室气体泄漏见表 14-9。

表 14-9　项目边界外的温室气体泄漏（$t\,CO_2\text{-e}$）

年份	燃烧柴油			合计	
	肥料运输 /（$t\,CO_2\text{-e} \cdot a^{-1}$）	苗木运输 /（$t\,CO_2\text{-e} \cdot a^{-1}$）	竹材运输 /（$t\,CO_2\text{-e} \cdot a^{-1}$）	年排放 /（$t\,CO_2\text{-e} \cdot a^{-1}$）	累积排放 /$t\,CO_2\text{-e}$
1	1.24	4.55		5.79	5.79
2				0	5.79
3	1.24			1.24	7.03
4				0	7.03
5	1.24			1.24	8.27
6			1.09	1.09	9.36
7	1.24		2.18	3.42	12.78
8			2.18	2.18	14.96
9			2.18	2.18	17.14
10			2.18	2.18	19.32
11			2.18	2.18	21.5
12			2.18	2.18	23.68
13			2.18	2.18	25.86
14			2.18	2.18	28.04
15			2.18	2.18	30.22
16			2.18	2.18	32.4
17			2.18	2.18	34.58

年份	燃烧柴油			合计	
	肥料运输 / (t CO₂-e · a⁻¹)	苗木运输 / (t CO₂-e · a⁻¹)	竹材运输 / (t CO₂-e · a⁻¹)	年排放 / (t CO₂-e · a⁻¹)	累积排放 /t CO₂-e
18			2.18	2.18	36.76
19			2.18	2.18	38.94
20			2.18	2.18	41.12

苗木运输：汽车平均载苗量为 300 株 · 车⁻¹，平均运输距离 60 km。苗量按实际使用苗量的 110% 计算。

肥料运输：汽车平均载重量为 5 t · 车⁻¹，平均运输距离 30 km，运输的肥料量按设计施肥量计算。

竹材运输：汽车载量为 5 t · 车⁻¹，平均运输距离 30 km。竹林成林后，每年择伐量及竹材运输量按 12 t · hm⁻² 计算。每 100 km 耗油量 12 L，计算得到运输引起的泄漏。

14.2.8 项目产生的净碳汇量（一）

根据上述各节的计算结果，计算项目净碳汇量（表 14-10，图 14-1）。在项目计入期内（20 年），项目净碳汇量快速增长，至 2027 年，如果考虑竹子采伐后的碳储量，则项目可以累积实现净碳汇量 21 917.79 t CO₂-e。

表 14-10 项目净碳汇量

年份	项目碳储量变化		项目温室气体排放		泄漏		基线碳储量变化		项目净碳汇量	
	年变化 /(t CO₂ · a⁻¹)	累积 /t CO₂	年排放 /(t CO₂-e · a⁻¹)	累积 /t CO₂-e	年排放 /(t CO₂-e · a⁻¹)	累积 /t CO₂-e	年变化 /(t CO₂ · a⁻¹)	累积 /t CO₂	年排放 /(t CO₂-e · a⁻¹)	累积 /t CO₂-e
1	−331.81	−331.81	6.33	6.33	5.79	5.79	34.52	34.52	−378.45	−378.45
2	0.00	−331.81		6.33	0	5.79	50.88	85.4	−50.88	−429.33
3	1 042.25	710.44	6.33	12.66	1.24	7.03	69.54	154.94	965.14	535.81
4	0.00	710.44		12.66	0	7.03	89.7	244.65	−89.7	446.1
5	2 246.64	2 957.08	6.33	18.99	1.24	8.27	110.6	355.24	2 128.47	2 574.58
6	0.00	2 957.08		18.99	1.09	9.36	131.56	486.8	−132.65	2 441.93
7	4 863.65	7 820.73	6.33	25.32	3.42	12.78	152.05	638.86	4 701.85	7 143.77
8	1 389.63	9 210.36		25.32	2.18	14.96	171.67	810.52	1 215.78	8 359.56
9	1 389.63	10 599.99		25.32	2.18	17.14	190.11	1 000.64	1 197.34	9 556.89
10	1 389.63	11 989.62		25.32	2.18	19.32	207.2	1 207.83	1 180.25	10 737.15

续表

年份	项目碳储量变化		项目温室气体排放		泄漏		基线碳储量变化		项目净碳汇量	
	年变化 /(t $CO_2 \cdot a^{-1}$)	累积 /t CO_2	年排放 /(t CO_2-e $\cdot a^{-1}$)	累积 /t CO_2-e	年排放 /(t CO_2-e $\cdot a^{-1}$)	累积 /t CO_2-e	年变化 /(t $CO_2 \cdot a^{-1}$)	累积 /t CO_2	年排放 /(t CO_2-e $\cdot a^{-1}$)	累积 /t CO_2-e
11	1 389.63	13 379.25	25.32		2.18	21.5	222.82	1 430.65	1 164.63	11 901.78
12	1 389.63	14 768.88	25.32		2.18	23.68	236.92	1 667.57	1 150.53	13 052.31
13	1 389.63	16 158.51	25.32		2.18	25.86	249.51	1 917.08	1 137.94	14 190.25
14	1 389.63	17 548.14	25.32		2.18	28.04	260.63	2 177.71	1 126.82	15 317.07
15	1 389.63	18 937.77	25.32		2.18	30.22	270.34	2 448.04	1 117.11	16 434.19
16	1 389.63	20 327.40	25.32		2.18	32.4	278.71	2 726.75	1 108.74	17 542.93
17	1 389.63	21 717.03	25.32		2.18	34.58	285.83	3 012.58	1 101.62	18 644.55
18	1 389.63	23 106.66	25.32		2.18	36.76	291.79	3 304.38	1 095.66	19 740.2
19	1 389.63	24 496.29	25.32		2.18	38.94	296.69	3 601.07	1 090.76	20 830.96
20	1 389.63	25 885.92	25.32		2.18	41.12	300.62	3 901.69	1 086.83	21 917.79
合计		25 885.92	25.32		41.12		3901.69		21 917.79	

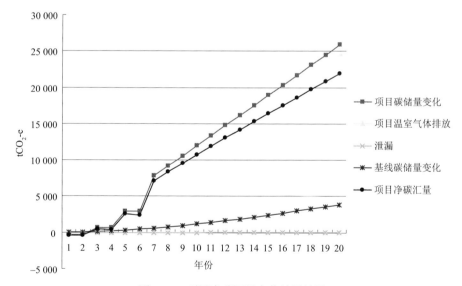

图 14-1　项目净碳汇量变化计量结果

14.2.9　项目产生的净碳汇量（二）

依据毛竹生长特性，毛竹成林后，在项目实施期间，要进行不断的择伐，把林分碳储量转移到竹材产品中，以维持竹林健康稳定，同时产生良好的经济社会效益。根据目前碳汇造林和碳汇计量通行做法，采伐一般就视作释放，由于项目产生的竹材碳储量不再计入林分碳储量的增量中。因此，在计量时，毛竹一旦成林，其地上生物量碳储量年变化为零，而仅考虑地下生物量碳储量年变化量。所以如果不考虑竹子采伐后竹材的碳储量，则项目可以累积实现净碳汇量为 8155.47 t CO_2-e（表 14-11、表 14-12，图 14-2）。

表 14-11　项目碳储量变化（不考虑竹子采伐后的碳储存）

| 年份 | 碳储量变化量 /（t $CO_2 \cdot a^{-1}$） | | | | | 累积碳储量变化量 /t CO_2 |
| | 竹林碳储量 | | 原有植被减少量 | | 合计 | |
	地上生物量	地下生物量	地上生物量	地下生物量		
1	28.87	21.65	297.59	84.74	−331.81	−331.81
2	0.00	0.00			0.00	−331.81
3	793.98	248.27			1 042.25	710.44
4	0.00	0.00			0.00	710.44
5	1 746.80	499.84			2 246.64	2 957.08
6	0.00	0.00			0.00	2 957.08
7	3 705.20	1 158.45			4 863.65	7 820.73
8	0.00	330.99			330.99	8 151.72
9	0.00	330.99			330.99	8 482.71
10	0.00	330.99			330.99	8 813.70
11	0.00	330.99			330.99	9 144.69
12	0.00	330.99			330.99	9 475.68
13	0.00	330.99			330.99	9 806.67
14	0.00	330.99			330.99	10 137.66
15	0.00	330.99			330.99	10 468.65
16	0.00	330.99			330.99	10 799.64
17	0.00	330.99			330.99	11 130.63
18	0.00	330.99			330.99	11 461.62
19	0.00	330.99			330.99	11 792.61
20	0.00	330.99			330.99	12 123.60

表 14-12 项目净碳汇量（不考虑竹子采伐后的碳储存）

年份	项目碳储量变化		项目温室气体排放		泄漏		基线碳储量变化		项目净碳汇量	
	年变化 /（t $CO_2 \cdot a^{-1}$）	累积 /t CO_2	年排放 /（t CO_2-e $\cdot a^{-1}$）	累积 /t CO_2-e	年排放 /（t CO_2-e $\cdot a^{-1}$）	累积 /t CO_2-e	年变化 /（t $CO_2 \cdot a^{-1}$）	累积 /t CO_2	年排放 /（t CO_2-e $\cdot a^{-1}$）	累积 /t CO_2-e
1	−331.81	−331.81	6.33	6.33	5.79	5.79	34.52	34.52	−378.45	−378.45
2	0	−331.81		6.33	0	5.79	50.88	85.4	−50.88	−429.33
3	1 042.25	710.44	6.33	12.66	1.24	7.03	69.54	154.94	965.14	535.81
4	0	710.44		12.66	0	7.03	89.7	244.65	−89.7	446.11
5	2 246.64	2 957.08	6.33	18.99	1.24	8.27	110.6	355.24	2 128.47	2 574.58
6	0	2 957.08		18.99	1.09	9.36	131.56	486.8	−132.65	2 441.93
7	4 863.65	7 820.73	6.33	25.32	3.42	12.78	152.05	638.86	4 701.85	7 143.78
8	330.99	8 151.72		25.32	2.18	14.96	171.67	810.52	157.14	7 300.92
9	330.99	8 482.71		25.32	2.18	17.14	190.11	1 000.64	138.7	7 439.62
10	330.99	8 813.7		25.32	2.18	19.32	207.2	1 207.83	121.61	7 561.23
11	330.99	9 144.69		25.32	2.18	21.5	222.82	1 430.65	105.99	7 667.22
12	330.99	9 475.68		25.32	2.18	23.68	236.92	1 667.57	91.89	7 759.11
13	330.99	9 806.67		25.32	2.18	25.86	249.51	1 917.08	79.3	7 838.41
14	330.99	10 137.66		25.32	2.18	28.04	260.63	2 177.71	68.18	7 906.59
15	330.99	10 468.65		25.32	2.18	30.22	270.34	2 448.04	58.47	7 965.06
16	330.99	10 799.64		25.32	2.18	32.4	278.71	2 726.75	50.1	8 015.16
17	330.99	11 130.63		25.32	2.18	34.58	285.83	3 012.58	42.98	8 058.14
18	330.99	11 461.62		25.32	2.18	36.76	291.79	3 304.38	37.02	8 095.16
19	330.99	11 792.61		25.32	2.18	38.94	296.69	3 601.07	32.12	8 127.28
20	330.99	12 123.6		25.32	2.18	41.12	300.62	3 901.69	28.19	8 155.47
合计	12 123.60		25.32		41.12		3 901.69		8 155.47	

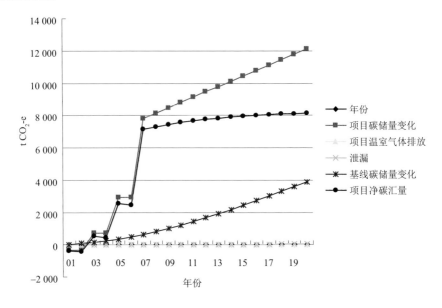

图 14-2　项目净碳汇量变化计量结果图

主要参考文献

陈双林, 吴柏林, 吴明, 张德明, 曹永慧, 杨清平. 2004. 退化低丘红壤新造毛竹林地上部分生物量的研究. 江西农业大学学报, 26(4): 527-531.

国家林业局. 2010. 碳汇造林技术规定 (试行)(办造字 [2010]84 号). 北京: 国家林业局.

国家林业局. 2011. 造林项目碳汇计量与监测指南 (办造字 [2011]18 号). 北京: 国家林业局.

国家林业局应对气候变化和节能减排领导小组办公室. 2008. 中国绿色碳基金造林项目碳汇计量与监测指南. 北京: 中国林业碳汇出版社.

宋新民, 李金良. 2007. 抽样调查技术. 北京: 中国林业出版社.

叶代全. 2006. 杉木人工林生长收获预估模型的研究. 林业勘察设计, 2: 1-4.

张小全, 吴曙红. 2006. 中国 CDM 造林再造林项目指南. 北京: 中国林业出版社.

浙江农林大学. 2010. 中国绿色碳汇基金会 - 浙江临安毛竹林碳汇项目碳汇计量与监测报告. 临安: 浙江农林大学.

周国模. 2006. 毛竹林生态系统中碳储量、固定及其分配与分布的研究. 杭州: 浙江大学博士学位论文.

CCBA. 2008. Climate, Community & Biodiversity Project Design Standards. 2nd ed. Arlington, VA: CCBA.

UNFCCC. 2006. Approved afforestation and reforestation baseline methodology, AR-AM0001, "Reforestation of degraded land", 3rd ed. New York, USA: UNFCCC.

UNFCCC. 2010. Clean Development mechanism methodology Booklet. Methodologies for Afforestation and Reforestation (A/R) CDM Project Activities. New York, USA: UNFCCC.